公差配合与测量技术

主　编　徐秀娟
副主编　高　葛　吴呼玲
主　审　武苏维

北京理工大学出版社
BEIJING INSTITUTE OF TECHNOLOGY PRESS

内容简介

全书包括绪论、测量技术基础、极限与配合、几何公差与检测、表面粗糙度与检测、光滑极限量规、滚动轴承的互换性、键与花键的互换性与检测、普通螺纹的互换性与检测、渐开线圆柱齿轮的互换性与检测等十章，同时每章附有练习题。

本书从高职院校培养目标的定位出发，采用最新的公差配合国家标准编写而成。编写方式符合职业教育培养目标要求及高职高专学生认知规律，可作为机械类、近机械类各专业教学用书，也可供有关工程技术人员参考。

图书在版编目（CIP）数据

公差配合与测量技术/徐秀娟主编. —北京：北京理工大学出版社，2018.7（2023.1 重印）

ISBN 978 - 7 - 5682 - 5963 - 7

Ⅰ. ①公…　Ⅱ. ①徐…　Ⅲ. ①公差 - 配合 - 高等职业教育 - 教材②技术测量 - 高等职业教育 - 教材　Ⅳ. ①TG801

中国版本图书馆 CIP 数据核字（2018）第 170754 号

出版发行 / 北京理工大学出版社有限责任公司
社　　址 / 北京市海淀区中关村南大街 5 号
邮　　编 / 100081
电　　话 / (010) 68914775（总编室）
(010) 82562903（教材售后服务热线）
(010) 68948351（其他图书服务热线）
网　　址 / http://www.bitpress.com.cn
经　　销 / 全国各地新华书店
印　　刷 / 三河市华骏印务包装有限公司
开　　本 / 787 毫米 × 1092 毫米　1/16
印　　张 / 13
字　　数 / 300 千字
版　　次 / 2018 年 7 月第 1 版　2023 年 1 月第 6 次印刷
定　　价 / 37.00 元

责任编辑 / 赵　岩
文案编辑 / 赵　岩
责任校对 / 周瑞红
责任印制 / 李志强

前 言

《公差配合与测量技术》是根据国家标准——产品几何技术规范（GPS），在总结高等职业技术教育教学经验的基础上，通过对机电类专业工作岗位职业能力分析确定课程的教学内容而编写的。主要包括几何量公差选用与误差检测两方面的内容，适用于高等职业技术教育机械和机电类专业作为教材使用，也适用于机械设计、机械制造、机械产品质量检测岗位工作人员作为参考资料。

本书具有以下特点：

1. 采用最新国家标准，积极贯彻执行国家标准。

2. 课程内容突出应用性和实用性，符合高等职业技术教育基本要求。

3. 课程内容的编排符合学生认知规律，有利于教学及学生自主学习。

4. 重点内容的实例训练及课后练习注重理论联系实际，提升学生的专业技能及就业能力。

全书共分十章，陕西国防工业职业技术学院徐秀娟主编，高葛、吴呼玲副主编。具体编写工作为高葛（第一章、第二章、第五章），徐秀娟（第三章、第四章、第六章、第七章、第八章），吴呼玲（第九章、第十章）。全书由徐秀娟统稿，咸阳压缩机厂有限公司武苏维主审。

作者在编写过程中参考了一些相关的国家标准及资料，在此表示感谢。感谢严朝宁、张蕾、孟保战、党威武、高乐天的支持。对书中存在的疏漏和不当之处，敬请广大读者批评指正。

编 者

2018 年 1 月

目　录

第一章 绪论

第一节　本课程的性质和任务

一、课程性质

本课程是工科院校机电类各专业的一门专业基础课，是联系机械设计课程与机械制造课程的纽带。也是从专业基本学习领域向专业核心学习领域过渡的桥梁。

机械产品的设计包括运动设计、结构设计、强度设计和精度设计四个方面。前三个方面的设计是机械设计过程，完成对机器功能、结构、形状、尺寸的设计。精度设计就是将零件的制造误差限制在一定的范围之内，以保证从零、部件的加工到装配成机器，实现要求的功能及正常运转。零件加工后是否符合精度要求，只有通过检测才知道。精度设计及加工误差检测的有关知识是本课程学习的主要内容。

二、课程任务

学习本课程，是为了获得机械工程技术人员应必备的公差配合与检测方法的基础理论和基本技能。掌握尺寸公差与配合、几何公差、粗糙度及机械制造常用零部件的标准及其选用原则和方法。初步建立测量误差的概念，了解一般技术测量的方法，掌握常用计量器具的使用方法，为以后的工作奠定基础。

第二节　互换性与公差

一、互换性的含义

所谓互换性，是指机械产品中同一规格的一批零件或部件，任取其中一件，不需作任何挑选、调整或辅助加工（如钳工修配），就能进行装配，并能保证满足机械产品的使用性能要求的一种特性。

例如在日常生活中，灯泡坏了，买一个安上。自行车的某一个零件坏了或旧了，换一个新的继续使用。在工厂中，装配车间的工人从一批同一规格的零件中任取一个装在机器或部件中，就能满足机器的使用功能。这都是互换性的体现。

二、互换性的作用

互换性给产品的设计、制造和使用维修都带来很大的方便。

在设计方面，由于采用具有互换性的标准件、通用件，可使设计工作简化，缩短设计周期，并便于使用计算机辅助设计。

在制造方面，由于零件具有互换性，所以可以采用分散加工，集中装配。有利于使用现代化的工艺装备，有利于实现自动化生产。装配时，不需辅助加工和修配，提高了生产效率，减轻了工作强度。

在使用维修方面，当机器的零件需要更换时，可在最短时间内用备件加以替换，从而提高了机器的利用率和使用寿命。

三、互换性的分类

互换性按其程度可分为完全互换和不完全互换。

若零件在装配或更换时，不需选择、调整或辅助加工（修配），则其互换性为完全互换性。当装配精度要求较高时，采用完全互换性将使零件制造公差很小，加工困难，成本很高，甚至无法加工。这时，将零件的制造公差适当放大，使之便于加工，而在零件完工后再用测量器具将零件按实际尺寸的大小分为若干组，使每组零件间实际尺寸的差别减小，装配时按相应组进行（例如，大孔组零件与大轴组零件装配，小孔组零件与小轴组零件装配）。这样，既可保证装配精度和使用要求，又能解决加工困难，降低成本。此种仅组内零件可以互换，组与组之间不能互换的特性，称之为不完全互换性。

一般来说，不完全互换只用于部件或机构的制造厂内部的装配，至于厂外协作，即使产量不大，往往也要求完全互换。

四、公差

零件在加工中其几何参数不可避免地会产生误差，不可能也没有必要制造出完全一样的零件。要实现零件的互换性，必须将零件的几何参数误差限制在一定的范围内。零件几何参数误差允许的变动范围称为公差，它包括尺寸公差、几何公差、表面粗糙度等。

零件的实际几何参数误差是否在规定的范围内，需要通过技术测量加以判断。因此要实现互换性生产必须合理确定公差并正确进行检测。

第三节　标准化与优先数系

一、标准和标准化

标准是对一定范围内的重复性事物和概念所做的统一规定。它以科学、技术和实践经验的综合成果为基础，以获得最佳秩序、促进最佳社会效益为目的，经有关方面协商一致，由主管机构批准，以特定形式发布，作为共同遵守的准则和依据。

标准化是指以制定标准和贯彻标准为主要内容的全过程。标准化的重要意义是改进产品、过程和服务的适用性，防止贸易壁垒，促进技术合作。贯彻标准是标准化的核心环节。标准化是组织生产的重要手段，是国家现代化水平的重要标志之一。

通常按标准的专业性质，将标准划分为技术标准、管理标准和工作标准三大类。对标准化领域中需要统一的技术事项所制定的标准称技术标准。

我国的技术标准有国家标准（GB）、行业标准（如原机械工业部的标准 JB）、地方标准和企业标准等四个级别。

为了在世界范围内促进标准化工作的发展，以利于国际物质交流和互助，并扩大在知识、科学、技术和经济方面的合作，国际标准化组织（ISO）于 1947 年成立。该组织的主要活动是制订国际标准，协调世界范围内的标准化工作，组织各成员国和技术委员会进行情报交流，以及与其他国际性组织进行合作，共同研究有关标准化问题。各国都尽可能参照国际标准并结合本国实际情况来制定和修订本国的国家标准。

本课程涉及的几何量公差与检测属于标准化和计量学的范畴，标准化是实现互换性的前提。标准在执行过程中不断发展、修订、提高，循环往复。所以在执行标准时，应以最新颁布的标准为准。

二、优先数和优先数系

在机械设计与制造中，产品的性能、尺寸规格等参数都要通过数值来表达，而这些数值又会向与它相关的一系列参数传递。如某一螺栓的尺寸会影响与之相配合的螺母的尺寸、制造螺栓的刀具的尺寸、检验螺栓的量具的尺寸等。由此可见，工程技术中的参数数值经过传播，可造成尺寸规格的繁杂，给生产的组织和管理带来困难。

优先数系和优先数就是对各种技术参数的数值进行协调和科学统一的数值标准，使产品参数的选择一开始就纳入标准化轨道。

优先数系是一种无量纲的分级数值，它是十进制等比数列，适用于各种量值的分级。数系中的每一个数都为优先数。国家标准 GB321－2005 规定了 5 个等比数列，它们的公比分别为 $\sqrt[5]{10}$、$\sqrt[10]{10}$、$\sqrt[20]{10}$、$\sqrt[40]{10}$、$\sqrt[80]{10}$，分别用 R5、R10、R20、R40、R80 表示，其中前 4 个为基本系列，R80 为补充系列，仅用于分级很细的特殊场合。

按公比计算的优先数系的理论值大多为无理数，工程技术上应用时采用圆整后的近似值。

为了满足生产需要，优先数系还有派生系列。派生系列是指从某系列中按一定项差取值可构成的系列，如 R10 系列中，每 3 项取一值得到 R10/3 系列，其公比为 $R10/3=(\sqrt[10]{10})^3\approx 2$，即 1、2、4、8…；1.25、2.5、5、10…等。

优先数系分档科学合理，不仅对数值的协调、简化起着重要的作用，而且是制定其他标准的依据，在设计中也广泛使用。本课程所涉及的有关标准中的数值，都是按照优先数系选定的。如标准公差值是按照 R5 系列确定的，表面粗糙度标准中规定的取样长度分段是采用 R10 系列的派生数系 R10/5 确定。

标准规定的五种优先数系的公比及常用数值见表 1－1。

表 1－1　优先数系基本系列的公比及常用数值（R80 略）

基本系列	公比	1～10 的优先数值
R5	$\sqrt[5]{10}\approx1.60$	1.00　1.60　2.50　4.00　6.30　10.00
R10	$\sqrt[10]{10}\approx1.25$	1.00　1.25　1.60　2.00　2.50　3.15　4.00　5.00　6.30　8.00　10.00
R20	$\sqrt[20]{10}\approx1.12$	1.00　1.12　1.25　1.40　1.60　1.80　2.00　2.24　2.50　2.80　3.15 3.55　4.00　4.50　5.00　5.60　6.30　7.10　8.00　9.00　10.00
R40	$\sqrt[40]{10}\approx1.06$	1.00　1.06　1.12　1.18　1.25　1.32　1.40　1.50　1.60　1.70　1.80 1.90　2.00　2.12　2.24　2.36　2.50　2.65　2.80　3.00　3.15　3.35 3.55　3.75　4.00　4.25　4.50　4.75　5.00　5.30　5.60　6.00　6.30 6.70　7.10　7.50　8.00　8.50　9.00　9.50　10.00

第四节　检测技术的发展

一、几何量检测的重要意义

按照先进的公差标准进行正确的精度设计，对零件的几何量分别给定了合理的公差，还要采取相应的测量和检验措施，才能保证零件的功能和互换性。也就是说要按照公差标准和检测技术要求对零部件的几何量进行检测，淘汰不符合公差要求的不合格品，使精度设计要求发挥它的作用。可见，检测工作是不可缺少和非常重要的。没有检测，互换性生产就得不到保证，公差要求也就变成了空想。实际上，任何一项公差要求都要有相应的检测手段相配合。这就是说，合理确定公差和正确进行检测是保证机械产品质量和实现互换性生产的两个必不可少的条件。

当然，检测的目的不仅可以判断产品是否合格，更重要的是可以分析不合格产品产生的原因，以便及时调整加工工艺，减少和预防废品的产生。

二、测量技术的发展概况

在我国的历史上，很早就有关于几何量检测的记载。例如，早在商朝，我国就有了象牙制成的尺，秦朝统一了度量衡制度，西汉已有了铜制卡尺等。但长期的封建统治使得科学技术未能进一步发展，旧中国的检测技术和计量器具一直处于落后状态。

中华人民共和国成立以来，我国十分重视检测技术的发展。大力建设和加强计量制度，1959 年 6 月国务院发布了《关于统一我国计量制度的命令》，确定以“米制”为我国的基本计量制度，1977 年颁布了《中华人民共和国计量管理条例》、1985 年颁布了《中华人民共和国计量法》等。

经过多年的努力，我国的测量仪器和检测手段已达到了世界先进水平。测量仪器不断朝着精度高、速度快、智能化方向发展，测量数据管理向科学化、标准化、规格化方向发展。测量技术的发展促进了机械制造业的发展，加速了我国国民经济的发展。

课后练习一

1－1 判断以下说法是否正确

（　　）（1）要实现零件的互换性，必须将零件的几何参数误差限制在一定的范围内。

（　　）（2）不完全互换是指同一批零件中，一部分零件具有互换性，另一部分零件经过修配才有互换性。

（　　）（3）允许零件几何参数的变动量称为“误差”。

（　　）（4）DIN 是我国的地方标准。

（　　）（5）公差是允许的最大误差。

（　　）（6）同一规格的零件，规定的公差值越小，零件精度越低，越容易加工。

1－2 试分析零件的加工误差与公差的关系。

1－3 某优先数系的第一项为 10，按 R10 系列确定后五项优先数。

第二章　测量技术基础

机械产品是否符合设计要求，需要通过测量来判断。而测量技术主要研究的是对零件的长度、角度、几何形状、相互位置以及表面粗糙度等参数进行测量和检验的技术。本章内容主要介绍测量的相关概念、测量器具与测量方法、测量误差的处理等内容。

第一节　测量的基本知识

一、测量的概念

所谓测量，就是把被测量与具有计量单位的标准量进行比较，从而确定被测量的量值的实验过程。设被测量为 L，计量单位为 E，则它们的比值为：$q = L/E$。因此，被测量的量值可用公式表示为：

$$L = qE \tag{2-1}$$

上式表明，任何几何量的量值 L，都可由表征几何量的数值 q 和该几何量的计量单位 E 的乘积来表示。例如，用外径千分尺测得某被测量的量值为 8.38 mm，这里 mm 为长度计量单位，数值 8.38 是以 mm 为计量单位时，该几何量的数值。

由测量的概念可知，一个完整的几何量测量过程应包括四个要素：被测对象、计量单位、测量方法和测量精度。

被测对象——这里指几何量，包括长度、角度、表面粗糙度、形位误差以及螺纹、齿轮等的几何参数。

计量单位——用以度量同类量值的标准量。我国颁布的法定计量单位中，对几何量来说，长度的基本单位为米（m）、毫米（mm）、微米（μm），角度的单位为弧度（rad）以及度（°）、分（′）、秒（″）。

测量方法——指根据给定的测量原理，在实际测量中运用该测量原理和实际操作，以获得的测量数据和测量结果。

测量精度——是指被测量几何量的测量结果与其真值相一致的程度。

二、长度单位、基准和量值传递系统

1. 长度单位和基准

我国的法定计量单位中，长度的计量单位为“米”，其符号为“m”，与国际单位一致。

机械制造中，常用的长度计量单位为“毫米”，其符号为“mm”，1m＝1 000 mm。在精密测量中，长度计量单位采用“微米”，其符号为“μm”，1 mm＝1 000 μm。在超精密测量中，长度计量单位采用“纳米”，其符号为“nm”，1 μm ＝1 000 nm。

按照 1983 年第 17 届国际计量大会通过的决议，米的定义为：米等于光在真空中 1/299 792 458秒时间间隔内所经路径的长度。用光波的波长作为长度基准，不便于在生产中直接应用。为了保证量值的准确和统一，必须把长度基准的量值准确的传递到生产中所应用的计量器具和工件上。

2. 量值传递系统

长度量值由国家基准波长开始，通过两个平行系统（线纹量具、端面量具）向下传递，如图 2－1 所示。因此，量块和线纹尺都是量值传递媒介，其中尤以量块的应用更为广泛。

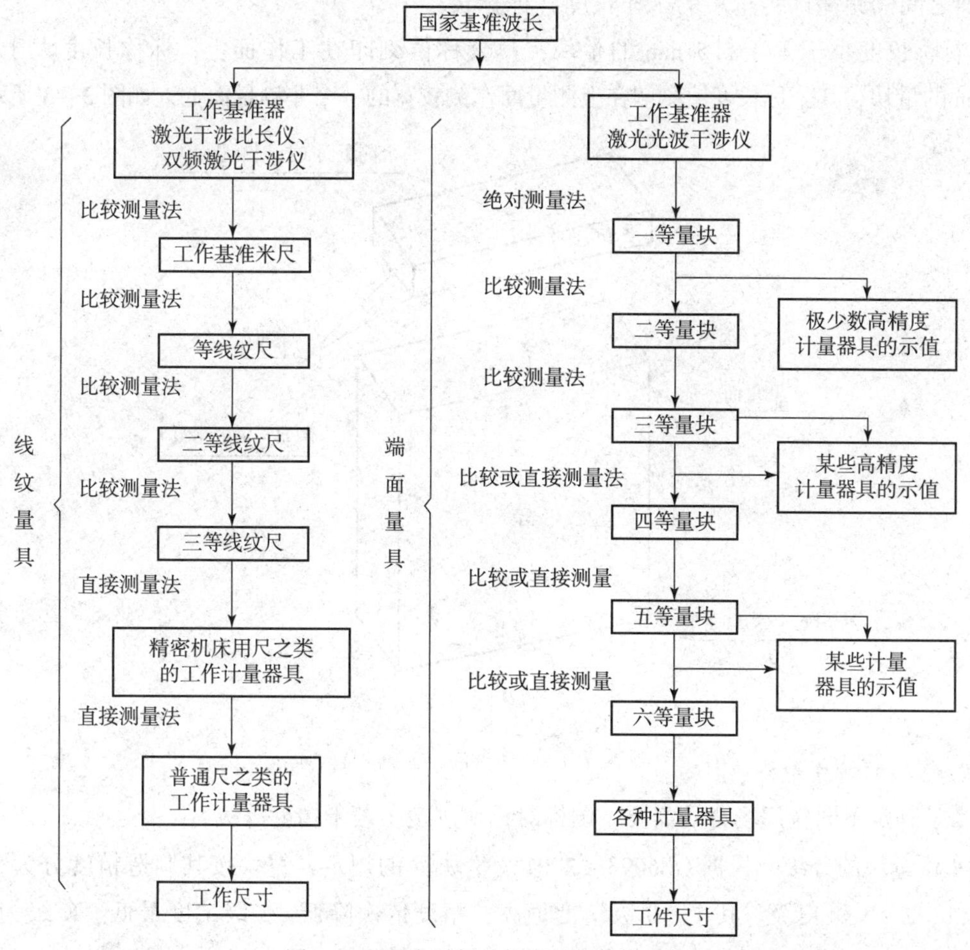

图 2－1　两个平行的长度量值传递系统

三、量块的基本知识

量块是用耐磨材料制造，横截面为矩形，并具有一对相互平行测量面的实物量具，又称块规。量块的测量面可以和另一量块的测量面相研合而组合使用，也可以和具有类似表面质量的辅助体表面相研合而用于量块长度的测量，如图 2 - 2 所示。它除了作传递长度量值的基准之外，还可以用来调整仪器、调整机床或直接检测工件。

图 2 - 2　量块

1. 量块的材料、形状和尺寸

量块，用铬锰钢等耐磨的特殊合金钢制成，具有线膨胀系数小、性质稳定、耐磨性好等特点。

量块没有刻度，形状是长方体，有两个平行的测量面，其余为非测量面。测量面极为光滑、平整，其表面粗糙度 *Ra* 值达 0.012 μm 以上，两测量面之间的距离即为量块的工作长度（标称长度）。标称长度小于等于 5.5 mm 的量块，其公称值刻印在工作面上；标称长度大于等于 5.5 mm的量块，其公称长度值刻印在上测量面左侧较宽的一个非测量面上，如图 2 - 3 所示。

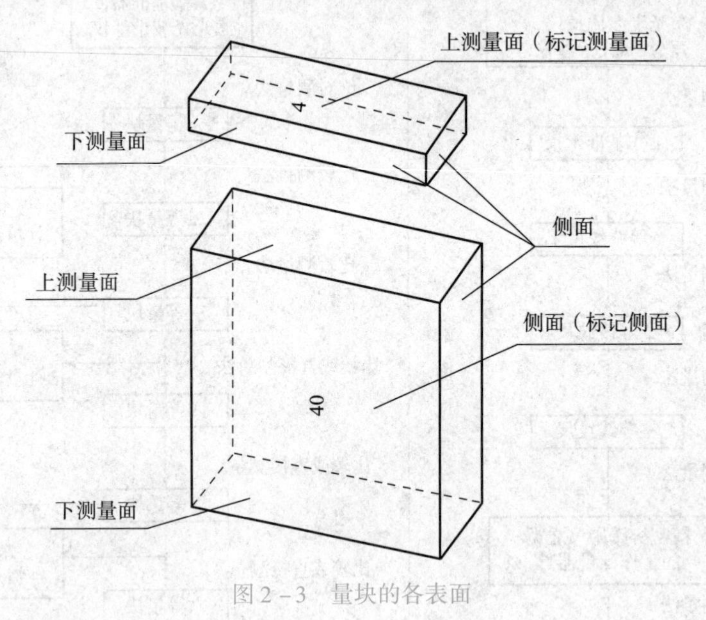

图 2 - 3　量块的各表面

2. 量块的精度等级

为了满足不同应用场合的需要，国标对量块规定了若干精度等级。

（1）量块的分级。根据 GB6093 - 2001《量块》的规定，量块按其制造精度分为 5 级，即 0、1、2、3 和 K 级。其中，0 级精度最高，精度依次降低，3 级精度最低。K 级为校准级，主要根据量块长度极限偏差、长度变动量允许值来划分的。

（2）量块的分等。量块按其检定精度分为六等，即 1、2、3、4、5、6 等，其中 1 等精度最高，精度依次降低，6 等精度最低。主要依据量块中心长度测量极限误差和平面平行度允许偏差来划分的。

量块的“级”和“等”是从成批制造和单个检定两种不同的角度出发，对其精度进行划分的两种形式。按“级”使用时，以标记在量块上的标称尺寸作为工作尺寸，该尺寸包含其制造误差。按“等”使用时，必须以检定后的实际尺寸作为工作尺寸，该尺寸不包含制造误差，但包含了检定时的测量误差。

就同一量块而言，检定时的测量误差要比制造误差小得多。所以，量块按“等”使用时其精度比按“级”使用时的测量精度高。

3. 量块的特性和应用

量块除了稳定性、耐磨性和准确性外，还有一个重要的特性，即研合性。所谓研合性是指量块的一个测量面与另一量块测量面或与另一经精加工的类似量块测量面的表面，通过分子力的作用而相互黏合的性能。

量块是定尺寸量具，一个量块只有一个尺寸。为了满足一定范围的不同要求，量块可以利用其黏合性，组成所需的各种尺寸。为了组成所需尺寸，量块是成套制造的，每一套具有一定数量的不同尺寸的量块，装在木盒内。我国生产的成套量块有91块、83块、46块、38块等规格。表2-1所示为成套量块的组合尺寸。

表2-1 成套量块尺寸表（摘自GB/T 6093—2001）

套别	总块数	级别	尺寸系列/mm	间隔/mm	块数
1	91	0，1	0.5	—	1
			1	—	1
			1.001，1.002…1.009	0.001	9
			1.01，1.02…1.49	0.01	49
			1.5，1.6…1.9	0.1	5
			2.0，2.5…9.5	0.5	16
			10，20…100	10	10
2	83	0，1，2	0.5	—	1
			1	—	1
			1.005	—	1
			1.01，1.02…1.49	0.01	49
			1.5，1.6…1.9	0.1	5
			2.0，2.5…9.5	0.5	16
			10，20…100	10	10
3	46	0，1，2	1	—	1
			1.001，1.002…1.009	0.001	9
			1.01，1.02…1.09	0.001	9
			1.1，1.2…1.9	0.1	9
			2，3…9	1	8
			10，20…100	10	10

续表

套别	总块数	级别	尺寸系列/mm	间隔/mm	块数
4	38	0，1，2	1	—	1
			1.005	—	1
			1.01，1.02…1.09	0.01	9
			1.1，1.2…1.9	0.1	9
			2，3…9	1	8
			10，20…100	10	10

为了减少量块的组合误差，应尽量减少量块的组合块数，一般不超过4块。选用量块时，应从所需组合尺寸的最后一位数开始，每选一块至少应减去所需尺寸的一位尾数。例如，从83块一套的量块中选取尺寸为39.965 mm的量块组，选取方法为：

39.965 …………………所需尺寸
− 1.005 …………第一块量块尺寸
− 1.46 …………第二块量块尺寸
− 7.5 …………第三块量块尺寸
30.0 …………第四块量块尺寸

第二节　计量器具与测量方法

一、计量器具的分类

计量器具（又称测量器具）是指用于测量的工具和仪器。可分为量具、量规、量仪（测量仪器）和计量装置等四类。

1. 量具

量具通常是指结构比较简单、没有传动放大系统的测量工具，包括单值量具、多值量具和标准量具等。单值量具是用来复现单一量值的量具，例如量块、角度块等，它们通常都是成套使用。多值量具是能够复现一定范围的一系列不同量值的量具，如线纹尺等。标准量具是用作计量标准，提供量值传递用的量具，如量块、基准米尺等。常用量具游标卡尺、外径千分尺如图2-4、图2-5所示。

2. 量规

量规是一种没有刻度的，用以检验零件尺寸、形状、相互位置的专用检验工具，它只能判断零件是否合格，而不能测得被测零件的具体尺寸。如光滑极限量规、螺纹量规等，如图2-6所示。

（a）刻线式游标卡尺

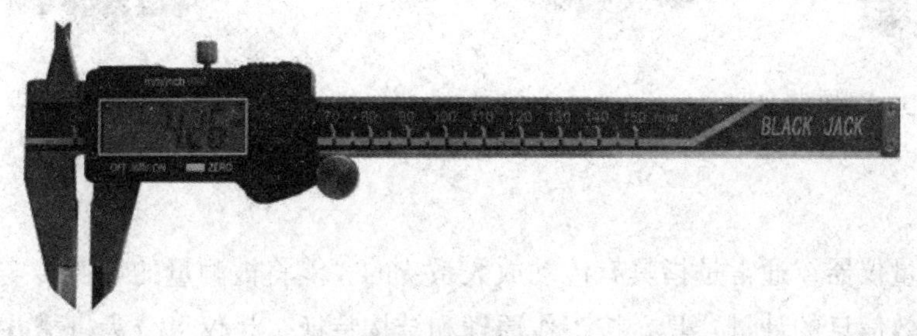

（b）数显式游标卡尺

图2－4 游标卡尺

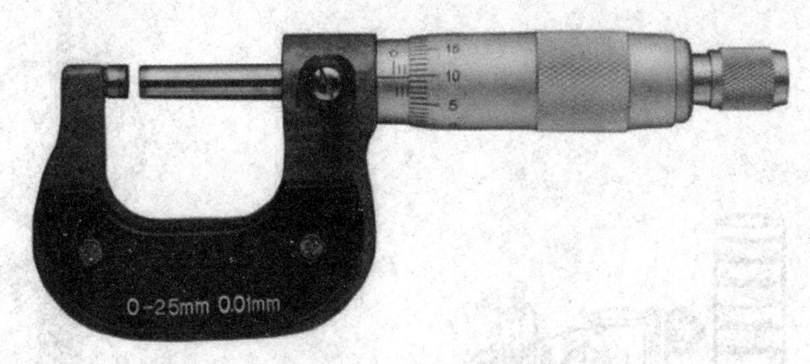

图2－5 外径千分尺

（a）塞规

（b）刀口尺

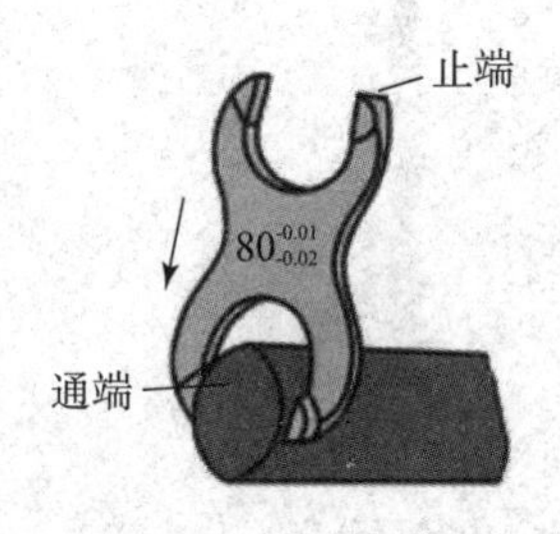

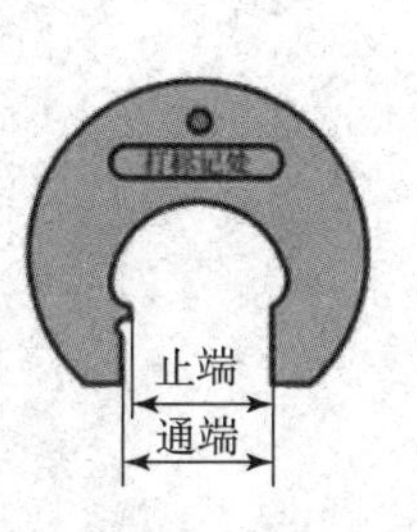

（c）卡规

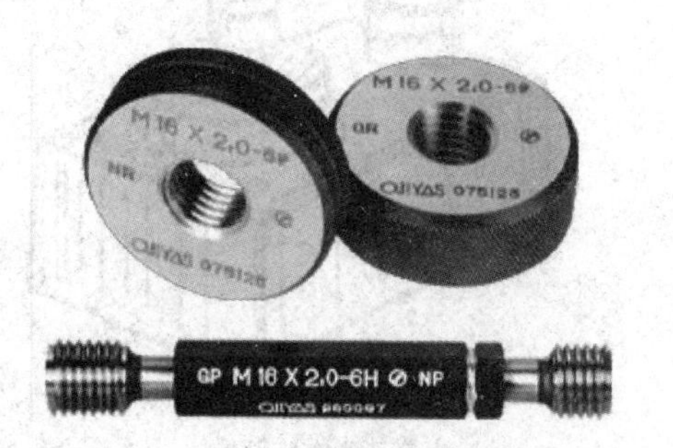

（d）螺纹塞规、环规

图2－6 量规

(e) 螺距规

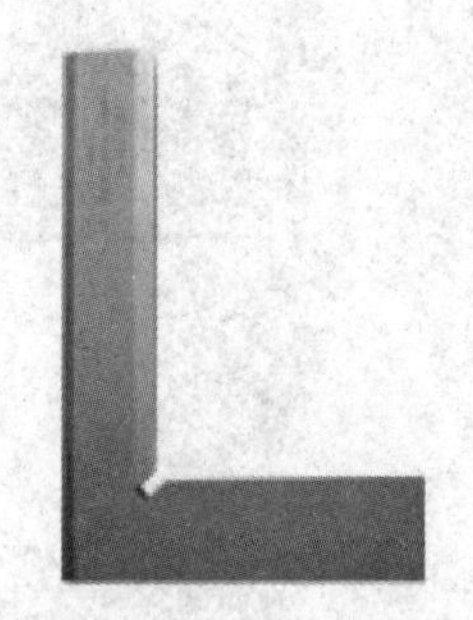

(f) 直角规

图2-6 量规(续)

3. 量仪

量仪即计量仪器，通常是指具有传动放大系统的、能将被测量的量值转换成可直接观察的指示值或等效信息的计量器具。按工作原理和结构特征，量仪可分为机械式、电动式、光学式、气动式，以及它们的组合形式——光机电一体的现代量仪，如图2-7所示。

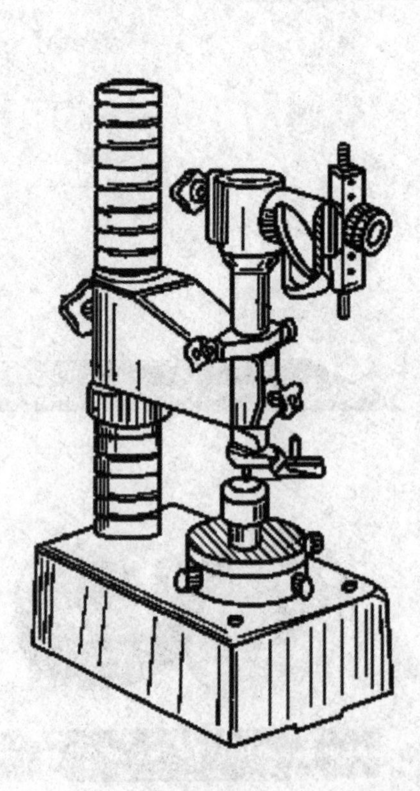

(a) 立式光学比较仪

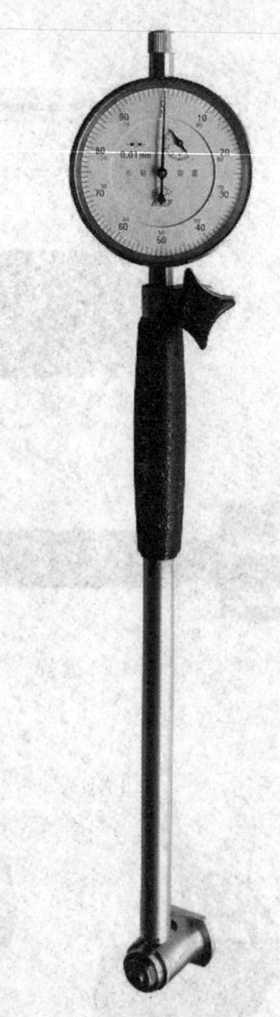

(b) 内径百分表

图2-7 常用量仪

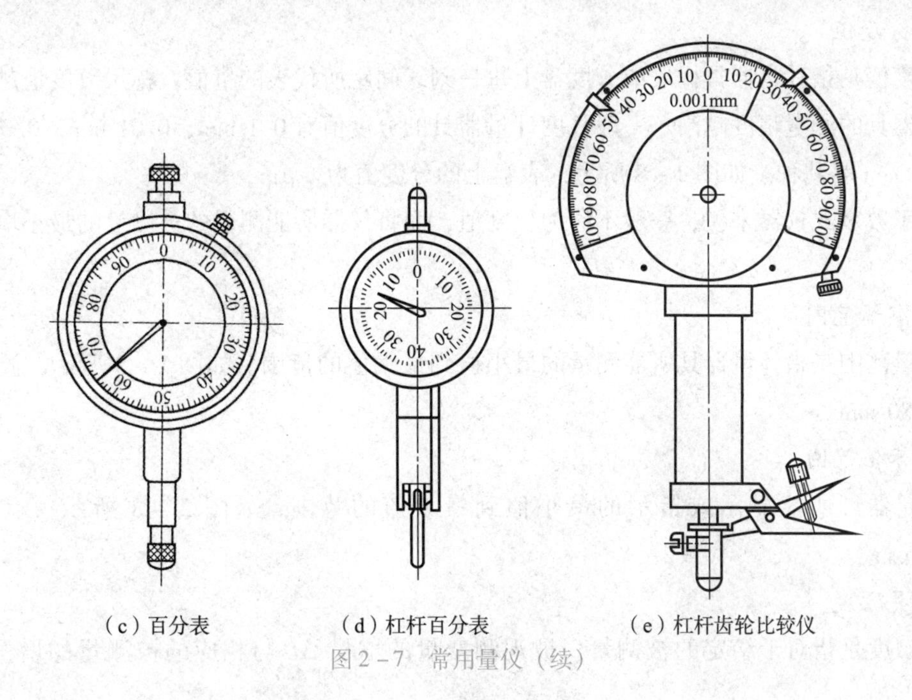

（c）百分表　（d）杠杆百分表　（e）杠杆齿轮比较仪

图 2－7　常用量仪（续）

4. 计量装置

计量装置是一种专用检验工具，可以迅速地检验更多或更复杂的参数，从而有助于实现自动测量和自动控制。如自动分选机、检验夹具、主动测量装置等。

二、计量器具的度量指标

1. 刻线间距

刻线间距是指计量器具标尺或分度盘上相邻两刻线之间的距离。对于标尺为相邻两刻线之间的距离，以及度盘为相邻刻线中心间的弧线长度，为了适合人眼观察，一般刻线间距为 1～2.5 mm，如图 2－8 所示。

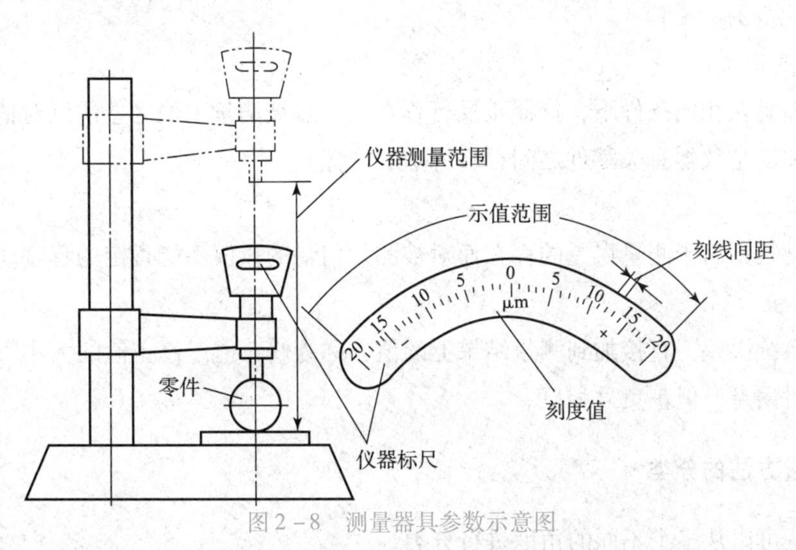

图 2－8　测量器具参数示意图

2. 分度值

分度值是指计量器具标尺或分度盘上每一刻线间距所代表的量值。标尺分度值越小，表示计量器具的测量精度越高。一般长度计量器具的分度值有0.1 mm，0.01 mm，0.001 mm，0.000 5 mm等几种。如图2-8所示，表盘上的分度值为1 μm。

对于数字式仪器来说，一般不称为分度值，而将仪器所能测得的被测量的最小增量称为分辨力。

3. 测量范围

测量范围是指计量器具所能测量的最小值到最大值的范围。如图2-8所示，测量范围为0~180 mm。

4. 示值范围

计量器具所能显示或指示的最小值到最大值的范围。如图2-8所示，示值范围为±20 μm。

5. 灵敏度

灵敏度是指对于给定的被测量，被观测变量的增量ΔL与相应的被测量的增量Δx之比，即

$$S=\Delta L/\Delta x \qquad (2-2)$$

当分子、分母为同类量的情况下，灵敏度也称为“放大比”或“放大倍数”。

6. 示值误差

示值误差是指计量器具上的示值与被测量真值之差。由于真值一般无法知道，通常是以高一级精度的计量器具测得的量值来近似地代表真值。示值误差的大小可以通过对仪器的检定来得到。一般来说，示值误差越小，计量器具精度越高。

7. 示值稳定性

示值稳定性是指在测量条件不变的情况下，对同一被测量连续多次重复测量时，仪器示值的最大变化范围。

8. 回程误差

回程误差是在相同条件下，仪器正反行程在同一点被测量示值之差的绝对值。产生回程误差的主要原因是仪器有关零件之间存在间隙和摩擦。

9. 不确定度

不确定度是指由于测量误差的存在而对被测几何量的量值不能肯定的程度。

10. 修正值

为消除系统误差，直接加到测量结果上的值，称为修正值。修正值的大小等于未修正测量结果的绝对误差，但正负号相反。

三、测量方法的分类

测量方法可以从多个不同的角度进行分类。

1. 按实测的几何量是否为被测几何量分类

（1）直接测量 直接测量是指实测的几何量值就是被测量的几何量值。例如用游标卡尺、千分尺测轴径或孔径的大小。

（2）间接测量 间接测量是指被测几何量的量值由实测的几何量值按一定的函数关系式运算后获得。如图所示2－9，通过测量孔边距 l_1 和 l_2，然后用公式 $a=(l_1+l_2)/2$ 计算求得孔心距 a 的大小。间接测量的精度通常比直接测量的精度低。

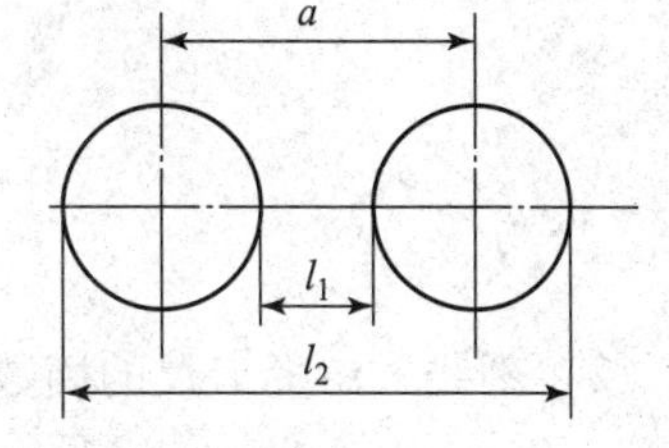

图2－9 间接测量法测量孔心距

2. 按测量值是否为被测几何量的整个量值分类

（1）绝对测量法 绝对测量法是指计量器具显示的示值就是被测几何量的整个量值。例如用游标卡尺、千分尺测轴径或孔径的大小。

（2）相对测量法 相对测量法是指计量器具显示的示值为被测几何量相对于标准量的差值，被测几何量值为标准量与该示值之代数和。相对测量法的测量精度比绝对测量法的测量精度高。

3. 按被测表面是否与测量头接触分类

（1）接触测量法 接触测量法是指测量时计量器具的测量头与被测零件表面直接接触，并有测量力存在的测量。例如，用机械比较仪测量轴径。

（2）非接触测量法 非接触测量法是指测量时计量器具的测量头不与被测零件表面接触。例如，用光切显微镜测量零件的表面粗糙度。

4. 按同时被测的几何量的多少分类

（1）单项测量法 单项测量法是指对零件上的某些参数分别进行测量。例如，用不同的专用仪器分别测量齿轮的齿圈径向跳动和公法线长度变动。

（2）综合测量法 综合测量法是指同时测量零件上几个相关参数的综合结果。例如，用螺纹量规可以测量出螺纹的多项参数的合格性。

5. 按测量技术在机械制造工艺过程中所起的作用分类

（1）主动测量法 主动测量法是指零件在加工过程中对被测几何量进行的测量。它主要应用在自动化生产线上，其测量结果可直接控制零件的加工过程，主动及时地防止废品的产生。

（2）被动测量法 被动测量法是指在零件加工完毕后所进行的测量。其测量结果仅限于判断工件是否合格，可用于发现和剔除废品。

练一练

2－1 几种常用量具的结构及其读数方法。

1. 游标卡尺的结构及其读数方法

（1）游标卡尺的结构如图2－10所示。

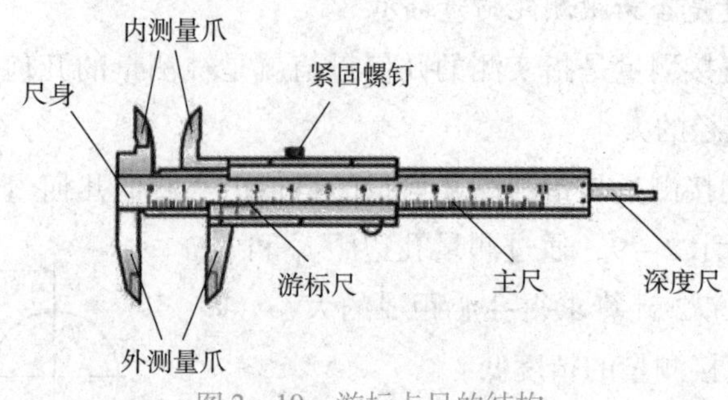

图 2-10　游标卡尺的结构

（2）刻线式游标卡尺的读数原理和读数方法，如图 2-11 所示。

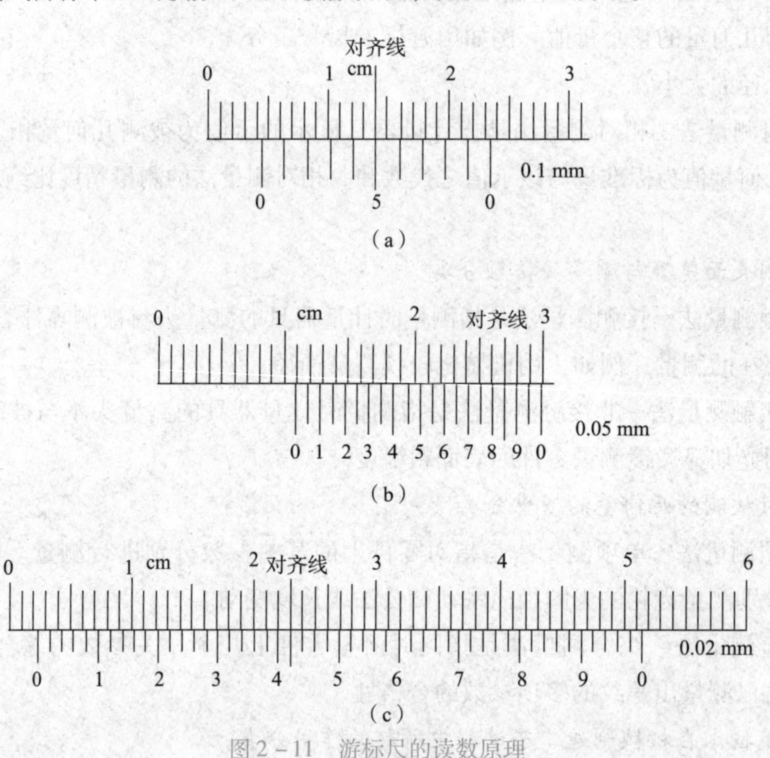

图 2-11　游标尺的读数原理

第一，看游标的分格数，由此来确定游标卡尺的分度值为 0.1 mm、0.05 mm 或0.02 mm。

第二，看游标卡尺上的第 0 条刻度线位置，由此来确定被测量长度的读数的终点位置。

第三，看主尺上被测量长度的整毫米数，读出游标尺上零刻度线左边的主尺上第一条刻度线的数值。

第四：看游标尺的哪条（第 N 条）刻度线与主尺上的某条刻度线对齐。

读数结果：整毫米数 + N × 分度值。

（a）读数为：4 + 5 × 0.1 mm = 4.5 mm

（b）读数为：10 + 17 × 0.05 mm = 10.85 mm

（c）读数为：2 + 21 × 0.02 mm = 2.42 mm

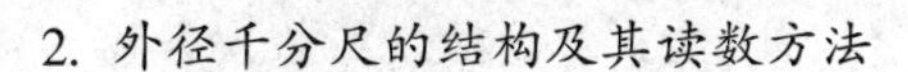

2. 外径千分尺的结构及其读数方法

（1）外径千分尺的结构，如图 2－12 所示。

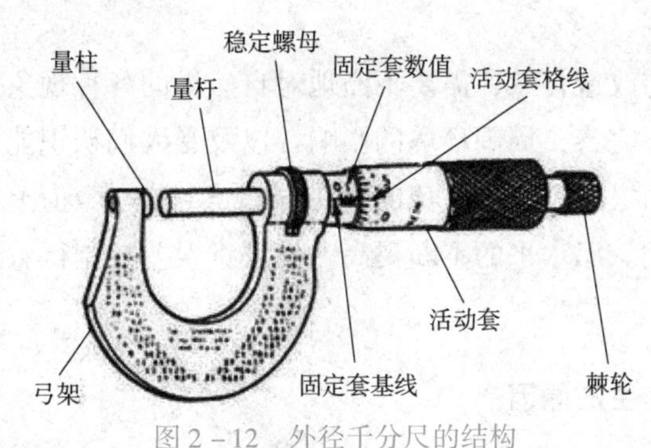

图 2－12 外径千分尺的结构

（2）外径千分尺的读数原理如图 2－13 所示。

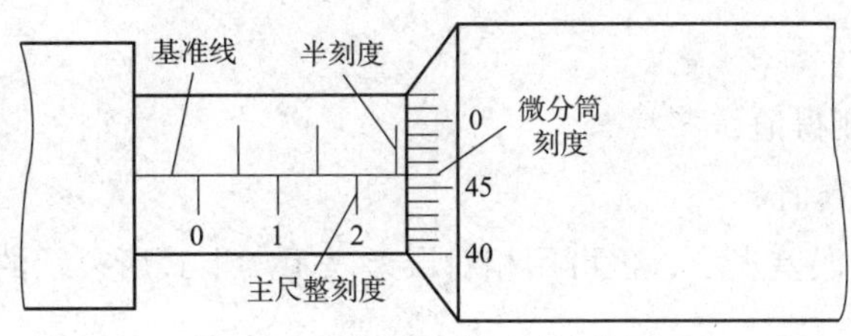

图 2－13 外径千分尺的读数原理

第一，看外径千分尺的精度。主尺上的固定刻度的最小分度值为 0.5 mm，活动套筒即可动刻度共有 50 个分度，当可动刻度尺旋转一周时，它在主尺上前进或后退一个刻度 0.5 mm，则可动刻度每转过一个分格时，可动小砧前进或后退 0.01 mm。

第二，读数方法。先读固定尺读数，要读出整毫米刻度，要注意有无半毫米刻度出现，再读出固定刻度上的水平线对应的可动刻度尺上的格数（要有估读数据），将此格数乘以 0.01 后与固定刻度上的读数相加即得到最后读数。

读数结果为：主尺读出的毫米数 $+0.01\times$ 活动套筒对准基线的格数

图 2－13 读数为：$2+0.5+0.01\times46=2.960$（mm）

（3）外径千分尺的读数示例如图 2－14 所示。

（a）读数为：$7+0.01\times35=7.350$（mm）

（b）读数为：$14+0.5+0.01\times18=14.680$（mm）

（c）读数为：$12+0.5+0.01\times26+0.005$（估读）$=12.765$（mm）

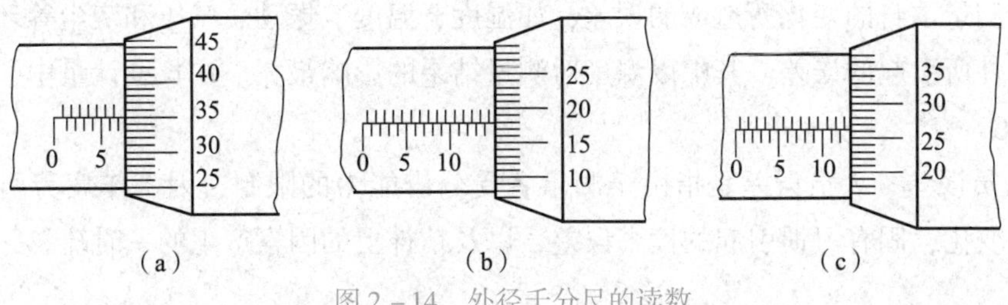

图 2－14 外径千分尺的读数

第三节　测量误差和数据处理

人类为了认识自然与改造自然，需要不断地对自然界的各种现象进行测量和研究。由于实验方法和实验设备的不完善，周围环境的影响，以及受人们认识能力所限等，测量和实验所得数据和被测量的真值之间，不可避免的存在着差异，这在数值上即表现为误差。随着科学技术的日益发展和人们认识水平的不断提高，虽可将误差控制得愈来愈小，但终究不能完全消除它。

一、测量误差及其产生的原因

所谓测量误差，就是被测量的测得值与被测量的真值之间的差异。用公式表示为：

$$\delta = x - x_0 \tag{2-3}$$

式中：δ——测量误差；

x——被测量的测得值；

x_0——被测量的真值。

测量误差可用绝对误差表示，也可用相对误差表示。上式所表示的即为绝对误差，而相对误差为：$f = \frac{|\delta|}{x_0} \approx \frac{|\delta|}{x}$。

当被测量的量值相等或相近时，绝对误差的大小可反映测量的精确程度；当被测量的量值相差较大时，则用相对误差较为合理。在长度测量中。相对误差应用较少，通常所说的测量误差，一般是指绝对误差。

二、测量误差的来源

在测量过程中，产生测量误差的因素很多，可归纳为以下几个方面。

（1）计量器具误差。计量器具误差是指计量器具本身所存在的误差而引起的测量误差，具体地说，是由于计量器具本身的设计、制造以及装配、调整不准确而引起的误差，一般可用计量器具的示值误差或不确定度来表示。

（2）方法误差。方法误差是指测量方法不完善所引起的误差。例如。测量方法选择不当、工件安装不合理、计算公式不精确、采用近似的测量方法或间接测量方法等造成的误差。

（3）环境误差。环境误差是指由于各种环境因素与规定的标准状态不一致而引起的测量装置和被测量本身的变化所造成的误差，如湿度、温度、振动、气压和灰尘等环境条件不符合标准条件所引起的误差，其中以温度对测量结果的影响最大。在长度计量中，规定标准温度为 20 ℃。

（4）人员误差。人员误差是指由于测量者受分辨能力的限制，因工作疲劳引起的视觉器官的生理变化，固有习惯引起的读书误差，以及精神上的因素产生的一时疏忽等所引起的误差。

三、测量误差的分类

测量误差按其性质可分为三类，即系统误差、随机误差和粗大误差。

1. 系统误差　在同一条件下，多次测量同一量值时，测量误差绝对值的大小和符号保持不变，或在条件改变时，按一定规律变化的误差称为系统误差。

系统误差有定值系统误差和变值系统误差两种。例如使用零位失准的千分尺测量工件，对每次测量结果的影响都相同，属于定值系统误差；在测量过程中，若温度产生均匀变化，则引起的误差为线性系统变化，属于变值系统误差。

对于定值系统误差的消除可用修正值法。即：取其反向值作为修正值，加到测量列的算术平均值上进行反向补偿，该定值系统误差即可被消除。例如，0～25 mm千分尺两测量面合拢时读数不为零，而是 +0.005 mm，用此千分尺测量零件时，每个测得值都将大 +0.005 mm。因此，被测量的测量结果中产生 +0.005 mm 的定值系统误差，此时可用修正值 -0.005 mm 对每个测量值进行修正，以消除定值系统误差。

对于变值系统误差的发现，可使用残余误差观察法。残余误差观察法是将残余误差按测量顺序排列，然后观察它们的分布规律：若残余误差大体上呈正、负相间出现且无显著变化规律，则不存在变值系统误差，如图 2-15（a）所示；若残余误差按近似的线性规律递增或递减，且在测量开始与结束时误差符号相反，则可判定存在线性变值系统误差，如图 2-15（b）所示；若残余误差的符号有规律地逐渐由正变负，再由负变正，且循环交替重复变化，则可判定存在周期性变值系统误差，如图 2-15（c）。

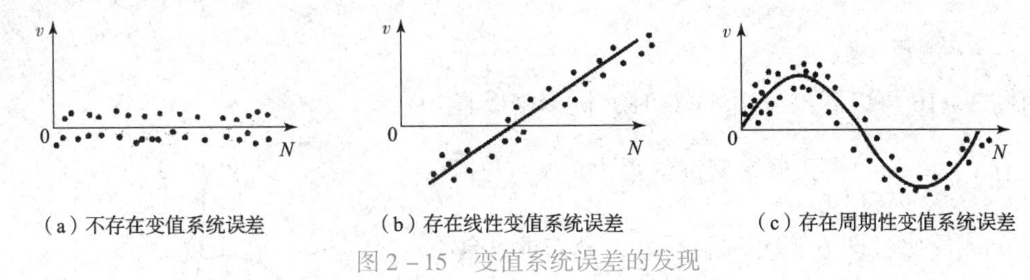

图 2-15　变值系统误差的发现

对于线性系统误差的消除可采用对称法，对于周期性系统误差的消除可采用半周期法。

2. 随机误差　在同一测量条件下，多次测量同一量值时，测量误差绝对值和符号以不可预定的方式变化着的误差称为随机误差。例如，仪器仪表中零部件配合的不稳定性、零部件的变形、零件表面油膜不均匀及摩擦等引起的示值不稳定。随机误差是不可避免的，对每一次具体测量来说随机误差无规律可循，但对于多次重复测量来说，误差出现的整体是服从统计规律的。

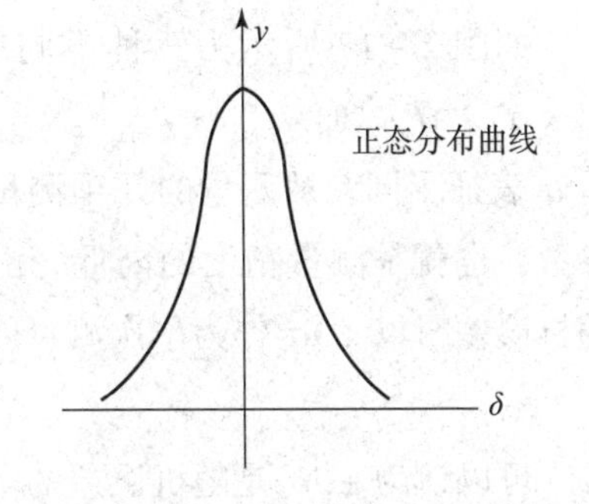

图 2-16　正态分布曲线

随机误差的分布规律及其特性：大量实验表明，随机误差符合正态分布规律。正态分布曲线如图 2-16 所示，横坐标表示随机误差 δ，纵坐标表示概率密度 y。

从图中可以看出，随机误差具有以下四个分布特性。

（1）对称性　绝对值相等的正误差与负误差出现的概率相等；

（2）单峰性　绝对值小的随机误差比绝对值大的随机误差出现的概率较大，曲线有最高点；

（3）有界性　在一定的测量条件下，随机误差的绝对值不会超越某一确定的界限。

（4）抵偿性　随着测量次数的增加，随机误差的算术平均值趋近于零。

第四个特征可由第一个特征推导出来，因为绝对值相等的正误差和负误差之间可以相互抵消。对于有限次测量，随机误差的算术平均值是一个有限小的量，而当测量次数无限增大时，它趋向于零。

根据概率论原理，正态分布曲线的数学表达式为：

$$y = \frac{1}{\sigma\sqrt{2\pi}} e^{-\frac{\delta^2}{2\sigma}} \tag{2-4}$$

式中　y——概率密度函数；

δ——随机误差；

e——自然对数的底数，e = 2.718 28；

σ——标准偏差，可按下式计算

$$\sigma = \sqrt{\frac{\delta_1{}^2 + \delta_2{}^2 + \cdots \delta_n{}^2}{n}} = \sqrt{\frac{\sum_{i=1}^{n} \delta_i{}^2}{n}} \tag{2-5}$$

式中　n——测量次数。

由图 2－16 可以看出，当 $\delta = 0$ 时，概率密度最大，且有 $y_{\max} = \dfrac{1}{\sigma\ \sqrt{2\pi}}$，概率密度的最大值 $y_{\max}$ 与标准偏差 σ 成反比，即 σ 越小 $y_{\max}$ 越大，分布曲线越陡峭，测得值越集中，亦即测量精度越高；反之，σ 愈大，$y_{\max}$ 值愈小，曲线愈平坦，测得值愈分散，亦即测量精度愈低。

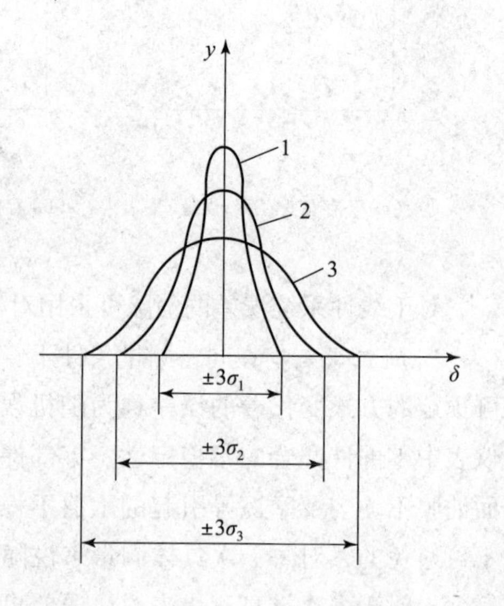

图 2－17　三种不同 σ 的正态分布曲线

如图 2－17 所示为三种不同的正态分布曲线，$\sigma_1 < \sigma_2 < \sigma_3$，而 $y_{1\max} > y_{2\max} > y_{3\max}$。所以，标准偏差 σ 表征了同一被测量的几项测量测得值分散性的参数，也就是测量精度的高低。由实验可知，评定随机误差时以 $\pm 3\sigma$ 作为单次测量的极限误差，即

$$\delta_{\lim} = \pm 3\sigma \tag{2-6}$$

可以认为 $\pm 3\sigma$ 是随机误差的实际分布范围，即有界性的界限为 $\pm 3\sigma$。

3. *粗大误差*　超出在规定条件下预期的误差称为粗大误差。此误差值较大，明显歪曲

测量结果，如测量时对错了标志、读错或记错了数、使用有缺陷的仪器以及在测量时因操作不细心而引起的过失性误差等。如已存在粗大误差，应予以剔除。常用的方法为，当$|\delta_i|>3\sigma$时，测得值x_i就含有粗大误差，应予以剔除。3σ即作为判断粗大误差的界限，此方法称3σ准则。

四、测量精度的分类

反映测量结果与真值接近程度的量，称为精度，它与误差的大小相对应，因此可用误差大小来表示精度的高低，误差小则精度高，误差大则精度低。为了反映系统误差与随机误差的区别及其对测量结果的影响，可将精度进一步分类为精密度、正确度和准确度。

1. 精密度

反映测量结果中随机误差的影响程度。若随机误差小，则精密度高。

2. 正确度

反映测量结果中系统误差的影响程度。若系统误差小，则正确度高。

3. 精确度

反映测量结果中系统误差和随机误差综合的影响程度。若系统误差和随机误差都小，则准确度高。

以打靶为例进行说明。如图2－18所示，圆心表示靶心，黑点表示弹孔。

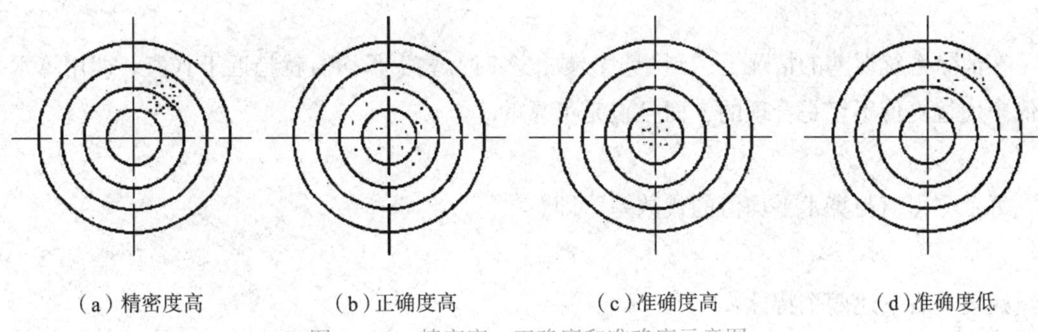

(a)精密度高　(b)正确度高　(c)准确度高　(d)准确度低

图2－18　精密度、正确度和准确度示意图

图2－18a表现为弹孔密集但偏离靶心，说明随机误差小而系统误差大，精密度高而正确度低；

图2－18b表现为弹孔较为分散，但基本围绕靶心分布，说明随机误差大而系统误差小，正确度高而精密度低；

图2－18c表现为弹孔密集且围绕靶心分布，说明随机误差和系统误差都非常小，精密度和正确度都高，因而准确度也高；

图2－18d表现为弹孔既分散又偏离靶心，说明随机误差和系统误差都大，精密度和正确度都低，所以准确度也低。

2.3.5　直接测量列的数据处理

对测量结果进行数据处理，是为了找出被测量包含的各种误差，以求消除或减小测量误差的影响，提高测量精度。

1. 算术平均值 $\bar{x}$

在相同条件下对同一被测量进行多次等精度测量，其值分别为 x_1、x_2、$x_3 \cdots x_n$，称为“测量列”。

则
$$\bar{x} = \frac{x_1 + x_2 + \cdots + x_n}{n} = \frac{\sum_{i=1}^{n} x_i}{n} \tag{2-7}$$

式中，n 为测量次数。

随机误差：$\delta_1 = x_1 - x_0$，$\delta_2 = x_2 - x_0$，$\cdots$，$\delta_n = x_n - x_0$

相加则为：$\delta_1 + \delta_2 + \cdots + \delta_n = (x_1 + x_2 + \cdots + x_n) - nx_0$

即
$$\sum_{i=1}^{n} \delta_i = \sum_{i=1}^{n} x_i - nx_0$$

其真值
$$x_0 = \frac{\sum_{i=1}^{n} x_i}{n} - \frac{\sum_{i=1}^{n} \delta_i}{n} = \bar{x} - \frac{\sum_{i=1}^{n} \delta_i}{n}$$

由随机误差抵偿性知，当 $n \to \infty$ 时 $\dfrac{\sum_{i=1}^{n} \delta_i}{n} = 0$

$$\bar{x} = x_0 \tag{2-8}$$

在消除系统误差的情况下，当测量次数很多时，算术平均值就趋近于真值。即用算术平均值来代替真值不仅是合理的，而且也是可靠的。

2. 残差 v_i

每个测得值与算术平均值的代数差，即
$$v_i = x_i - \bar{x} \tag{2-9}$$

残差具有下述两个特性：

（1）残差的代数和等于零，即 $\sum_{i=1}^{n} v_i = 0$

（2）残差的平方和为最小，即 $\sum_{i=1}^{n} v_i^2 = \min$

当残差平方和为最小时，按最小二乘法原理知，测量结果是最佳值。这也说明了 $\bar{x}$ 是 x_0 的最佳估值。

3. 测量列中任一测得值的标准偏差 σ

由于真值不可知，随机误差 δ_i 也未知，标准偏差 σ 无法计算。在实际测量中，标准偏差 σ 用残差来估算，常用贝赛尔公式计算，即
$$\sigma \approx \sqrt{\frac{\sum_{i=1}^{n} v_i^2}{n-1}} \tag{2-10}$$

任一测得值 x，其落在 $\pm3\sigma$ 范围内的概率（P）为 99.73%，常表示为：

$$x = \bar{x} \pm 3\sigma \quad (P = 99.73\%) \tag{2-11}$$

4. 测量列算术平均值的标准偏差 $\sigma_{\bar{x}}$

在多次重复测量中，是以算术平均值作为测量结果的，因此要研究算术平均值的可靠性程度。

$$\sigma_{\bar{x}} = \sqrt{\frac{\sigma^2}{n}} = \frac{\sigma}{\sqrt{n}} \approx \sqrt{\frac{\sum_{i=1}^{n} v_i^2}{n(n-1)}} \tag{2-12}$$

5. 测量列算术平均值的极限误差和测量结果

测量列算术平均值的极限误差为 $\delta_{\mathrm{lin}(\bar{x})} = \pm 3\sigma_{\bar{x}}$ (2-13)

测量列的测量结果可表示为 $x_0 = \bar{x} \pm \delta_{\mathrm{lim}(\bar{x})} = \bar{x} \pm 3\sigma_{\bar{x}}$ （$P = 99.73\%$） (2-14)

练一练

2-2 对同一几何量等精度测量 15 次，所得数据列见表 2-2，假设测量中不存在定值系统误差。试求其测量结果。

表 2-2 某尺寸测量数据表

序号	测得值 x_i/mm	残差 v_i $(=x_i-\bar{x})$ /μm	残差的平方 $v_i^2/(\mu m)^2$
1	50.028	−2	4
2	50.032	+2	4
3	50.029	−1	1
4	50.031	+1	1
5	50.030	0	0
6	50.032	+2	4
7	50.028	−2	4
8	50.029	−1	1
9	50.030	0	0
10	50.031	+1	1
11	50.030	0	0
12	50.030	0	0
13	50.028	−2	4
14	50.032	+2	4
15	50.030	0	0
	$\bar{x} = 50.030$	$\sum_{i=1}^{15} v_i = 0$	$\sum_{i=1}^{15} v_i^2 = 28$

解：(1) 求算术平均值 $\bar{x} = \frac{\sum_{i=1}^{15} x_i}{n} = 50.030\ \text{mm}$

(2) 求残余误差平方和 $\sum_{i=1}^{15} v_i = 0$，$\sum_{i=1}^{15} v_i^2 = 28\ \mu\text{m}$

(3) 判断变值系统误差：根据残差观察法判断，测量列中的残差大体上呈正、负相间，无明显规律的变化，所以认为无变值系统误差。

(4) 计算标准偏差 σ

$$\sigma = \sqrt{\frac{\sum_{i=1}^{15} v_i^2}{n-1}} = 1.41\ um$$

(5) 判断粗大误差：由标准偏差知，可求得粗大误差的界限 $|v_i| > 3\sigma = 4.23\ \mu\text{m}$，故不存在粗大误差。

(6) 求任一测得值的极限误差

$$\delta_{\lim} = \pm 3\sigma = \pm 4.23\ \mu\text{m}$$

(7) 求测量列算术平均值的标准偏差

$$\sigma_{\bar{x}} = \frac{\sigma}{\sqrt{n}} = 0.36\ \mu\text{m}$$

(8) 求算术平均值的测量极限误差

$$\delta_{\lim(\bar{x})} = \pm 3\sigma_{\bar{x}} = \pm 1.08\ \mu\text{m} \approx 1\ \mu\text{m}$$

测量结果 $x_0 = \bar{x} \pm \delta_{\lim(\bar{x})} = 50.030 \pm 0.001\ \text{mm}\ (P = 99.73\%)$

课后练习二

2－1　判断题

(　　) (1) 有两个量块，它们的检定极限误差为 ±0.000 4 mm 和 ±0.000 3 mm，这两个量块研合后组成的量块组的极限误差应是 ±0.000 1 mm。

(　　) (2) 加工误差只有通过测量才能得到，所以加工误差实质上就是测量误差。

(　　) (3) 测量误差是可以避免的。

(　　) (4) 对某一尺寸进行多次测量，他们的平均值就是真值。

(　　) (5) 在评定测量精度时，精密度高的不一定精确度高。

(　　) (6) 千分尺的分度值是 0.001 mm。

(　　) (7) 使用的量块越多，组合的尺寸越精确。

(　　) (8) 用游标卡尺测量轴颈尺寸，及属于直接测量法，又属于相对测量法。

(　　) (9) 实际尺寸就是真实的尺寸，简称真值。

(　　) (10) 一般来说，测量误差总是小于加工误差。

（　）（11）量块按等使用时，量块的工件尺寸既包含制造误差，也包含检定量块的测量误差。

（　）（12）在相对测量中，测量器具的示值范围，应大于被测尺寸的公差。

（　）（13）一列测得值中有一测得值为 40.975 mm，在进行数据处理时，若保留四位有效数字，则该值可取成 40.97 mm。

2-2　使用量块时应注意的问题有哪些？

2-3　试从 83 块一套的量块中选取尺寸为 68.965 的量块组。

2-4　对某一尺寸进行 10 次等精度测量，各次的测得值按测量顺序记录如下：

20.049　20.047　20.048　20.046　20.050

20.051　20.043　20.052　20.045　20.049

（1）判断有无粗大误差；

（2）确定测量列有无系统误差；

（3）求出测量列任一测得值的标准差；

（4）求出测量列总体算术平均值的标准偏差；

（5）求出用算术平均值表示的测量结果。

2-5　用分度值为 0.001 mm 的立式光学比较仪测量某轴尺寸，工作尺寸标注为 $\phi25_{0}^{+0.021}$，选用标称值为 20 mm 和 5 mm 的两量块组对仪器调零，测量工件时中仪器标尺移动方向如图 2-19 所示，试计算工件的实际尺寸，并判断工件是否合格。

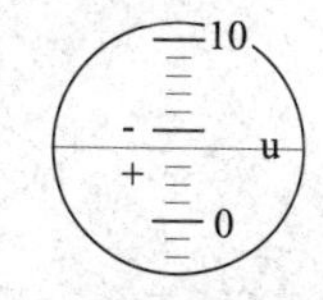

图 2-19　习题 2-5 图

第三章　极限与配合

机械工业生产中，零件不能加工成一个理想的尺寸，为了保证零件的互换性，零件应满足一个给定的尺寸变动范围。这个尺寸范围应保证零件间的相互配合，满足零件的使用功能，制造时还应经济合理。国家标准 GB1800. 1－2009《产品几何技术规范（GPS）极限与配合　第1部分：公差、偏差和配合的基础》、GB1801－2009《产品几何技术规范（GPS）极限与配合　公差带和配合的选择》，对这方面做了具体规定，在我国工业生产中发挥着重要作用。

第一节　极限与配合的基本术语和定义

一、有关孔、轴的术语定义

1. 孔

通常指工件的圆柱形内表面，也包括非圆柱形内表面（两平行平面或切面形成的包容面）。

2. 轴

通常指工件的圆柱形外表面，也包括非圆柱形外表面（两平行平面或切面形成的被包容面）。

孔、轴的定义在标准中是指广义的概念。从装配上来讲，孔是包容面，轴是被包容面。从加工过程看，随着材料余量的去除，孔的尺寸由小变大，轴的尺寸由大变小。如图 3－1 所示，圆柱的直径是轴，圆柱孔的直径、键槽的宽度都是孔。

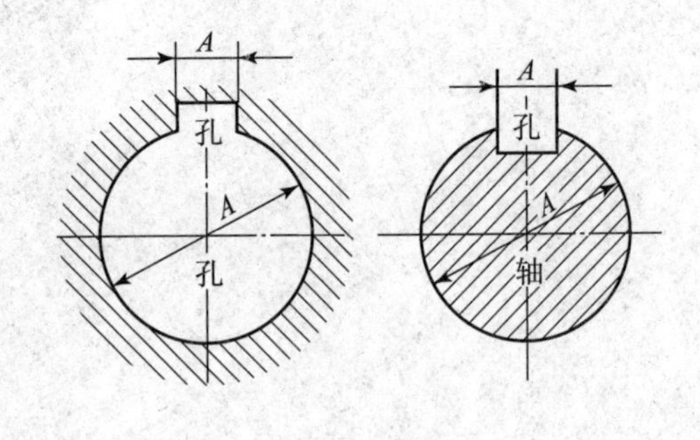

图 3－1　孔和轴的定义

二、有关尺寸要素的术语定义

1. 尺寸要素

尺寸要素是指由一定大小的线性尺寸或角度尺寸确定的几何形状。

2. 实际（组成）要素

由接近实际（组成）要素所限定的工件实际表面的组成要素部分。

3. 提取组成要素

按规定方法，由实际（组成）要素提取有限数目的点所形成的实际（组成）要素的近似替代。

4. 拟合组成要素

按规定方法，由提取组成要素形成的并具有理想形状的组成要素。

三、有关尺寸的术语定义

1. 尺寸

以特定单位表示线性尺寸的数值称为尺寸。尺寸由数字和长度单位组成，在技术制图中，通常以 mm 为长度单位，此时省略单位 mm，只书写数字。如长度为 40、60 等。

2. 公称尺寸

公称尺寸是由图样规范确定的理想形状要素的尺寸，通过它应用上、下极限偏差可以计算得出极限尺寸。孔的基本尺寸常用 D 表示，轴的基本尺寸常用 d 表示。公称尺寸是根据零件的功能要求，经过强度、刚度等设计计算及结构、工艺设计，并参照 GB/T2822《标准尺寸》中规定的数值选取。

3. 提取组成要素的局部尺寸

一切提取组成要素上两对应点之间的距离统称为提取组成要素的局部尺寸，简称为提取要素的局部尺寸。

4. 极限尺寸

极限尺寸是尺寸允许变动的两个极限值。允许的最大尺寸称为上极限尺寸，允许的最小尺寸称为下极限尺寸。孔和轴的上极限尺寸分别用 D_{max} 和 d_{max} 表示；下极限尺寸分别用 D_{min} 和 d_{min} 表示。实际尺寸如果小于最大极限尺寸且大于最小极限尺寸，则零件是合格的。

四、有关偏差、极限偏差、尺寸公差的术语定义

1. 偏差

某一尺寸减去其公称尺寸所得的代数差，称为偏差。偏差可为正值、负值或零。

2. 极限偏差

极限偏差是极限尺寸减其公称尺寸所得的代数差。

上极限尺寸减其公称尺寸所得的代数差称为上极限偏差；下极限尺寸减其公称尺寸所得的代数差称为下极限偏差。孔的上、下极限偏差分别用 ES 和 EI 表示；轴的上、下极限偏差分别用 es 和 ei 表示。

$$ES = D_{max} - D \qquad EI = D_{min} - D \tag{3-1}$$

$$es = d_{max} - d \qquad ei = d_{min} - d \tag{3-2}$$

在图样上，如标注为 $\phi25^{+0.015}_{+0.002}$，则公称尺寸为 $\phi25$，上极限尺寸为 $\phi25.015$，下极限尺寸为 $\phi25.002$，上极限偏差为 $+0.015$，下极限偏差为 $+0.002$。如果上极限偏差或下极限偏

差为零，也要标注，如 $\phi30^{+0.021}_{0}$。

偏差只要位于极限偏差范围内，则零件是合格的。

3. 尺寸公差

尺寸公差是上极限尺寸减下极限尺寸之差，或上极限偏差减下极限偏差之差，它是允许尺寸的变动量。孔的公差 T_h，轴的公差为 T_s。

$$T_h = D_{max} - D_{min} = ES - EI \quad (3-3)$$

$$T_s = d_{max} - d_{min} = es - ei \quad (3-4)$$

公差与偏差是两个不同的概念。公差值是允许尺寸的变化量，不能为零。而偏差可为正、为负或零。公差表示制造精度的要求，在公称尺寸相同的情况下，公差值越大，工件精度要求越低，越容易加工；公差值越小，工件精度要求高，越难加工。偏差表示与公称尺寸偏离的程度，一般不反映加工难易程度。

4. 公差带和公差带图

图 3－2 反映了公称尺寸、极限尺寸、极限偏差及公差之间的关系。

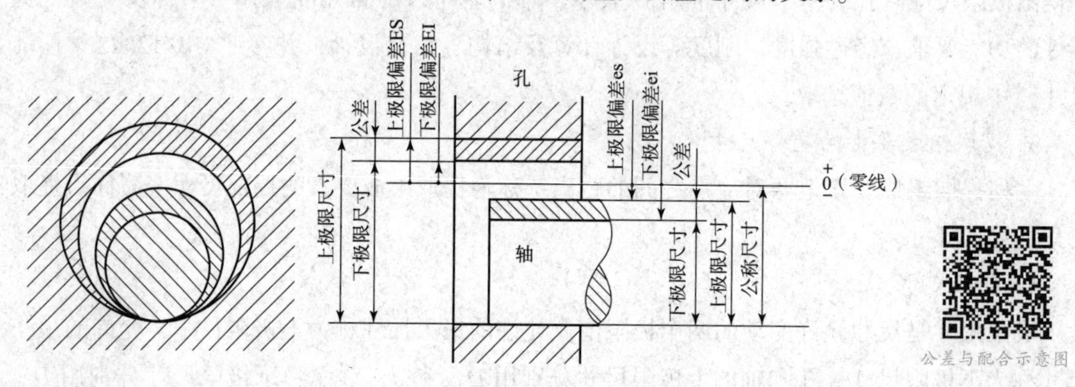

图 3－2　公差与配合示意图

由于公差和偏差的数值与尺寸数值相差太远，不能按同一比例画在同一图上，为简化起见，不画出孔和轴的全部，而只画出公差带来分析，如图 3－3 所示，被称为公差带图。

（1）零线

用来表示公称尺寸的一条直线，即零偏差线。它是上、下偏差的起点线，零线以上为正偏差，零线以下为负偏差。

（2）公差带

在公差带图中，由代表上极限偏差和下极限偏差或上极限尺寸和下极限尺寸的两条直线所限定的区域称为公差带。它由公差带的大小和公差带的位置两个要素组成，前者指公差带在零线垂直方向上的宽度，由标准公差确定；后者指公差带相对于零线的位置，由基本偏差确定。

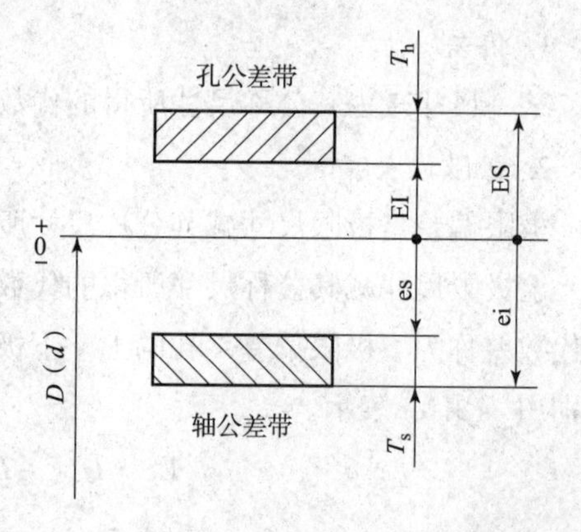

图 3－3　公差带图

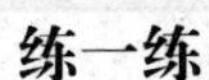

3-1 求孔 $\phi30^{+0.021}_{0}$、轴 $\phi30^{-0.020}_{-0.033}$ 的上极限尺寸、下极限尺寸、公差并画出公差带图。

解： 对于孔　由公式 3-1 可得上极限尺寸 $D_{max}=D+ES=30.021$

下极限尺寸 $D_{\min}=D+\mathrm{EI}=30$

由公式 3-3 可得公差 $T_{\mathrm{h}}=\mathrm{ES}-\mathrm{EI}=+0.021-0=0.021$

对于轴　由公式 3-2 可得上极限尺寸 $d_{\max}=d+\mathrm{es}$

$$=30+(-0.020)$$

$$=29.980$$

下极限尺寸 $d_{\min}=d+\mathrm{ei}=30+(-0.033)=29.967$

公差 $T_{\mathrm{s}}=\mathrm{es}-\mathrm{ei}=(-0.020)-(-0.033)$

$$=0.013$$

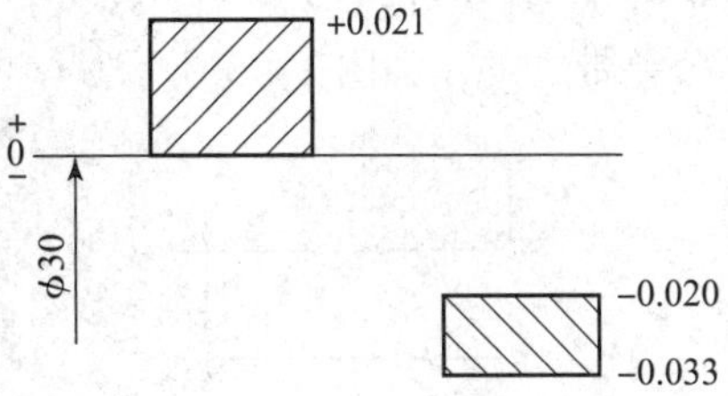

公差带图的画法步骤：

（1）画零线，标注出“0”、“+”、“-”，用箭头指在零线的左侧并注出公称尺寸

（2）选适当比例，画出孔、轴公差带，并将极限偏差数值标注出来，如图 3-4 所示。

图 3-4　公差带图画法

五、有关配合的术语定义

1. 配合

配合是指公称尺寸相同的、相互结合的孔和轴公差带之间的关系。配合指的是一批孔、轴的装配关系，而不是指单个孔和单个轴的结合关系。

2. 间隙与过盈

间隙或过盈是指孔的尺寸减去相配合的轴的尺寸所得的代数差。此差值为正时是间隙，用 X 表示，为负时是过盈，用 Y 表示。

3. 配合的种类

配合分为间隙配合、过盈配合和过渡配合三类。

（1）间隙配合。具有间隙（包括最小间隙等于零）的配合。间隙配合必须保证同一规格的一批孔的直径大于或等于相互配合的一批轴的直径。其配合特点是：孔的公差带在轴的公差带之上，如图 3-5 所示。

由于孔、轴的实际尺寸允许在上极限尺寸和下极限尺寸之间变动，所以，孔、轴配合后的间隙也是变动的。当孔为的上极限尺寸而轴为下极限尺寸时，配合为最松状态，此时的间隙为最大间隙，用 $X_{\max}$ 表示。当孔为下极限尺寸、轴为上极限尺寸时，配合为最紧状态，此时的间隙为最小间隙，用 $X_{\min}$ 表示。

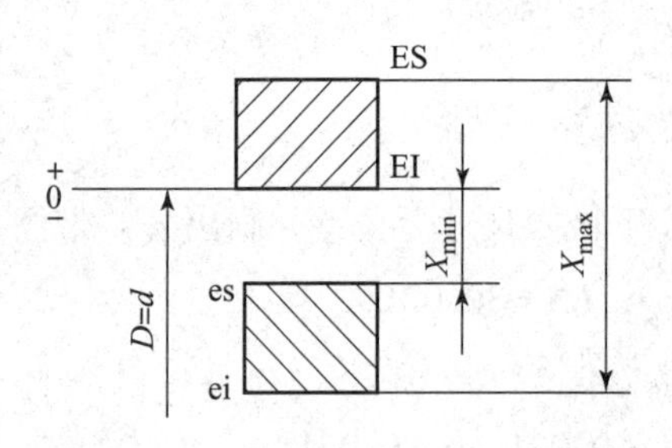

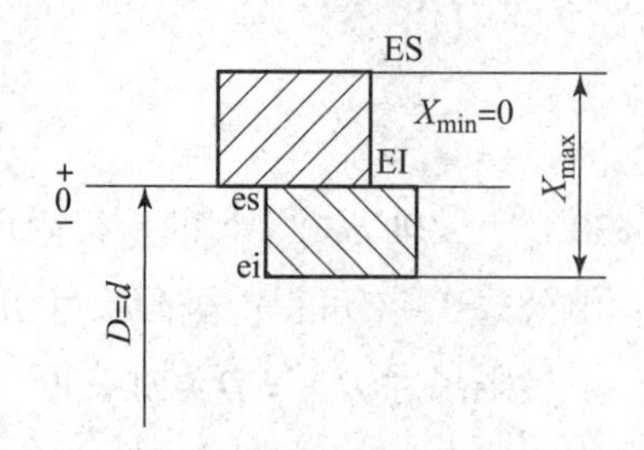

图 3-5　间隙配合

$$X_{max} = D_{max} - d_{min} = \mathrm{ES} - \mathrm{ei} \tag{3-5}$$

$$X_{min} = D_{min} - d_{max} = \mathrm{EI} - \mathrm{es} \tag{3-6}$$

（2）过盈配合。具有过盈（包括最小过盈等于零）的配合。过盈配合必须保证同一规格的一批孔的直径小于或等于相互配合的一批轴的直径。其配合特点是：孔的公差带在轴的公差带之下，如图 3-6 所示。

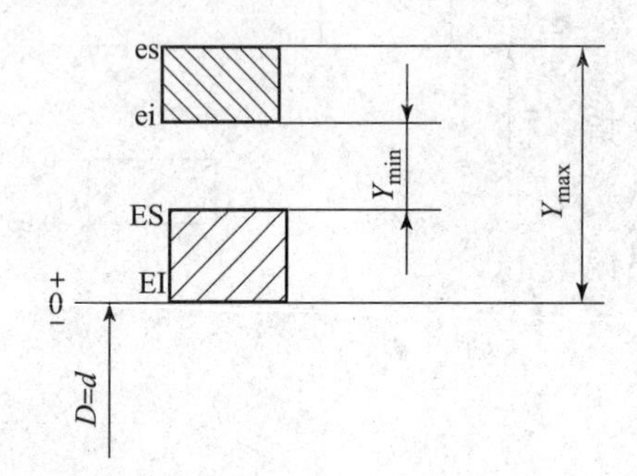

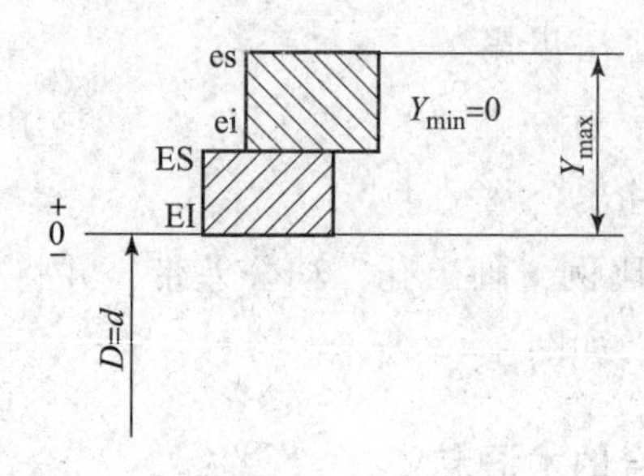

图 3-6　过盈配合

由于孔、轴的实际（组成）要素允许在上极限尺寸和下极限尺寸之间变动，因此配合后形成的实际过盈也是变动的。当孔为下极限尺寸、轴为上极限尺寸时，配合处于最紧状态，此时的过盈为最大过盈，用 Y_{max} 表示。当孔为上极限尺寸、轴为下极限尺寸时，配合处于最松状态，此时的过盈称为最小过盈，用 Y_{min} 表示。最大过盈和最小过盈用下列公式确定

$$Y_{max} = D_{min} - d_{max} = \mathrm{EI} - \mathrm{es} \tag{3-7}$$

$$Y_{min} = D_{max} - d_{min} = \mathrm{ES} - \mathrm{ei} \tag{3-8}$$

（3）过渡配合。可能具有间隙或过盈的配合。若为过渡配合，则同一规格的一批孔的直径可能大于、小于或等于相互配合的一批轴的直径。其配合特点是：孔的公差带与轴的公差带相互交叠，如图 3-7 所示。

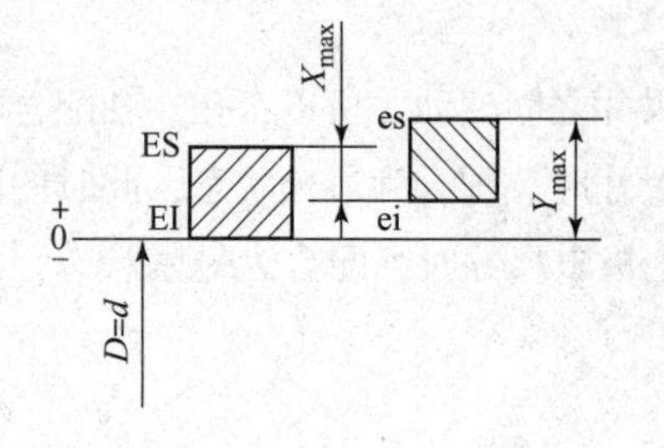

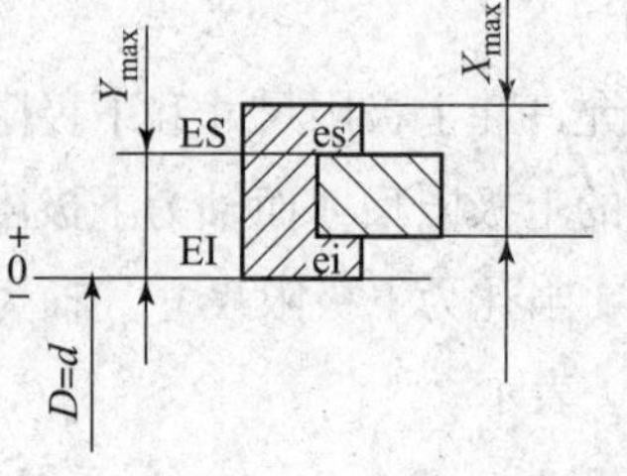

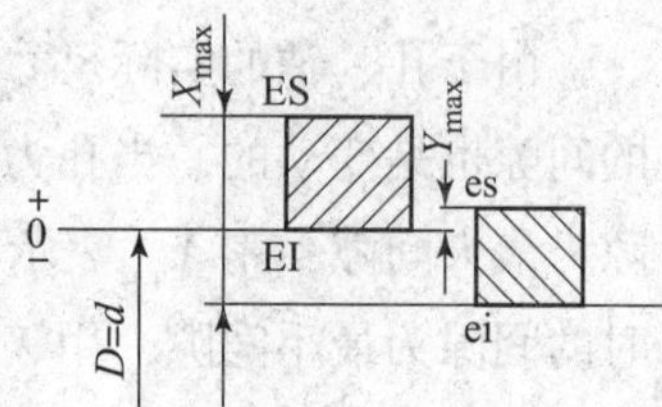

图 3-7　过渡配合

过渡配合中，若孔的尺寸大于轴的尺寸时形成间隙，反之形成过盈。孔的上极限尺寸减轴的下极限尺寸得到最大间隙 X_{max}，是孔、轴配合的最松状态。孔的下极限尺寸减轴的上极限尺寸得到最大过盈 Y_{max}，是孔、轴配合的最紧状态。最大间隙和最大过盈分别按照公式 3－5、3－7 计算。

4. 配合公差

组成配合的孔、轴公差之和称为配合公差。它是设计人员根据配合部位的使用要求对配合松紧变动程度给定的允许值，即允许间隙或过盈的变动量，用 T_f 表示。配合公差越大，配合精度要求越低；反之，配合公差越小，配合精度要求越高。

对于间隙配合，配合公差等于最大间隙与最小间隙之代数差的绝对值；对于过盈配合，配合公差等于最小过盈与最大过盈之代数差的绝对值；对于过渡配合，配合公差等于最大间隙与最大过盈之代数差的绝对值。计算公式如下：

间隙配合 $$T_f = |X_{max} - X_{min}| = T_h + T_s \quad (3-9)$$

过渡配合 $$T_f = |X_{max} - Y_{max}| = T_h + T_s \quad (3-10)$$

过盈配合 $$T_f = |Y_{max} - Y_{min}| = T_h + T_s \quad (3-11)$$

练一练

3－2 计算以下三对配合的轴和孔的最大、最小间隙或过盈、配合公差，并画出公差带图。（1）孔 $\phi25^{+0.021}_{0}$ 轴 $\phi25^{-0.020}_{-0.033}$、（2）孔 $\phi25^{+0.021}_{0}$ 轴 $\phi25^{+0.041}_{+0.028}$、（3）$\phi25^{+0.021}_{0}$ 轴 $\phi25^{+0.015}_{+0.002}$

解：（1）$X_{max} = D_{max} - d_{min} = ES - ei = (+0.021) - (-0.033) = +0.054$

$X_{min} = D_{min} - d_{max} = EI - es = 0 - (-0.020) = +0.020$

$T_f = |X_{max} - X_{min}| = |(+0.054) - (+0.020)| = 0.034$

（2）$Y_{max} = D_{min} - d_{max} = EI - es = 0 - (+0.041) = -0.041$

$Y_{min} = D_{max} - d_{min} = ES - ei = (+0.021) - (+0.028) = -0.007$

$T_f = |Y_{max} - Y_{min}| = |(-0.041) - (-0.007)| = 0.034$

（3）$X_{max} = D_{max} - d_{min} = ES - ei = (+0.021) - (+0.002) = +0.019$

$Y_{max} = D_{min} - d_{max} = EI - es = 0 - (+0.015) = -0.015$

$T_f = |X_{max} - Y_{max}| = |(+0.019) - (-0.015)| = 0.034$

三种配合的公差带图如图 3－8 所示。偏差单位为 μm。

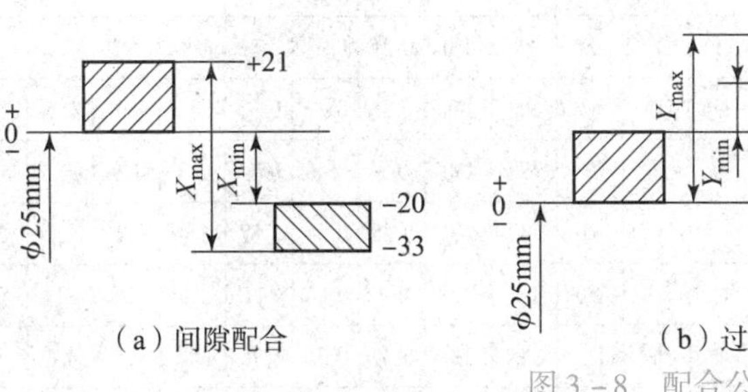

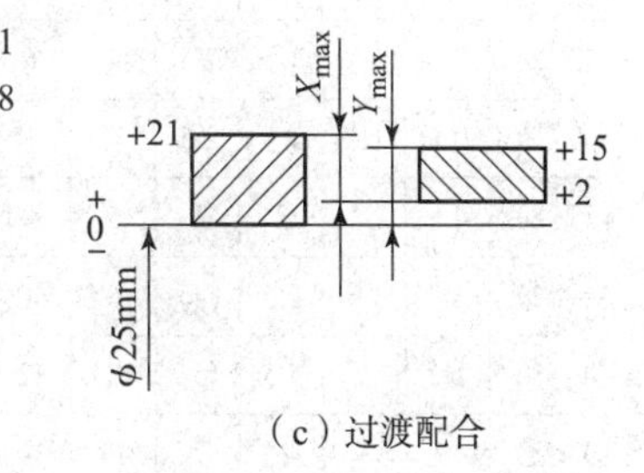

（a）间隙配合　（b）过盈配合　（c）过渡配合

图 3－8　配合公差带图

第二节　标准公差系列

孔和轴的公差是由公差带的大小和位置确定的。国家标准《产品几何技术规范（GPS）极限与配合》对公差带的大小和位置进行了标准化。公差带的大小由标准公差加以确定，位置由基本偏差来确定。

生产实践统计分析证明，公称尺寸相同的一批零件，若加工方法和生产条件不同，则产生的误差不同；若加工方法和生产条件相同，而公称尺寸不同，则误差也不同。

一、标准公差等级

标准公差等级用来确定尺寸精确的程度，用字母 IT（ISO Tolerance 的缩写）和数字表示。一共有 20 个等级，用符号 IT01、IT0、IT1、IT2、IT3、…、IT18 表示，从 IT01 至 IT18 公差等级依次降低。

二、标准公差数值

公差值的大小与公差等级和公称尺寸有关。公差等级降低，公差值按几何级数增大。同时，标准公差值还随公称尺寸的增大而增大。

考虑到便于应用，国家标准对公称尺寸进行了分段。尺寸分段后，对同一尺寸段内的所有公称尺寸，在相同公差等级的情况下，规定相同的标准公差值。表 3－1 为标准公差数值，在工程应用时以此表所列数值为准。

表 3－1　标准公差数值（GB/T1800.1－2009）

公称尺寸（mm）	公差等级																			
	IT01	IT0	IT1	IT2	IT3	IT4	IT5	IT6	IT7	IT8	IT9	IT10	IT11	IT12	IT13	IT14	IT15	IT16	IT17	IT18
	μm													mm						
≤3	0.3	0.5	0.8	1.2	2	3	4	6	10	14	25	40	60	0.1	0.14	0.25	0.4	0.6	1	1.4
>3~6	0.4	0.6	1	1.5	2.5	4	5	8	12	18	30	48	75	0.12	0.18	0.3	0.48	0.75	1.2	1.8
>6~10	0.4	0.6	1	1.5	2.5	4	6	9	15	22	36	58	90	0.15	0.22	0.36	0.58	0.9	1.5	2.2
>10~18	0.5	0.8	1.2	2	3	5	8	11	18	27	43	70	110	0.18	0.27	0.43	0.7	1.1	1.8	2.7
>18~30	0.6	1	1.5	2.5	4	6	9	13	21	33	52	84	130	0.21	0.33	0.52	0.84	1.3	2.1	3.3
>30~50	0.6	1	1.5	2.5	4	7	11	16	25	39	62	100	160	0.25	0.39	0.62	1	1.61	2.5	3.9
>50~80	0.8	1.2	2	3	5	8	13	19	30	46	74	120	190	0.3	0.46	0.74	1.2	1.9	3	4.6
>80~120	1	1.5	2.5	4	6	10	15	22	35	54	87	140	220	0.35	0.54	0.87	1.4	2.2	3.5	5.4
>120~180	1.2	2	3.5	5	8	12	18	25	40	63	100	160	250	0.4	0.63	1	1.6	2.5	4	6.3
>180~250	2	3	4.5	7	10	14	20	29	46	72	115	185	290	0.46	0.72	1.15	1.85	2.9	4.6	7.2
>250~315	2.5	4	6	8	12	16	23	32	52	81	130	210	320	0.52	0.81	1.3	2.1	3.2	5.2	8.1

续表

公称尺寸（mm）	公差等级																			
	IT01	IT0	IT1	IT2	IT3	IT4	IT5	IT6	IT7	IT8	IT9	IT10	IT11	IT12	IT13	IT14	IT15	IT16	IT17	IT18
	μm													mm						
>315~400	3	5	7	9	13	18	25	36	57	89	140	230	360	0.57	0.89	1.4	2.3	3.6	5.7	8.9
>400~500	4	6	8	10	15	20	27	40	63	97	155	250	400	0.63	0.97	1.55	2.5	4	6.3	9.7
>500~630			9	11	16	22	32	44	70	110	175	280	440	0.7	1.1	1.75	2.8	4.4	7	11
>630~800			10	13	18	25	36	50	80	125	200	320	500	0.8	1.25	2	3.2	5	8	12.5
>800~1 000			11	15	21	28	40	56	90	140	230	360	560	0.9	1.4	2.3	3.6	5.6	9	14
>1 000~1 250			13	18	24	33	47	66	105	165	260	420	660	1.05	1.65	2.6	4.2	6.6	10.5	16.5
>1 250~1 600			15	21	29	39	55	78	125	195	310	500	780	1.25	1.95	3.1	5	7.8	12.5	19.5
>1 600~2 000			18	25	35	46	65	92	150	230	370	600	920	1.5	2.3	3.7	6	9.2	15	23
>2 000~2 500			22	30	41	55	78	110	175	280	440	700	1 100	1.75	2.8	4.4	7	11	17.5	28
>2 500~3 150			26	36	50	68	96	135	210	330	540	860	1 350	2.1	3.3	5.4	8.6	13.5	21	33

第三节　基本偏差系列

一、基本偏差系列代号及特征

基本偏差是指用来确定公差带相对于零线位置的那个极限偏差，它可以是上极限偏差或下极限偏差，一般为靠近零线的那个偏差。

1. 基本偏差代号

国标规定了孔和轴各有 28 种基本偏差。基本偏差的代号用拉丁字母表示，大写表示孔，小写表示轴。在 26 个拉丁字母中去掉 5 个易于其他参数相混淆的字母：I、L、O、Q、W（i、l、o、q、w），增加 7 个双写字母：CD、EF、FG、ZA、ZB、ZC（cd、ef、fg、za、zb、zc）及 JS（js）。如图 3－9 所示。

2. 基本偏差的主要特征

（1）孔和轴的同字母的基本偏差相对零线基本呈对称分布。轴的基本偏差：从 a～h 为上极限偏差 es（负值或零）；从 j～zc 为下极限偏差 ei（多为正值）。孔的基本偏差：从 A～H 为下极限偏差 EI（正值或零）；从 J～ZC 为上极限偏差 ES（多为负值）。孔与轴基本偏差的正负号相反，即 EI = es，ES = ei。

（2）H 和 h 的基本偏差为零，即 H 的下极限偏差 EI = 0，h 的上极限偏差 es = 0。

（3）JS 和 js 在各个公差等级中，公差带完全对称于零线，因此，它们的基本偏差可以是上极限偏差（+IT/2），也可以是下极限偏差（－IT/2）。

（4）一般情况下，基本偏差的大小与公差等级无关，而 JS（js）、J（j）、K（k）M、N

的基本偏差随公差等级变化。在图 3－9 的基本偏差系列示意图中，公差带的一端是封闭的，表示基本偏差，另一端是开口的，其位置取决于公差等级。这体现了公差带包含标准公差和基本偏差这两个要素。

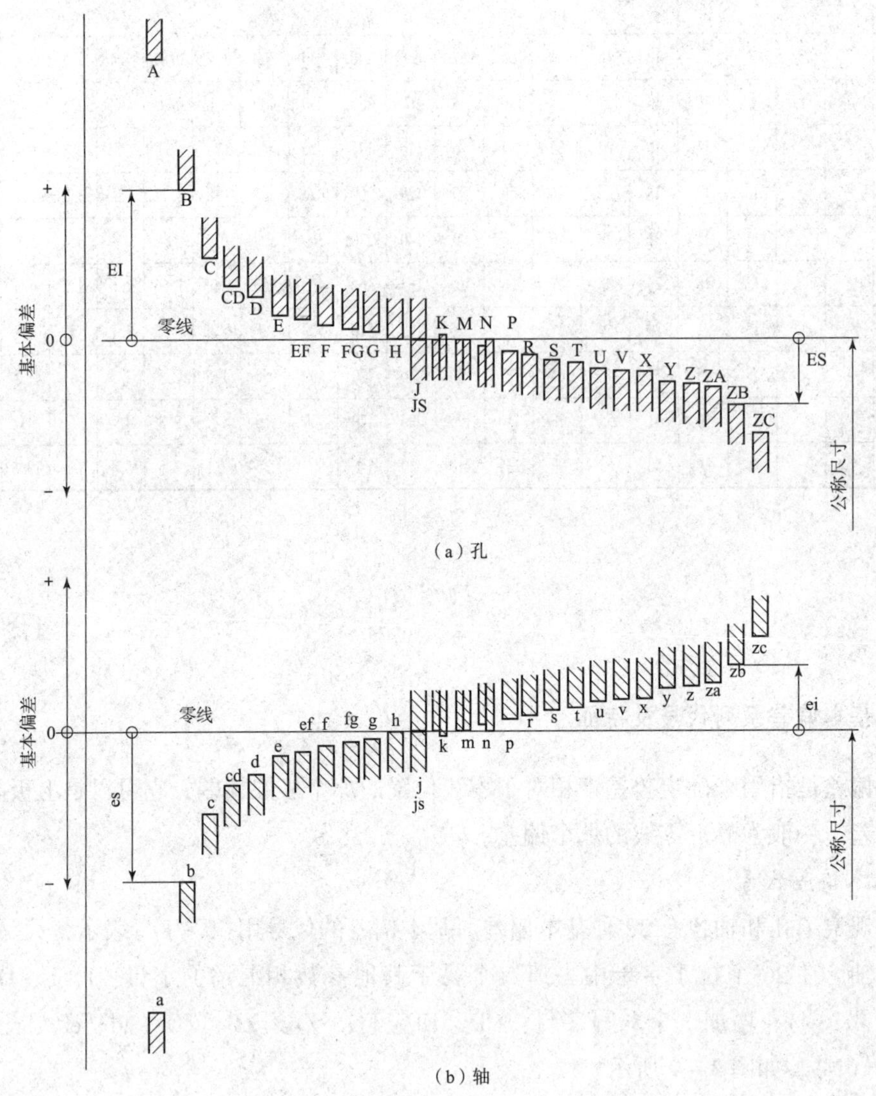

图 3－9　基本偏差系列示意图（摘自 GB/T1800.1－2009）

二、基准制

在机械产品中，需要各种不同的孔、轴公差带来实现各种不同的配合，为了设计和制造上的方便，把其中一种零件（孔或轴）的公差带的位置固定，而通过改变另一种零件（轴或孔）的公差带位置来形成各种不同的配合。这种制度就是基准制。国标规定了两种基准制，即基孔制和基轴制。

1. 基孔制

基孔制是指基本偏差为一定的孔的公差带与不同基本偏差的轴的公差带形成各种配合的

一种制度。

基孔制配合中的孔称为基准孔，用 H 表示，它的下极限偏差为基本偏差，即 EI = 0，孔的公差带在零线之上。如图 3 – 10 所示。

2. 基轴制

基轴制是指基本偏差为一定的轴的公差带与不同基本偏差的孔的公差带形成各种配合的一种制度。

基轴制配合中的轴称为基准轴，用 h 表示，它的上极限偏差为基本偏差，即 es = 0，轴的公差带在零线之下。如图 3 – 11 所示。

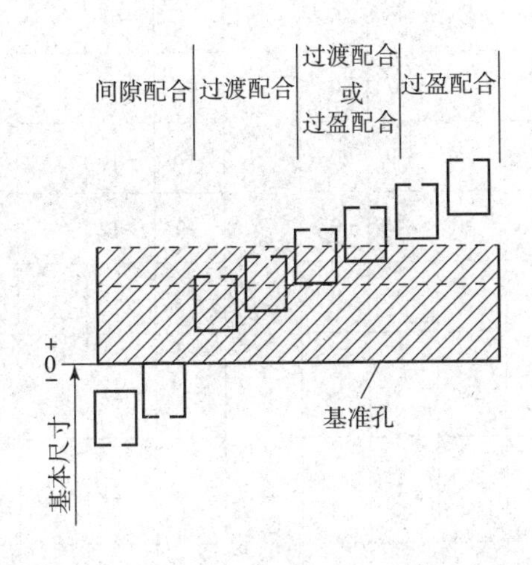

图 3 – 10　基孔制配合公差带

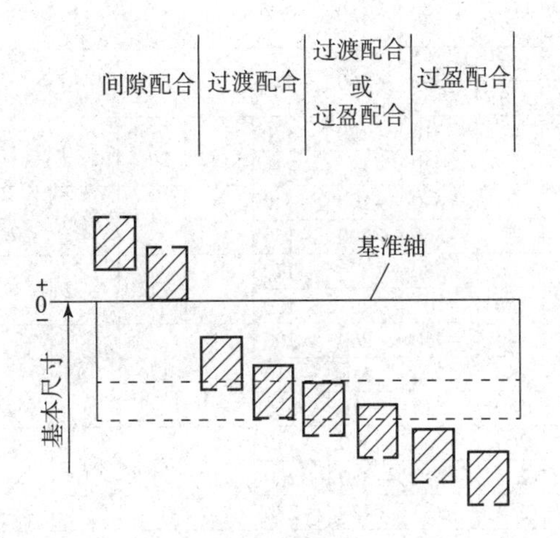

图 3 – 11　基轴制配合公差带

三、基本偏差的数值

1. 轴的基本偏差数值

轴的基本偏差的数值是以基孔制配合为基础的，根据各种配合的要求，从生产实践经验和统计分析结果得出一系列公式而计算出来的，见表 3 – 3。

当轴的基本偏差确定后，轴的另一个极限偏差可根据下列公式计算：

$$es = ei + T_s \quad \text{或} \quad ei = es - T_s \tag{3-12}$$

练一练

3 – 3　根据标准公差数值表（表 3 – 1）和轴的基本偏差数值表（表 3 – 2），确定 ϕ50f6 的极限偏差。

解：从表 3 – 2 查得 f 的基本偏差为上极限偏差，es = – 25 μm。

2. 孔的基本偏差数值

孔的基本偏差是根据相应的轴的基本偏差数值，按一定规则换算得到的，见表 3 – 3。换算的原则是同名配合的性质不变，即基孔制的配合（如 ϕ30H7/f6）变成基轴制的配合（如 ϕ30F7/h6）时，其配合性质（极限间隙或极限过盈）不变。

表 3-2　轴的基本偏差数值表

基本尺寸/mm		基本偏差数值/μm															
		上偏差 es															
		所有标准公差等级												IT5和IT6	IT7	IT8	IT4至IT7
大于	至	a	b	c	cd	d	e	ef	f	fg	g	h	js	j			k
—	3	-270	-140	-60	-34	-20	-14	-10	-6	-4	-2	0	偏差=±ITn/2，式中ITn是IT数值	-2	-4	-6	0
3	6	-270	-140	-70	-46	-30	-20	-14	-10	-6	-4	0		-2	-4		+1
6	10	-280	-150	-80	-56	-40	-25	-18	-13	-8	-5	0		-2	-5		+1
10	14	-290	-150	-95		-50	-32		-16		-6	0		-3	-6		+1
14	18																
18	24	-300	-160	-110		-65	-40		-20		-7	0		-4	-8		+2
24	30																
30	40	-310	-170	-120		-80	-50		-25		-9	0		-5	-10		+2
40	50	-320	-180	-130													
50	65	-340	-190	-140		-100	-60		-30		-10	0		-7	-12		+2
65	80	-360	-200	-150													
80	100	-380	-220	-170		-120	-72		-36		-12	0		-9	-15		+3
100	120	410	240	-180													
120	140	-460	-260	-200		145	-85		-43		-14	0		-11	-18		+3
140	160	-520	-280	-210													
160	180	-580	-310	-230													
180	200	-660	-340	-240		-170	-100		-50		-15	0		-13	-21		+4
200	225	-740	-380	-260													
225	250	-820	-420	-280													
250	280	-920	-480	-300		-190	-110		-56		-17	0		-16	-26		+4
280	315	-1 050	-540	-330													
315	355	-1 200	-600	-360		-210	-125		-62		-18	0		-18	-28		+4
355	400	-1 350	-680	-400													
400	450	-1 500	-760	-440		-230	-135		68		-20	0		-20	-32		+5
450	500	-1 650	-840	-480													
500	560					-260	-145		-76		-22	0					0
560	630																
630	710					-290	-160		-80		-24	0					0
710	800																
800	900					-320	-170		-86		-26	0					0
900	1 000																
1 000	1 120					-350	-195		-98		-28	0					0
1 120	1 250																
1 250	1 400					-390	-220		-110		-30	0					0
1 400	1 600																
1 600	1 800					-430	-240		-120		-32	0					0
1 800	2 000																
2 000	2 240					-480	-260		-130		-34	0					0
2 240	2 500																
2 500	2 800					-520	-290		-145		-38	0					0
2 800	3 150																

注：1. 基本尺寸小于或等于 1 mm 时，基本偏差 a 和 b 均不采用；

2. 公差带 js7 至 js11，若 ITn 数值是奇，则取偏差 = $\pm\frac{\text{IT}n-1}{2}$。

（摘自 GB/T1800.1－2009）

基本偏差数值/μm														
下偏差 ei														
≤IT3 <IT7														
k	m	n	p	r	s	t	u	v	x	y	z	za	zb	zc
0	+2	+4	+6	+10	+14		+18		+20		+26	+32	+40	+60
0	+4	+8	+12	+15	+19		+23		+28		+35	+42	+50	+80
0	+6	+10	+15	+19	+23		+28		+34		+42	+52	+67	+97
0	+7	+12	+18	+23	+28		+33		+40		+50	+64	+90	+130
								+39	+45		+60	+77	+108	+150
0	+8	+15	+22	+28	+35		+41	+47	+54	+63	+73	+98	+136	+188
						+41	+48	+55	+64	+75	+88	+118	+160	+218
0	+9	+17	+26	+34	+43	+48	+60	+68	+80	+94	+112	+148	+200	+274
						+54	+70	+81	+97	+114	+136	+180	+242	+325
0	+11	+20	+32	+41	+53	+66	+87	+102	+122	+144	+172	+226	+300	+405
				+43	+59	+75	+102	+120	+146	+174	+210	+274	+360	+480
0	+13	+23	+37	+51	+71	+91	+124	+146	+178	+214	+258	+335	+445	+585
				+54	+79	+104	+144	+172	+210	+254	+310	+400	+525	+690
0	+15	+27	+43	63	+92	+122	+170	+202	+248	+300	+365	+470	+620	+800
				+65	+100	+134	+190	+228	+280	+340	+415	+535	+700	+900
				+68	+108	+146	+210	+252	+310	+380	+465	+600	+780	+1 000
0	+17	+31	+50	+77	+122	+166	+236	+274	+350	+425	+520	+670	+880	+1 150
				+80	+130	+180	+258	+310	+385	+470	+575	+740	+960	+1 250
				+84	+140	+196	+284	+340	+425	+520	+640	+820	+1 050	+1 350
0	+20	+34	+56	+94	+158	+218	+315	+385	+475	+580	+710	+920	+1 200	+1 550
				+98	+170	+240	+350	+425	+525	+650	+790	+1 000	+1 300	+1 700
0	+21	+37	+62	+108	+190	+268	+390	+475	+590	+730	+900	+1 150	+1 500	+1 900
				+114	+208	+294	+435	+530	+660	+820	+1 000	+1 300	+1 650	+2 100
0	+23	+40	+68	+126	+232	+330	+490	+595	+740	+920	+1 100	+1450	+1 850	+2 400
				+132	+252	+360	+540	+660	+820	+1 000	+1 250	+1 600	+2 100	+2 600
0	+26	+44	+78	+150	+280	+400	+600							
				+155	+310	+450	+660							
0	+30	+50	+88	+175	+340	+500	+740							
				+185	+380	+560	+840							
0	+34	+56	+100	+210	+430	+620	+940							
				+220	+470	+680	+1 050							
0	+40	+66	+120	+250	+520	+780	+1 150							
				260	+580	+840	+1 300							
0	+48	+78	+140	+300	+640	+960	+1 450							
				330	+720	+1 050	+1 600							
0	+58	+92	+170	370	+820	+1 200	+1 850							
				+400	+920	+1 350	+2 000							
0	+68	+110	+195	+440	+1 000	+1 500	+2 300							
				460	+1 100	+1 650	+2 500							
0	+76	+135	+240	+550	+1 250	+1 900	+2 900							
				+580	+1 400	+2 000	+3 200							

表 3－3　孔的基本偏差数值表

基本尺寸/mm		基本偏差数值/μm																		
		下偏差 EI																		
		所有标准公差等级												IT6	IT7	IT8	≤IT8	>IT8	≤IT8	>IT8
大于	至	A	B	C	CD	D	E	EF	F	FC	G	H	JS	J			K		M	
—	3	+270	+140	+60	+34	+20	+14	+10	+6	+4	+2	0	偏差＝±ITn/2，式中ITn是IT数值	+2	+4	+6	0	0	-2	-2
3	6	+270	+140	+70	+46	+30	+20	+14	+10	+6	+4	0		+5	+6	+10	-1+Δ		-4+Δ	-4
6	10	+280	+150	+80	+56	+40	+25	+18	+13	+8	+5	0		+5	+8	+12	-1+Δ		-6+Δ	-6
10	14	+290	+150	+95		+50	+32		+16		+6	0		+6	+10	+15	-1+Δ		-7+Δ	-7
14	18																			
18	24	+300	+160	+110		+65	+40		+20		+7	0		+8	+12	+20	-2+Δ		-8+Δ	-8
24	30																			
30	40	+310	+170	+120		+80	+50		+25		+9	0		+10	+14	+24	-2+Δ		-9+Δ	-9
40	50	+320	+180	+130																
50	65	+340	+190	+140		+100	+60		+30		+10	0		+13	+18	+28	-2+Δ		-11+Δ	-11
65	80	+360	+200	+150																
80	100	+380	+220	+170		+120	+72		+36		+12	0		+16	+22	+34	-3+Δ		-12+Δ	-13
100	120	+410	+240	+180																
120	140	+460	+260	+200		+145	+85		+43		+14	0		+18	+26	+41	-3+Δ		-15+Δ	-15
140	160	+520	+280	+210																
160	180	+580	+310	+230																
180	200	+660	+340	+240		+170	+100		+50		+15	0		+22	+30	+47	-4+Δ		-17+Δ	-17
200	225	+740	+380	+260																
225	250	+820	+420	+280																
250	280	+920	+480	+300		+190	+110		+56		+17	0		+25	+36	+55	-4+Δ		-20+Δ	-20
280	315	+1 050	+540	+330																
315	355	+1 200	+600	+360		+210	+125		+62		+18	0		+29	+39	+60	-4+Δ		-21+Δ	-21
355	400	+1 500	+680	+400																
400	450	+1 500	+760	+440		230	+135		+68		+20	0		+33	+43	+66	-5+Δ		-23+Δ	-23
450	500	+1 650	+840	+480																
500	560					+260	+145		+76		+22	0					0		-26	
560	630																			
630	710					+290	+160		+80		+24	0					0		-30	
710	800																			
800	900					+320	+170		+86		+26	0					0		-34	
900	1 000																			
1 000	1 120					+350	+195	+98		+28	0						0		-40	
1 120	1 250																			
1 250	1 400					+390	+220		+110		+30	0					0		-48	
1 400	1 600																			
1 600	1 800					+430	+240		+120		+32	0					0		-58	
1 800	2 000																			
2 000	2 240					+480	+260		+130		+34	0					0		-68	
2 240	2 500																			
2 500	2 800					+520	+290		+145		+38	0					0		-76	
2 800	3 150																			

注：1. 基本尺寸小于或等于 1 mm 时，基本偏差 A 和 B 及大于 IT8 的 N 均不采用；

2. 公差带 JS7 至 JS11，若 ITn 是奇数，则取偏差 $= \pm\frac{ITn-1}{2}$；

3. 对小于或等于 IT8 的 K、M、N 和小于或等于 IT7 的 P 至 ZC，所需 Δ 值从表内右侧选取；

4. 特殊情况：250～315 段的 M6，ES＝-9 μm（代替-11 μm）

（摘自 GB/T 1800. 1—2009） μm

基本偏差数值/μm															Δ值					
上偏差 ES																				
≤ IT8	> IT8	≤ IT7	标准公差等级大于IT7												标准公差等级					
N		P～ZC	P	R	S	T	U	V	X	Y	Z	ZA	ZB	ZC	IT3	IT4	IT5	IT6	IT7	IT8
-4	-4	在大于IT7的相应数值上增加一个Δ值	-6	-10	-14		-18		-20		-26	-32	-40	-60	0	0	0	0	0	0
-8+Δ	0		-12	-15	-19		-23		-28		-35	-42	-50	-80	1	1.5	1	3	4	6
-10+Δ	0		-15	-19	-23		-28		-34		-42	-52	-67	-97	1	1.5	2	3	6	7
-12+Δ	0		-18	-23	-28		-33		-40		-50	-64	-90	-130	1	2	3	3	7	9
								-39	-45		-60	-77	-108	-150						
-15+Δ	0		-22	-28	-35		-41	-47	-54	-63	-73	-98	-136	-188	1.5	2	3	4	8	12
						-41	-48	-55	-64	-75	-88	-118	-160	-218						
-17+Δ	0		-26	-34	-43	-48	-60	-68	-80	-94	-112	-148	-200	-274	1.5	3	4	5	9	14
						-54	-70	-81	-97	-114	-136	-180	-242	-325						
-20+Δ	0		-32	-41	-53	-66	-87	-102	-122	-144	-172	-226	-300	-405	2	3	5	6	11	16
				-43	-59	-75	-102	-120	-146	-174	-210	-274	-360	-480						
-23+Δ	0		37	-51	-71	-91	-124	-146	-178	-214	-258	-335	-445	-585	2	4	5	7	13	19
				-54	-79	-104	-144	-172	-210	-254	-310	-400	-525	-690						
-27+Δ	0		-43	-63	-92	-122	-170	-202	-248	-300	-365	-470	-620	-800	3	4	6	7	15	23
				-65	-100	-134	-190	-228	-280	-340	-415	-535	-700	-900						
				-68	-108	-146	-210	-252	-310	-380	-465	-600	-780	-1 000						
-31+Δ	0		-50	-77	-122	-166	-236	-284	-350	-425	-520	-670	-880	-1 150	3	4	6	9	17	26
				-80	-130	-180	-258	-310	-385	-470	-575	-740	-960	-1 250						
				-84	-140	-196	-284	-340	-425	-520	-640	-820	-1 050	-1 350						
-34+Δ	0		-56	-94	-158	-218	-315	-385	-475	-580	-710	-920	-1 200	-1 550	4	4	7	9	20	29
				-98	-170	-240	-350	-425	-525	-650	-790	-1 000	-1 300	-1 700						
-37+Δ	0		-62	-108	-190	-268	-390	-475	-590	-730	-900	-1 150	-1 500	-1 900	4	5	7	11	21	32
				-114	-208	-294	-435	-530	-660	-820	-1 000	-1 300	-1 650	-2 100						
-40+Δ	0		-68	-126	-232	-330	-490	-595	-740	-920	-1 100	-1 450	-1 850	-2 400	5	5	7	13	23	34
				-132	-252	-360	-540	-660	-820	-1 000	-1 250	-1 600	-2 100	-2 600						
-44			-78	-150	-280	-400	-600													
				-155	-310	-450	-660													
-50			-88	175	-340	-500	-740													
				-185	-380	-560	-840													
-56			-100	-210	-430	-620	-940													
				-220	-470	-680	-1 050													
-66			-120	-250	-520	-780	-1 150													
				-260	-580	-840	-1 300													
-78			-140	-300	-640	-960	-1 450													
				-330	-720	-1 050	-1 600													
-92			-170	-370	-820	-1 200	-1 850													
				-400	-920	-1 350	-2 000													
-110			-195	-440	-1 000	-1 500	-2 300													
				-460	-1 100	-1 650	-2 500													
-135			-240	-550	-1 250	-1 900	-2 900													
				-580	-1 400	-2 100	-3 200													

从表 3－1 查得轴的标准公差 IT6＝16 μm。

轴的另一个极限偏差为下极限偏差，$ei = es - T_s = -25 - 16 = -41$ （μm）。

孔和对应的轴的基本偏差之间既有联系又有区别。

（1）一般情况下，用同一字母表示的孔的基本偏差和轴的基本偏差相对于零线是完全对称的（如 A 和 a）。因此，同一字母的孔和轴的基本偏差的绝对值相等，而符号相反，即，对于基本偏差为 A～H 的孔：

$$EI = -es \tag{3-13}$$

对于基本偏差为 J～ZC 的孔：

$$ES = -ei \tag{3-14}$$

（2）特殊情况下，即对于基本尺寸＞3～500 mm，标准公差等级≤IT8 的 K、M、N 的孔和标准公差等级≤IT7 的 P～ZC 的孔，由于这些孔的精度高，较难加工，故一般常取低一级的孔与轴相配合，因此其基本偏差可以按下式计算，即：

$$ES = -ei + \Delta \quad （式中 \Delta = T_h - T_s） \tag{3-15}$$

当孔的基本偏差确定后，孔的另一个极限偏差可以根据下列公式计算：

$$ES = EI + T_h \quad 或 \quad EI = ES - T_h \tag{3-16}$$

生产实际中，孔、轴基本偏差数值直接查表即可。

四、极限与配合的表示

（1）在零件图上，用公称尺寸后面所要求的公差带代号或对应的偏差值表示。如图 3－12 所示，有三种表示方法。

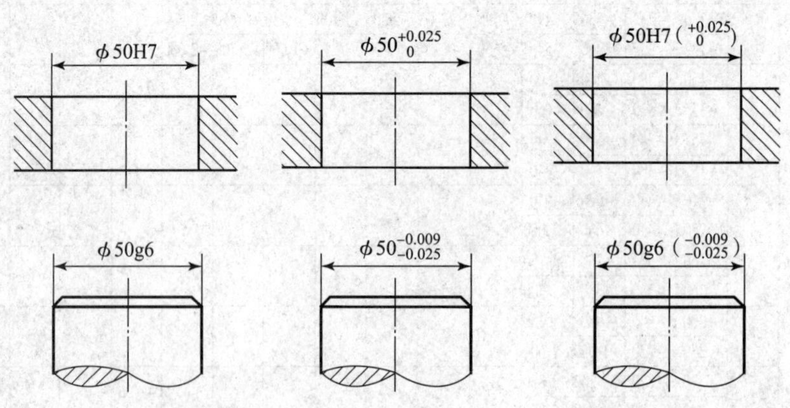

图 3－12　公差带在零件图上的标注

（2）在装配图上，在公称尺寸后面标注配合代号。国标规定，配合代号由相互配合的孔、轴写成分数形式组成，分子为孔的公差带，分母为轴的公差带。如图 3－13 所示。

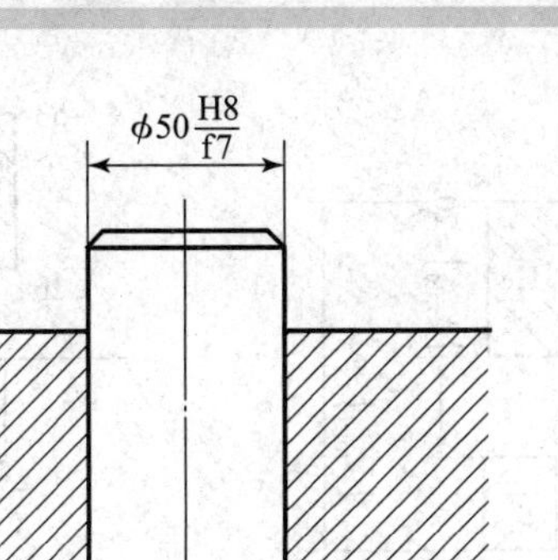

图 3-13 公差带在装配图上的标注

练一练

3-4 试用查表法确定，基孔制配合 $\phi30H8/f7$ 与基轴制配合 $\phi30F8/h7$ 中孔和轴的极限偏差，计算极限间隙并画出孔、轴公差带图。

解：(1) 确定孔和轴的标准公差。

查表 3-2 得：$IT8 = 33\ \mu m$，$IT7 = 21\ \mu m$

(2) 确定孔和轴的基本偏差。

孔 H 的基本偏差：$EI = 0$

孔 F 的基本偏差由表 3-4 得 $EI = +20\ \mu m$

轴 h 的基本偏差：$es = 0$

轴 f 的基本偏差查表 3-3 得：$es = -20\ \mu m$

(3) 确定孔和轴的另一个极限偏差。

孔 H8 的另一个极限偏差：$ES = EI + IT8 = (0 + 33)\mu m = +33\ \mu m$

孔 F8 的另一个极限偏差：$ES = EI + IT8 = (+20 + 33)\mu m = +53\ \mu m$

轴 f7 的另一个极限偏差：$ei = es - IT7 = (-20 - 21)\mu m = -41\ \mu m$

轴 h7 的另一个极限偏差：$ei = es - IT7 = (0 - 21)\mu m = -21\ \mu m$

由此可得 $\phi30H8$ 即为 $\phi30^{+0.033}_{0}$、$\phi30\ f7$ 即为 $\phi30^{-0.020}_{-0.041}$、$\phi30\ F8$ 即为 $\phi30^{+0.053}_{+0.020}$、$\phi30\ h7$ 即为 $\phi30^{0}_{-0.021}$

(4) 计算极限间隙

对于 $\phi30H8/f7$：$X_{max} = ES - ei = +0.033 - (-0.041) = +0.074$

$X_{min} == EI - es = 0 - (-0.020) = +0.020$

对于 $\phi30F8/h7$：$X_{max} = ES - ei = +0.053 - (-0.021) = +0.074$

$X_{min} == EI - es = +0.020 - 0 = +0.020$

公差带图如图 3-14 所示。

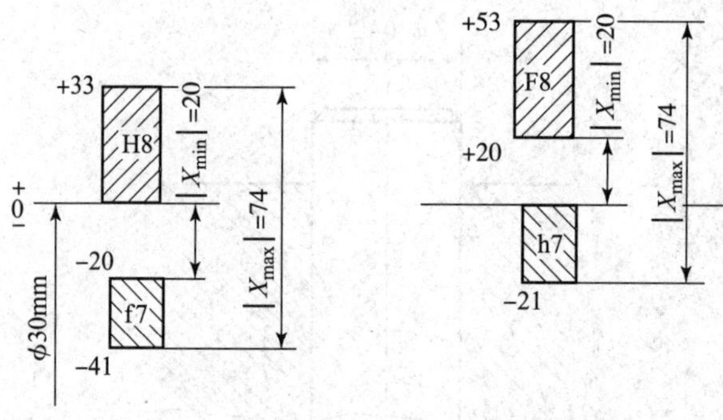

图3－14　例题3－4公差带图

第四节　极限与配合的选用

极限与配合的选用在机械产品设计中是非常重要的，它对机械产品的使用精度、性能和加工成本都有很大影响。主要从配合制、标准公差等级和配合等三个方面来考虑。

一、基准制的选用

基准制的选用应从结构、工艺和经济效益等方面综合考虑，通常依照下述原则进行。

1. 一般情况下应优先选用基孔制配合

在机械制造中，用钻头、铰刀等定尺寸刀具加工小尺寸孔，每一把刀具只能加工一种尺寸的孔，而用同一把车刀或一个砂轮可以加工大小不同尺寸的轴。因此，改变轴的尺寸在工艺上所产生的困难和增加的生产费用，与改变孔的尺寸相比要小得多。而且，孔的测量也比轴的测量要复杂得多。因此，采用基孔制配合可降低生产成本，提高经济效益。

2. 选用基轴制的情况

（1）在农业机械和纺织机械中，有时采用IT8～IT11的冷拉钢材直接做轴（不经切削加工）。此时采用基轴制配合可避免冷拉钢材的尺寸规格过多，而且节省加工费用。

（2）当同一轴与公称尺寸相同的几个孔相配合，且配合性质不同的情况下，应考虑采用基轴制配合。如图3－15（a）所示发动机活塞组件，活塞销与活塞及连杆配合。根据使用要求，活塞销与活塞应为过渡配合，活塞销与连杆应为间隙配合。如采用基轴制配合，活塞销可制成一根光轴，既便于生产，又便于装配，见图3－15（c）。如采用基孔制，三个孔的公差带一样，活塞销却要制成中间小的阶梯形，见图3－15（b），这样做既不便于加工，又不利于装配。另外，活塞销两端直径大于连杆孔径，装配时会刮伤连杆衬套表面，影响配合质量。

3. 与标准件配合

若与标准件配合，应以标准件为基准件，确定基准制。例如，滚动轴承内圈与轴的配合应采用基孔制，轴承外圈与外壳孔的配合应采用基轴制。如图3－16所示，轴颈按ϕ40k5制造，外壳孔按ϕ90J7制造。

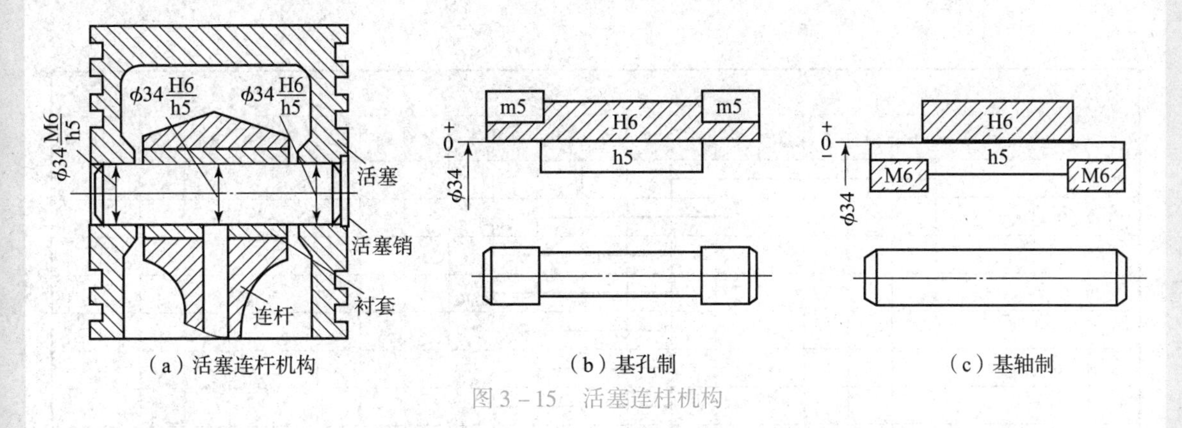

（a）活塞连杆机构 （b）基孔制 （c）基轴制

图 3-15 活塞连杆机构

4. 特殊情况下采用非基准制配合

如图 3-16 中，因为外壳孔与轴径的配合代号已按轴承的使用要求确定下来了，所以端盖的配合代号、隔套的配合代号只能按所要求的极限间隙确定。

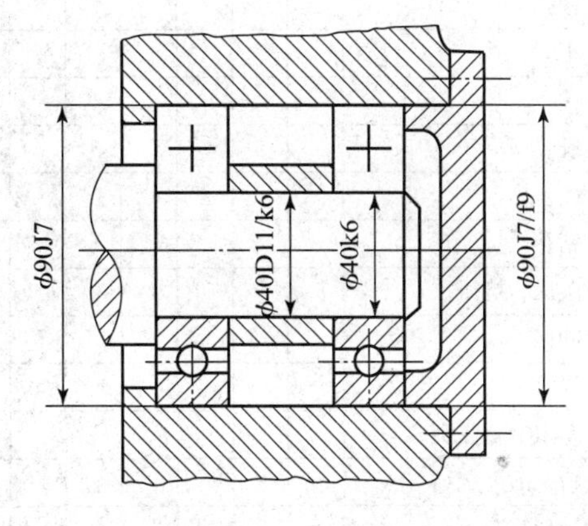

图 3-16 滚动轴承的配合

二、标准公差等级的选用

标准公差等级的选用是一项重要的，同时又是一项比较困难的工作，因为公差等级的高低直接影响产品使用性能和加工的经济性。公差等级过低，产品质量得不到保证；公差等级过高，将使制造成本增加。所以，要正确合理地选用公差等级必须要考虑这两个方面的矛盾。

选用原则是在满足使用要求的前提下，尽量选用精度较低的公差等级。

公差等级一般采用类比法确定。表 3-4 为 20 个公差等级的应用范围，表 3-5 为各种加工方法能达到的公差等级范围，表 3-6 为常用配合尺寸公差等级的应用，可参考使用。

表 3-4 标准公差等级的应用范围

应用	公差等级（IT）																			
	01	0	1	2	3	4	5	6	7	8	9	10	11	12	13	14	15	16	17	18
量块	—	—	—																	
量规			—	—	—	—	—	—												
特别精密零件				—	—	—														
配合尺寸							—	—	—	—	—	—	—							
非配合尺寸														—	—	—	—	—	—	
原材料									—	—	—	—	—	—	—					

表 3－5　各种加工方法可达到的公差等级

加工方法	公差等级（IT）																			
	01	0	1	2	3	4	5	6	7	8	9	10	11	12	13	14	15	16	17	18
研磨	—	—	—	—	—	—														
珩磨						—	—	—	—											
圆磨							—	—	—	—										
平磨							—	—	—	—										
金刚石车							—	—	—											
金刚石镗							—	—	—											
拉削							—	—	—	—										
铰孔								—	—	—	—	—								
车									—	—	—	—	—							
镗									—	—	—	—	—							
铣										—	—	—	—							
刨、插												—	—							
钻孔												—	—	—						
滚压、挤压												—	—							
冲压												—	—	—	—					
压铸													—	—	—	—				
粉末冶金成型								—	—	—										
粉末冶金烧结									—	—	—	—								
砂型铸造																—	—			
锻造																	—	—		
气割																	—	—	—	—

表 3－6　常用配合尺寸 5 至 12 级的应用

公差等级	适用范围	应用举例
5 级	主要用在配合公差、形状公差要求甚小的地方，它的配合性质稳定，一般在机床、发动机、仪表等重要部位应用	与 5 级流动轴承配合的孔；与 6 级滚动轴承配合的机床主轴，机床尾座与套筒；精密机械及高速机械中轴径；精密丝杠轴径等
6 级	用于机械制造中精度要求很高的重要配合，配合性质能达到较高的均匀性	与 6 级滚动轴承相配合的孔、轴径；与齿轮、蜗轮、联轴器、带轮、凸轮等连接的轴径，机床丝杠轴径；摇臂钻立柱；机床夹具中导向件外径尺寸；6 级精度齿轮的基准孔，7、8 级精度齿轮基准轴径
7 级	在一般机械制造中应用较为普遍，用于精度要求较高、较重要的场合	联轴器、带轮、凸轮等孔径；机床夹具座孔；夹具中固定钻套，可换钻套；7、8 级齿轮基准孔，9、10 级齿轮基准轴

续表

公差等级	适用范围	应用举例
8 级	中等精度，用于对配合性质要求不太高的次要配合	轴承座衬套沿宽度方向尺寸；9 至 12 级齿轮基准孔，11 至 12 级齿轮基准轴
9 级 10 级	较低精度，用于对配合性质要求低的次要配合	机械制造中轴套外径与孔，操作件与轴，空轴带轮与轴，单键与花键
11 级 12 级	低精度，用于基本上没有什么配合要求的场合	机床上法兰盘与止口，滑块与滑移齿轮，加工中工序间尺寸，冲压加工的配合件，机床制造中的扳手孔与扳手座的连接

三、配合的选用

基准制和标准公差等级选定后，接下来根据使用要求选择配合。配合的选用包括配合类别和非基准件基本偏差带号的选择。

1. 配合类别的选用

配合类别的选用主要取决于使用要求，若孔、轴间有相对运动，应选间隙配合。若要求传递足够大的扭矩，且又不要求拆卸时，一般应选过盈配合。若要求孔轴准确定心，且装拆较方便，则选用过渡配合。

2. 非基准件基本偏差代号的选用

应根据使用要求确定与基准件配合的轴或孔的基本偏差代号。

（1）非基准件基本偏差代号选用的基本方法通常有计算法、试验法和类比法三种。计算法是指在理论分析指导下，通过一定的公式计算出极限间隙或极限过盈量，然后从标准中选定合适的孔和轴的公差带。试验法是指对于重要的配合部位，为了防止计算和类比不准确而影响产品的使用性能，通过几种不同配合的实际试验结果，从中找出最佳的配合方案。类比法是参考现有同类机器或类似结构中经生产实践验证过的配合情况，与所设计零件的使用条件相比较，经过修正后配合的一种方法。

类比法是最常用的方法。用类比法选择配合时要进行分析对比，掌握各种配合的特征和应用场合，可参考表 3－7。

（2）尽量选用常用公差带及优先、常用配合

在选用配合时，应考虑采用 GB/T1801－2009 中规定的公差带与配合。由 20 个标准公差等级和 28 个基本偏差可组成各种大小和位置不同的公差带（孔有 543 种、轴有 544 种）。它们又可组成很多的配合（近 30 万种）。根据机械产品的使用需要，考虑零件、定尺寸刀具和量具的规格统一，对孔的公差带规定了如图 3－17 所示一般用途 105 种，常用 44 种（方框内），优先选用 13 种（圆圈内）；对轴的公差带规定了如图 3－18 所示 116 种，常用 59 种（方框内），优先选用 13 种（圆圈内）。在孔、轴的公差带中，又组成了如表 3－8 所示基孔制常用配合 59 种、优先配合 13 种，表 3－9 所示基轴制常用配合 47 种、优先配合 13 种。优先配合选用说明见表 3－10。

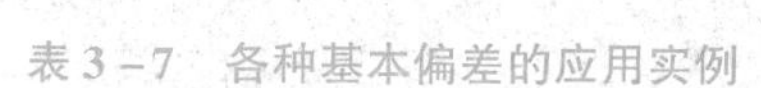

表3-7 各种基本偏差的应用实例

配合	基本偏差	各种基本偏差的特点及应用实例
间隙配合	a（A） b（B）	可得到特大间隙，应用很少。主要用于工作时温度高、变形大的零件的配合，如发动机中活塞与缸套的配合为H9/a9
	c（C）	可得到很大的间隙，一般用于工作条件较差（如农业机械）、工作时受力变形大及装配工艺性不好的零件的配合。也适用于高温工作的间隙配合，如内燃机排气阀杆与导管的配合为H8/c7
	d（D）	与IT7～IT11对应，适用于较松的配合（如滑轮、空转的带轮与轴的配合），以及大尺寸滑动轴承与轴颈的配合（如涡轮机、球磨机等的滑动轴承）。活塞环与活塞槽的配合可用H9/d9
	e（E）	与IT6～IT9对应，具有明显的间隙，用于大跨距及多支点的转轴与轴承的配合以及高速、重载的大尺寸轴与轴承的配合，如大型电机、内燃机的主要轴承处的配合为H8/e7
	f（F）	多与IT6～IT8对应，用于一般转动的配合，受温度影响不大，采用普通润滑油的轴与滑动轴承的配合，如齿轮箱、小电动机、泵等的转轴与滑动轴承的配合为H7/f6
	g（G）	多与IT5、IT6、IT7对应，形成配合的间隙较小，用于轻载精密装置中的转动配合，用于插销定位配合，滑阀、连杆销等处的配合，钻套导向孔多用G6
	h（H）	多与IT4～IT11对应，广泛用于无相对转动的配合，一般的定位配合。若没有温度、变形的影响也可用于精密滑动轴承，如车床尾座孔与滑动套筒的配合为H6/h5
过渡配合	Js（JS）	多用于IT4～IT7具有平均间隙的过渡配合，用于略有过盈的定位配合，如联轴节，齿圈与轮毂的配合，滚动轴承外圈与外壳孔的配合多用JS7。一般用手或木槌装配
	k（K）	多用于IT4～IT7具有平均间隙接近零的配合，用于定位配合，如滚动轴承的内、外圈分别与轴颈、外壳孔的配合。用木槌装配
	m（M）	多用于IT4～IT7具有平均过盈较小的配合，用于精密定位的配合，如蜗轮的青铜缘与轮毂的配合为H7/m6
	n（N）	多用于IT4～IT7具有平均过盈较大的配合，很少形成间隙，用于加键传递较大扭矩的配合，如冲床上齿轮的孔与轴的配合。用槌子或压力机装配
过盈配合	p（P）	用于小过盈配合，与H6或H7的孔形成过盈配合。而与H8的孔形成过渡配合。碳钢和铸铁制零件形成的配合为标准压入配合，如绞车的绳轮的轮毂与齿圈的配合为H7/p6。合金钢制零件的配合需要小过盈时可用p或P
	r（R）	用于传递大扭矩或受冲击负荷而需要加键的配合，如蜗轮孔与轴的配合为H7/r6。H8/r8的配合在基本尺寸<100 mm时为过渡配合
	s（S）	用于钢和铸件零件的永久性和半永久性结合，可产生相当大的结合力，如套环压在轴、阀座上用H7/s6配合
	t（T）	用于钢和铸件零件的永久性结合，不用键可传递扭矩，需用热套法或冷轴法装配，如联轴器与轴与轴的配合为H7/t6
	u（U）	用于大过盈量配合，最大过盈需验算，用热套法进行装配。如火车轮毂和轴的配合为H6/u5
	v（V） x（X） y（Y） z（Z）	用于特大过盈量配合，目前使用的经验和资料很少，须经实验后才能应用。一般不推荐

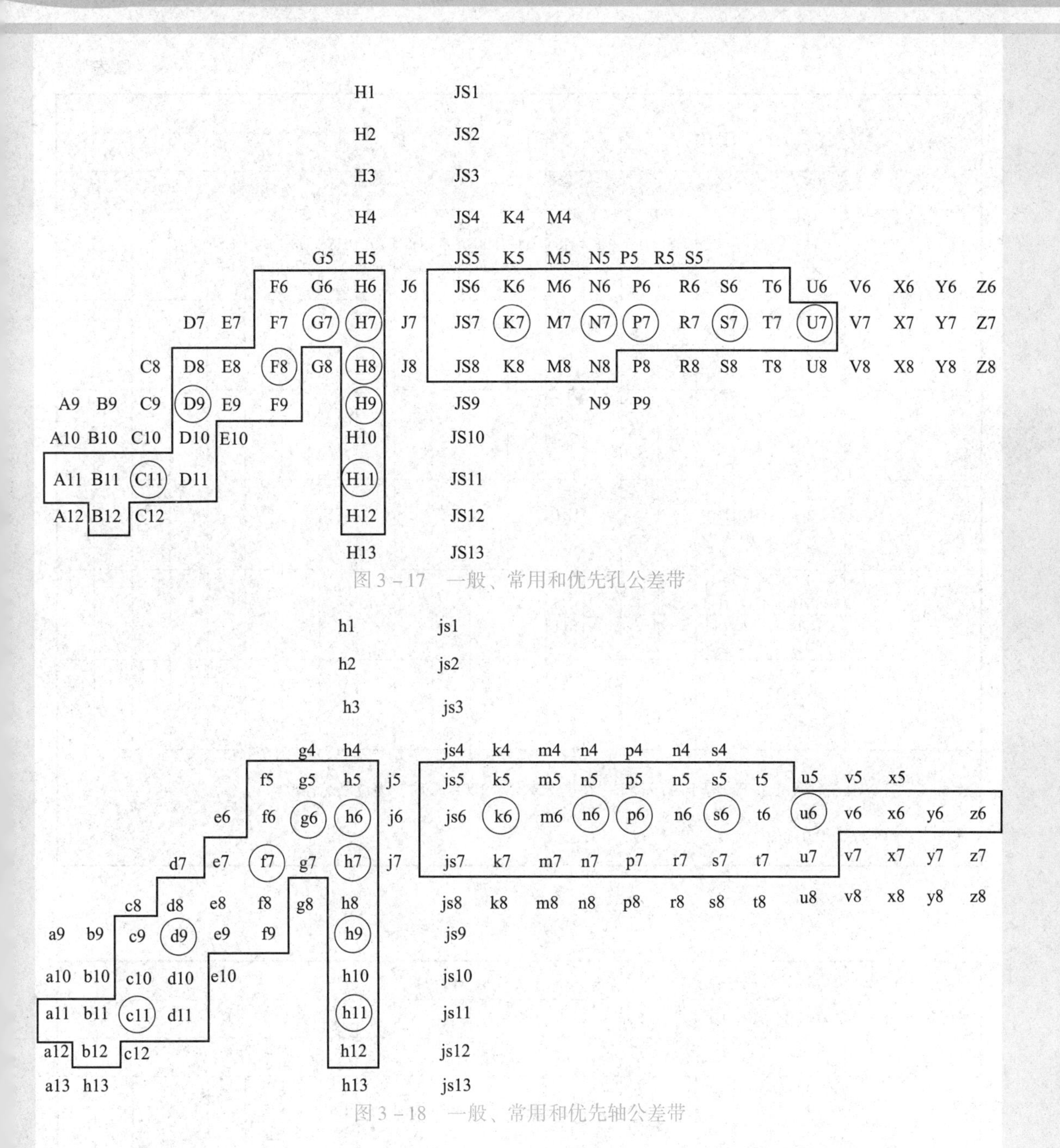

图 3－17 一般、常用和优先孔公差带

图 3－18 一般、常用和优先轴公差带

表 3－8 基孔制常用、优先配合

基准孔	轴																			
	a	b	c	d	e	f	g	h	js	k	m	n	p	r	s	t	u	v	x	y	x
	间隙配合								过渡配合			过盈配合									
H6						$\frac{H6}{f5}$	$\frac{H6}{g5}$	$\frac{H6}{h5}$	$\frac{H6}{js5}$	$\frac{H6}{k5}$	$\frac{H6}{m5}$	$\frac{H6}{n5}$	$\frac{H6}{p5}$	$\frac{H6}{r5}$	$\frac{H6}{s5}$	$\frac{H6}{t5}$					
H7						$\frac{H7}{f6}$	$\frac{H7}{g6}$	$\frac{H7}{h6}$	$\frac{H7}{js6}$	$\frac{H7}{k6}$	$\frac{H7}{m6}$	$\frac{H7}{n6}$	$\frac{H7}{p6}$	$\frac{H7}{r6}$	$\frac{H7}{s6}$	$\frac{H7}{t6}$	$\frac{H7}{u6}$	$\frac{H7}{v6}$	$\frac{H7}{x6}$	$\frac{H7}{y6}$	$\frac{H7}{z6}$

续表

基准孔	轴																				
	a	b	c	d	e	f	g	h	js	k	m	n	p	r	s	t	u	v	x	y	x
	间隙配合								过渡配合				过盈配合								
H8					H8/e7	◤H8/f7	H8/g7	◤H8/h7	H8/js7	H8/k7	H8/m7	H8/n7	H8/p7	H8/r7	H8/s7	H8/t7	H8/u7				
				H8/d8	H8/e8	H8/f8		H8/h8													
H9			H9/c9	◤H9/d9	H9/e9	H9/f9		◤H9/h9													
H10			H10/c10	H10/d10				H10/h10													
H11	H11/a11	H11/b11	◤H11/c11	H11/d11				◤H11/h11													
H12		H12/b11						H12/h12													

注 1：$\frac{H6}{n5}$、$\frac{H7}{p6}$在公称尺寸小于或等于 3 mm 和$\frac{H8}{r7}$在小于或等于 100 mm 时，为过渡配合。

注 2：标注◤的配合为优先配合。

表 3－9　基轴制常用、优先配合

基准孔	孔																				
	A	B	C	D	E	F	G	H	JS	K	M	N	P	R	S	T	U	V	X	Y	Z
	间隙配合								过渡配合				过盈配合								
h5						F6/h5	G6/h5	H6/h5	JS6/h5	K6/h5	M6/h5	N6/h5	P6/h5	R6/h5	S6/h5	T6/h5					
h6						F7/h6	◤G7/h6	◤H7/h6	JS7/h6	◤K7/h6	M7/h6	◤N7/h6	◤P7/h6	R7/h6	◤S7/h6	T7/h6	◤U7/h6				
h7					E8/h7	◤F8/h7		◤H8/h7	JS8/h7	K8/h7	M8/h7	N8/h7									
h8			H8/d8	H8/e8	H8/f8		H8/h8														

续表

基准孔	孔																				
	A	B	C	D	E	F	G	H	JS	K	M	N	P	R	S	T	U	V	X	Y	Z
	间隙配合								过渡配合			过盈配合									
h9				◤$\frac{D9}{h9}$	$\frac{E9}{h9}$	$\frac{F9}{h9}$		◤$\frac{H9}{h9}$													
h10				$\frac{D10}{h10}$				$\frac{H10}{h10}$													
h11	$\frac{A11}{h11}$	$\frac{B11}{h11}$	◤$\frac{C11}{h11}$	$\frac{D11}{h11}$				◤$\frac{H11}{h11}$													
h12		$\frac{B12}{h12}$						$\frac{H12}{h12}$													
注：标注◤的配合为优先配合。																					

表 3－10　优先配合选用说明

优先配合		选用说明
基孔制	基轴制	
H11/c11	C11/h11	间隙极大。用于转速高，轴、孔温度差很大的滑动轴承；要求大公差、大间隙的外露部分；要求装配极方便的配合。
H9/d9	D9/h9	间隙很大。用于转速较高、轴颈压力较大、精度要求不高的滑动轴承。
H8/f7	F8/h7	间隙不大。用于中等转速、中等轴颈压力、有一定的精度要求的一般滑动轴承；要求装配方便的中等定位精度配合。
H7/g6	G7/h6	间隙很小。用于低转速或轴向移动的精密定位的配合；需要精确定位又经常装拆的不动配合。
H7/h6	H7/h6	最小间隙为零。用于间隙定位配合，工作时一般无相对运动；也用于高精度低速轴向移动的配合。公差等级由定位精度决定。
H8/h7	H8/h7	
H9/h9	H9/h9	
H11/h11	H11/h11	
H7/k6	K7/h6	平均间隙接近于零。用于要求装拆的精密定为配合。
H7/n6	N6/h6	较紧的过渡配合。用于一般不拆卸的更精密定位的配合。
H7/p6	P7/h6	过盈很小，用于要求定位精度很高、配合刚性好的配合；不能只靠过盈传递载荷。
H7/s6	S7/h6	过盈适中。用于依靠过盈传递中等载荷的配合。
H7/u6	U7/h6	过盈较大。用于依靠过盈传递较大载荷的配合。装配时需加热孔或冷却轴。

在选用公差带或配合时，应按优先、常用、一般的顺序选取。但标准允许选用任一孔、轴公差带组成配合，以满足特殊需要，如 M8/f7。

练一练

3-5 公称尺寸为 $\phi100$ 的孔、轴配合，极限间隙为 +10 ~ +70 μm，试确定配合代号。

解：(1) 确定基准制

一般情况下，优先选用基孔制配合

(2) 确定公差等级。

间隙配合的配合公差 $T_f = |X_{max} - X_{min}| = |70-10| = 60$ (μm)

所选孔、轴的公差应满足 $T_h + T_s \leqslant T_f$

查表 3-2 得 IT5 = 15 μm 、IT6 = 22 μm 、IT7 = 35 μm

根据工艺等价性原则，一般孔比轴低一级。且在满足 $T_h + T_s \leqslant T_f$ 的要求下，应尽量选择公差等级低的组合。

$$\text{IT6} + \text{IT7} = 22 + 35 = 57\ (\mu\text{m}) \leqslant 60\mu\text{m}$$

因此，孔选 IT7 级、轴选 IT6 级

(3) 确定基本偏差代号

孔为基准孔，所以孔为 $\phi100\text{H7}(^{+0.035}_{\ 0})$

轴的基本偏差代号应从 a ~ h 中选取，它的基本偏差为上偏差，应满足：

$$X_{max} = \text{ES} - \text{ei} \leqslant 70\ \mu\text{m}$$

$$X_{min} = \text{EI} - \text{es} \geqslant 10\ \mu\text{m}$$

$$\text{es} - \text{ei} = T\text{s} = \text{IT6}$$

由以上三式可得：
$$\text{es} \geqslant \text{ES} + \text{IT6} - 70$$

$$\text{es} \leqslant \text{EI} - 10$$

代入已知数值计算得：
$$-13\ \mu\text{m} \leqslant \text{es} \leqslant -10\ \mu\text{m}$$

按公称尺寸为 $\phi100$ 查表 3-2 得轴的基本偏差代号为 g。

(4) 写出配合代号

配合代号为 $\phi100$ H7/g6

四、线性尺寸未注公差的选用

线性尺寸的未注公差（一般公差）是指在车间普通工艺条件下，机床设备一般加工能力可达到的公差。它主要用于精度较低的非配合尺寸及 功能允许公差等于或大于一般公差的尺寸。按 GB/T1804-2000 的规定，采用一般公差的线性尺寸后不单独注出极限偏差，但是，当要素的功能要求比一般公差更小的公差或允许更大的公差，应在尺寸后直接注出极限偏差。

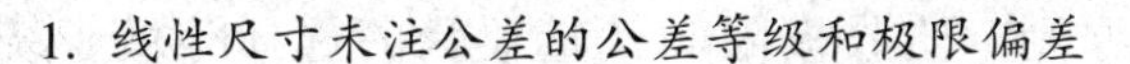

1. 线性尺寸未注公差的公差等级和极限偏差

按照 GB/T1804－2000 规定，一般公差分 f、m、c 和 v 四个公差等级，分别表示精密级、中等级、粗糙级和最粗级。其偏差数值见表 3－11，倒圆半径和倒角高度的极限偏差数值见表 3－12。

表 3－11 线性尺寸的极限偏差数值（摘自 GB/T1804－2000） （单位 mm）

公差等级	尺寸分段						
	0.5～3	>3～6	>6～30	>30～120	>120～400	>400～1 000	>1 000～2 000
精密级 f	±0.05	±0.05	±0.1	±0.15	±0.2	±0.3	±0.5
中等级 m	±0.1	±0.1	±0.2	±0.3	±0.5	±0.8	±1.2
粗糙级 c	±0.2	±0.3	±0.5	±0.8	±1.2	±2	±3
最粗级 v	—	±0.5	±1	±1.5	±2.5	±4	±6

表 3－12 倒圆半径与倒角高度尺寸的极限偏差数值（摘自 GB/T1804－2000） （单位 mm）

<table>
<tr><th rowspan="2">公差等级</th><th colspan="4">尺寸分段</th></tr>
<tr><th>0.5～3</th><th>>3～6</th><th>>6～30</th><th>>30</th></tr>
<tr><td>精密分级 f</td><td rowspan="2">±0.2</td><td rowspan="2">±0.5</td><td rowspan="2">±1</td><td rowspan="2">±2</td></tr>
<tr><td>中等级 m</td></tr>
<tr><td>粗糙级 c</td><td rowspan="2">±0.4</td><td rowspan="2">±1</td><td rowspan="2">±2</td><td rowspan="2">±4</td></tr>
<tr><td>最粗级 v</td></tr>
</table>

2. 一般公差的图样表示法

一般公差在图样上只标注公称尺寸，不标注极限偏差，但应在图样标题栏附近或技术要求、技术文件中注出标准号及公差等级代号。如选取中等级时，标注为 GB/T1804－m。

第五节 光滑工件尺寸检测

一、测量的误收与误废

工件的尺寸通常是指测量所得的实际尺寸，真实尺寸是实际尺寸与测量误差之和。

当零件的实际尺寸处于上、下极限尺寸附近时，有可能将处于零件公差带内的合格品判为废品，称为误废；将处于公差带外的废品误判为合格品，称为误收。例如，用示值误差为 ±4 μm 的千分尺验收 $\phi20h6\left(\begin{smallmatrix}0\\-0.013\end{smallmatrix}\right)$ 的轴径时，若轴径的实际偏差是大于 0～4 μm 的不合格品，由于千分尺的测量误差为－4 μm 的影响，其测量值可能小于 20 mm，从而将不合格品误判为合格品导致误收。测量误差越大，则误收、误废的概率也越大。

由于计量器具和计量系统都存在误差，故任何测量都不能测出真值。为了保证产品质量，国家标准 GB/T3177－1997 对验收原则、验收极限和计量器具的选择等做了统一规定。

二、验收原则、安全裕度与验收极限的确定

1. 验收原则

国家标准规定的验收原则是：所采用的验收方案，只接收位于所规定的极限尺寸之内的工件。即只允许有误废，而不允许有误收。

2. 验收极限

（1）内缩的验收极限

从规定的上、下极限尺寸分别向工件公差带内移动一个安全裕度 A 来确定验收极限，如图 3－19 所示。国标规定安全裕度 A 按工件尺寸公差 T 的 1/10 确定，常见数值见表 3－13。

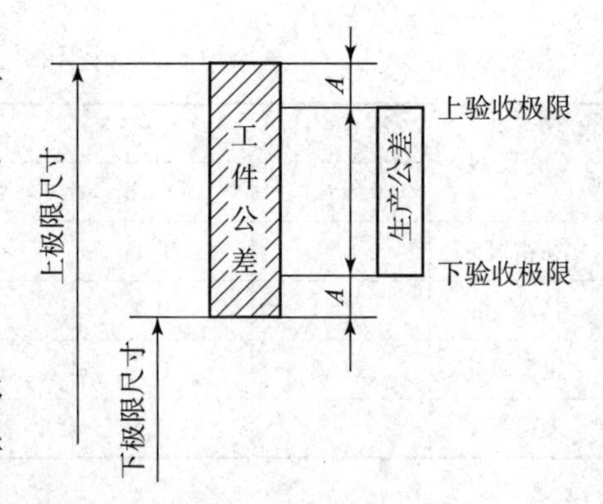

图 3－19　验收极限的确定

表 3－13　安全裕度 A 与计量器具的测量不确定度允许值 u_1（摘自 GB/T3177－2009）　（μm）

基本尺寸/mm		公差等级																			
		IT6					IT7					IT8					IT9				
		T	A	u_1			T	A	u_1			T	A	u_1			T	A	u_1		
大于	至			Ⅰ	Ⅱ	Ⅲ			Ⅰ	Ⅱ	Ⅲ			Ⅰ	Ⅱ	Ⅲ			Ⅰ	Ⅱ	Ⅲ
—	3	6	0.6	0.54	0.9	1.4	10	1.0	0.9	1.5	2.3	14	1.4	1.3	2.1	3.2	25	2.5	2.3	3.8	5.6
3	6	8	0.8	0.72	1.2	1.8	12	1.2	1.1	1.8	2.7	18	1.8	1.6	2.7	4.1	30	3.0	2.7	4.5	6.8
6	10	9	0.9	0.81	1.4	2.0	15	1.5	1.4	2.3	3.4	22	2.2	2.0	3.3	5.0	36	3.6	3.3	5.4	8.1
10	18	11	1.1	1.0	1.7	2.5	18	1.8	1.7	2.7	4.1	27	2.7	2.4	4.1	6.1	43	4.3	3.9	6.5	9.7
18	30	13	1.3	1.2	2.0	2.9	21	2.1	1.9	3.2	4.7	33	3.3	3.0	5.0	7.4	52	5.2	4.7	7.8	12
30	50	16	1.6	1.4	2.4	3.6	25	2.5	2.3	3.8	5.6	39	3.9	3.5	5.9	8.8	62	6.2	5.6	9.3	14
50	80	19	1.9	1.7	2.9	4.3	30	3.0	2.7	4.5	6.8	46	4.6	4.1	6.9	10	74	7.4	6.7	11	17
80	120	22	2.2	2.0	3.3	5.0	35	3.5	3.2	5.3	7.9	54	5.4	4.9	8.1	12	87	8.7	7.8	13	20
120	180	25	2.5	2.3	2.8	5.6	40	4.0	3.6	6.0	9.0	63	6.3	5.7	9.5	14	100	10	9.0	15	23
180	250	29	2.9	2.6	4.4	6.5	46	4.6	4.1	6.9	10	72	7.2	6.5	11	16	115	12	10	17	26
250	315	32	3.2	2.9	4.8	7.2	52	5.2	4.7	7.8	12	81	8.1	7.3	12	18	130	13	12	19	29
315	400	36	3.6	3.2	5.4	8.1	57	5.7	5.1	8.4	13	89	8.9	8.0	13	20	140	14	13	21	32
400	500	40	4.0	3.6	6.0	9.0	63	6.3	5.7	9.5	14	97	9.7	8.7	15	22	155	16	14	23	35

续表

基本尺寸/mm		公差等级																	
		IT10					IT11					IT12				IT13			
		T	A	u_1			T	A	u_1			T	A	u_1		T	A	u_1	
大于	至			Ⅰ	Ⅱ	Ⅲ			Ⅰ	Ⅱ	Ⅲ			Ⅰ	Ⅱ			Ⅰ	Ⅱ
—	3	40	4.0	3.6	6.0	9.0	60	6.0	5.4	9.0	14	100	10	9.0	15	140	14	13	21
3	6	48	4.8	4.3	7.2	11	75	7.5	6.8	11	17	120	12	11	18	180	18	16	27
6	10	58	5.8	5.2	8.7	13	90	9.0	8.1	14	20	150	15	14	23	220	22	20	33
10	18	70	7.0	6.3	11	16	110	11	10	17	25	180	18	16	27	270	27	24	41
18	30	84	8.4	7.6	13	19	160	13	12	20	29	210	21	19	32	330	33	30	50
30	50	100	10	9.0	15	23	160	16	14	24	36	250	25	23	38	390	39	35	59
50	80	120	12	11	18	27	190	19	17	29	43	300	30	27	45	460	46	41	69
80	120	140	14	13	21	32	220	22	20	33	50	350	35	32	53	540	54	49	81
120	180	160	16	15	24	36	250	25	23	38	56	400	40	36	60	630	63	57	95
180	250	185	18	17	28	42	290	29	26	44	65	460	46	41	69	720	72	65	110
250	315	210	21	19	32	47	320	32	29	48	72	520	52	47	78	810	81	73	120
315	400	230	23	21	35	25	360	36	32	54	81	570	57	51	80	890	89	80	130
400	500	250	25	23	38	56	400	40	36	60	90	630	63	57	95	970	97	87	150

上验收极限 = 上极限尺寸 − A

下验收极限 = 下极限尺寸 + A

工件加工时，为了保证验收合格，不能按图样上标注的极限尺寸加工，而按照验收极限所确定的范围进行生产，这个缩小了的尺寸变动范围称为生产公差。

生产公差 = 上验收极限 − 下验收极限

（2）不内缩的验收极限

验收极限等于规定的上、下极限尺寸，即 A 值为零。

上述两种方式中，具体选用哪种验收极限方式，应综合考虑工件尺寸的功能要求及其重要程度、尺寸公差等级、测量不确定度、工艺能力等多种因素。对遵守包容要求的尺寸、公差等级高的尺寸，其验收极限选内缩方式。对于非配合尺寸和一般公差要求的尺寸，按不内缩的验收极限确定。

三、计量器具选择

确定了验收极限后，还应正确选择计量器具进行测量。测量器具的选择应综合考虑计量器具的技术指标和经济指标。

为了保证测量的可靠性和量值的统一，标准中规定，按照计量器具所引起的测量不确定度允许值（u_1）选择计量器具。u_1 值大小分为Ⅰ、Ⅱ、Ⅲ档，分别约为工件公差的1/10、1/6、1/4。对于IT6至IT11，u_1 分为Ⅰ、Ⅱ、Ⅲ档；对于IT12至IT18，u_1 分为Ⅰ、Ⅱ档。一般情况下优先选用Ⅰ档，其次选用Ⅱ、Ⅲ档。

表3－14、表3－15、表3－16给出了在车间生产条件下，常用计量器具的不确定度参考数值。实际中，所选用的计量器具的不确定度应不大于计量器具不确定度允许值（u_1）。

表3－14　千分尺和游标卡尺的不确定度　（单位：mm）

<table>
<tr><th colspan="2" rowspan="2">尺寸范围</th><th colspan="4">计量器具类型</th></tr>
<tr><th>分度值0.01的外径千分尺</th><th>分度值为0.01的内径千分尺</th><th>分度值为0.02的游标卡尺</th><th>分度值为0.05的游标卡尺</th></tr>
<tr><th>大于</th><th>至</th><th colspan="4">不确定度</th></tr>
<tr><td>0</td><td>50</td><td>0.004</td><td rowspan="3">0.008</td><td rowspan="6">0.020</td><td rowspan="3">0.05</td></tr>
<tr><td>50</td><td>100</td><td>0.005</td></tr>
<tr><td>100</td><td>150</td><td>0.006</td></tr>
<tr><td>150</td><td>200</td><td>0.007</td><td rowspan="3">0.0013</td><td rowspan="7">0.100</td></tr>
<tr><td>200</td><td>250</td><td>0.008</td></tr>
<tr><td>250</td><td>300</td><td>0.009</td></tr>
<tr><td>300</td><td>350</td><td>0.010</td><td rowspan="3">0.020</td><td rowspan="7"></td></tr>
<tr><td>350</td><td>400</td><td>0.011</td></tr>
<tr><td>400</td><td>450</td><td>0.012</td></tr>
<tr><td>450</td><td>500</td><td>0.013</td><td>0.025</td></tr>
<tr><td>500</td><td>600</td><td rowspan="3"></td><td rowspan="3">0.030</td><td rowspan="3">0.150</td></tr>
<tr><td>600</td><td>700</td></tr>
<tr><td>700</td><td>1 000</td></tr>
<tr><td colspan="6">注：当采用比较测量时，千分尺的不确定度可小于本表规定的数值，一般可减小40%。</td></tr>
</table>

表 3 – 15 比较仪的不确定度 （单位：mm）

<table>
<tr><th colspan="2" rowspan="2">尺寸范围</th><th colspan="4">所使用的计量器具</th></tr>
<tr><th>分度值为 0. 000 5 mm（相当于放大倍数 2 000 倍）的比较仪</th><th>分度值为 0. 001 mm（相当于放大倍数 1 000 倍）比较仪</th><th>分度值为 0. 002 mm（相当于放大 500 倍）的比较仪</th><th>分度值为 0. 005 mm（相当于放大倍数 200 倍）的比较仪</th></tr>
<tr><th>大于</th><th>至</th><th colspan="4">不确定度</th></tr>
<tr><td>0</td><td>25</td><td>0. 000 6</td><td rowspan="2">0. 001 0</td><td>0. 001 7</td><td rowspan="6">0. 003 0</td></tr>
<tr><td>25</td><td>40</td><td>0. 000 7</td><td rowspan="3">0. 001 8</td></tr>
<tr><td>40</td><td>65</td><td>0. 000 8</td><td rowspan="2">0. 001 1</td></tr>
<tr><td>65</td><td>90</td><td>0. 000 8</td></tr>
<tr><td>90</td><td>115</td><td>0. 000 9</td><td>0. 001 2</td><td rowspan="2">0. 001 9</td></tr>
<tr><td>115</td><td>165</td><td>0. 001 0</td><td>0. 001 3</td></tr>
<tr><td>165</td><td>215</td><td>0. 001 2</td><td>0. 001 4</td><td>0. 002 0</td><td rowspan="3">0. 003 5</td></tr>
<tr><td>215</td><td>265</td><td>0. 001 4</td><td>0. 001 6</td><td>0. 002 1</td></tr>
<tr><td>265</td><td>315</td><td>0. 001 6</td><td>0. 001 7</td><td>0. 002 2</td></tr>
<tr><td colspan="6">注：测量时使用的标准器由 4 块 1 级（或 4 等）量块组成。</td></tr>
</table>

表 3 – 16 指示表的不确定度 （单位：mm）

<table>
<tr><th colspan="2" rowspan="2">尺寸范围</th><th colspan="4">所使用的计量器具</th></tr>
<tr><th>分度值为 0. 001 mm 的千分表（0 级在全程范围内）分度值为 0. 002 mm 的千分表（在一转范围内）</th><th>分度值为 0. 001、0. 002、0. 005 mm 的千分表（1 级在全程范围内）分度值为 0. 01 mm 的百分表（0 级在任意 1 mm 内）</th><th>分度值为 0. 01 mm 的百分表（0 级在全程范围内，1 级在任意 1 mm 内）</th><th>分度值为 0. 01 mm 的百分表（1 级在全程范围内）</th></tr>
<tr><th>大于</th><th>至</th><th colspan="4">不确定度</th></tr>
<tr><td>0</td><td>25</td><td rowspan="5">0. 005</td><td rowspan="9">0. 010</td><td rowspan="9">0. 018</td><td rowspan="9">0. 030</td></tr>
<tr><td>25</td><td>40</td></tr>
<tr><td>40</td><td>65</td></tr>
<tr><td>65</td><td>90</td></tr>
<tr><td>90</td><td>115</td></tr>
<tr><td>115</td><td>165</td><td rowspan="4">0. 006</td></tr>
<tr><td>165</td><td>215</td></tr>
<tr><td>215</td><td>265</td></tr>
<tr><td>265</td><td>315</td></tr>
</table>

练一练

3 - 6 被检验工件的尺寸为 $\phi 50h9\left({}^{0}_{-0.062}\right)$ Ⓔ，试用内缩法确定验收极限，并选择适当的计量器具。

解：此工件遵守包容要求，应按内缩方式确定验收极限。

查表 3 - 13 得安全裕度 $A = 6.2\ \mu m$

上验收极限 = 50 - 0.006 2 = 49.993 8 mm

下验收极限 = 50 - 0.062 + 0.006 2 = 49.944 2 mm

按优先选用 I 档的原则查表 3 - 13，得计量器具的不确定允许值 $u_1 = 5.6\ \mu m$。

查表 3 - 14，在工件尺寸 0 ~ 50 范围内，分度值为 0.01 的外径千分尺的不确定度为 0.004，它小于 0.005 6，所以能满足要求。

四、光滑工件尺寸的测量方法

尺寸的测量方法和计量器具的种类很多，可根据具体生产条件选用。生产车间一般采用通用量具，如游标卡尺、深度尺、高度尺、螺旋测微器、百分表、千分表、光滑极限量规（塞规、环规）等。精密测量可采用比较仪、测长仪、光学显微镜以及三坐标测量机等。

课后练习三

3 - 1 判断以下说法是否正确。

(　　)(1) 机械设计时，零件的尺寸公差等级越高越好。

(　　)(2) 同一公差等级的孔和轴的标准公差数值一定相等。

(　　)(3) $\phi 30_{0}^{+0.028}$ 相当于 $\phi 30.028$。

(　　)(4) 基孔制即先加工孔，然后以孔配轴。

(　　)(5) 实际尺寸就是真实的尺寸，简称真值。

(　　)(6) 某一个轴或孔的尺寸正好加工到公称尺寸，则此轴或孔肯定合格。

(　　)(7) 零件的实际尺寸越接近公称尺寸越好。

(　　)(8) 要得到基轴制的配合，就要先加工轴，后加工孔。

(　　)(9) ϕ30F6、ϕ30F7、ϕ30F8 的下偏差是相等的，上偏差不同。

(　　)(10) 某尺寸的公差越小，则尺寸精度越高。

(　　)(11) 优先选用基孔制是因为孔比轴难加工。

(　　)(12) ϕ30F6 与 ϕ30f6 的基本偏差绝对值相等，符号相反。

(　　)(13) 过渡配合可能有间隙，可能有过盈。因此过渡配合可能是间隙配合，可能是过盈配合。

(　　)(14) 有相对运动的配合应选用间隙配合，无相对运动的配合均选用过盈配合。

(　　)(15) 某一零件尺寸基本偏差越小，加工越困难。

(　　)(16) 过盈配合中，过盈量越大，越能保证装配后的同心度。

3-2 填写下面表格（单位：mm）

尺寸标注		上极限偏差	下极限偏差	公差	上极限尺寸	下极限尺寸	最大实体尺寸	最小实体尺寸
甲	ϕ20H6							
	ϕ50m7							
	孔 ϕ10	0				9.987		
乙	ϕ30h7							
	ϕ40f9							
	孔 ϕ20		0		20.016			

3-3 ϕ25p8 的基本偏差为 +0.022，IT8 = 0.033 mm，确定 ϕ25p8 的极限偏差。

3-4 配合 $\phi40H7(^{+0.025}_{0})/g6(^{-0.009}_{-0.025})$，确定 ϕ40g7 的极限偏差。

3-5 若某配合的最大间隙为 3 μm，孔的下极限偏差为 -11 μm，轴的下极限偏差为 -16 μm，公差为 16 μm，确定该配合的配合公差。

3-6 某配合的最大过盈为 34 μm，配合公差为 24 μm，确定该配合的配合类型。

3-7 确定下列各孔、轴公差带的极限偏差，计算该配合的极限间隙或极限过盈画出公差带图并说明其基准制与配合种类。

1) ϕ85H7/g6　2) ϕ40H7/u6　3) ϕ45H8/js7　4) ϕ30H8/f7　5) ϕ50F7/h6

3-8 确定 $\phi45H7(^{+0.025}_{0})/\phi45g6(^{-0.009}_{-0.025})$配合中孔和轴的上、下极限偏差，说明配合性质，画出公差带图和配合公差带图。标明其公差、上极限尺寸、下极限尺寸，最大、最小间隙（或过盈）。

3-9 某工件的尺寸为 ϕ40f9 Ⓔ，试用内缩法确定验收极限，并选择适当的计量器具。（测量不确定度允许值选用 I 档）

第四章 几何公差与检测

第一节 概 述

零件在加工过程中不仅会产生尺寸误差，还会产生几何误差。几何误差是指零件上的实际被测要素对其公称要素（理想要素）的偏离程度，它对机械产品的工作性能具有重要影响。如车床导轨表面的平面度、直线度会影响刀架的运动精度，从而影响零件的车削精度。为了保证零件的互换性和使用要求，实现零件的经济性制造，必须对零件的几何误差加以限制，即规定几何公差。

一、零件的几何要素

几何公差的研究对象是零件的几何要素。几何要素是指构成零件几何特征的点、线、面，简称“要素”，如图4－1所示。

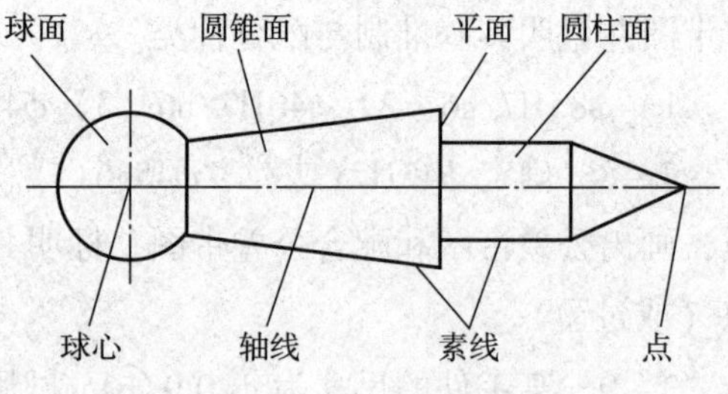

图4－1 零件的几何要素

为了便于研究几何误差，对几何要素可从不同角度进行分类。

1. 按存在状态分

（1）拟合要素（理想要素），是指具有几何学意义的要素，没有任何误差，是作为评定提取要素误差的依据。

（2）提取要素，是指零件上实际存在的由无数个点组成的要素，在测量时由提取要素所代替。

2. 按结构分

（1）组成要素，是指构成零件的点、线、面。如图4－1所示的球面、圆锥面、圆柱面、端面、圆柱面和圆锥面的素线、圆锥顶点等。实际（组成）要素是指由接近实际（组成）要素所限定的工件实际表面的组成要素部分。提取组成要素是指按规定方法，由实际（组成）要素提取有限数目的点所形成的实际（组成）要素的近似替代。

（2）导出要素，是指组成要素对称中心所表示的点、线、面。其特点是实际存在、起着中心作用但不被人们直接感知，需要由其组成要素导出的要素。如图4－1所示的轴线、中心点等。

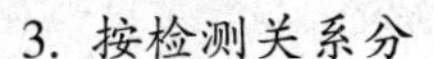

3. 按检测关系分

(1) 被测要素，是指图样上有几何公差要求的要素。被测要素是检测的对象。

(2) 基准要素，是指用来确定被测要素的方向或（和）位置的要素。

4. 按功能关系分

(1) 单一要素，仅对其本身提出几何公差要求的要素。

(2) 关联要素，与基准要素有功能关系要求的要素。

二、几何公差的特征项目与符号

GB/T1182－2008《产品几何技术规范（GPS）几何公差 形状、方向、位置和跳动公差标注》规定，几何公差特征项目名称及符号见表4－1。

表4－1 几何公差的几何特征、符号

公差类型	几何特征	符号	有无基准
形状公差	直线度	—	无
	平面度	⏥	无
	圆度	○	无
	圆柱度	⌭	无
	线轮廓度	⌒	无
方向公差	平行度	//	有
	垂直度	⊥	有
	倾斜度	∠	有
	线轮廓度	⌒	有
	面轮廓度	⌓	有
位置公差	位置度	⌖	有或无
	同心度（用于中心点）	◎	有
	同轴度（用于轴线）	◎	有
	对称度	⌯	有
	线轮廓度	⌒	有
	面轮廓度	⌓	有
跳动公差	圆跳动	↗	有
	全跳动	⌰	有

三、几何公差的公差带

几何公差带是一个以公称要素（理想要素）为边界的区域，要求被测实际要素处处不得超出该区域。几何公差带具有形状、大小、方向、位置等四方面特征。

根据公差的几何特征及其标注方式，几何公差带的形状主要有以下几种：

（1）两平行直线或两等距曲线之间的区域，如图4－2（a）、图4－2（b）所示。

（2）两平行平面或两等距曲面之间的区域，如图4－2（c）、图4－2（d）所示。

（3）一个圆柱面内的区域，如图4－2（e）所示。

（4）两个同心圆之间的区域，如图4－2（f）所示。

（5）一个圆内的区域，如图4－2（g）所示。

（6）一个球面内的区域，如图4－2（h）所示。

（7）两个同轴圆柱面之间的区域，如图4－2（i）所示。

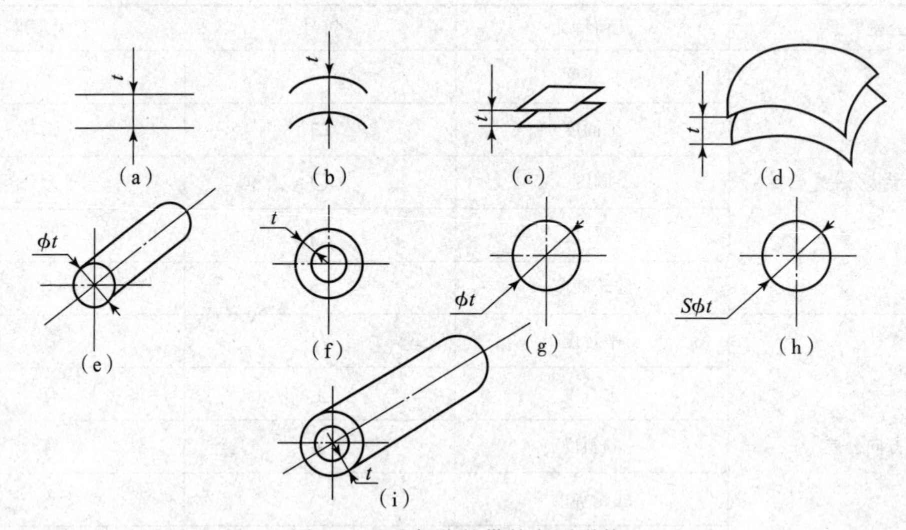

图4－2　几何公差带的主要形状

几何公差带的大小，是指公差带的宽度 t 或直径 ϕt，t 是公差值。

几何公差带的方向，是公差带的宽度方向，它是被测要素误差变动及被检测的方向。

几何公差带的位置，对于定位公差以及对于多数跳动公差，由设计确定，与被测要素的实际状况无关，可以称为位置固定的公差带；对于形状公差、定向公差和少数跳动公差，公差项目本身并不规定公差带的位置，其位置随被测实际要素的形状和有关尺寸的大小而改变，可以称为位置浮动的公差带。

四、基准

基准是用来定义公差带的位置和/或方向或用来定义实体状态的位置和/或方向的一个（组）方位要素，方位要素是指能确定要素方向和/或位置的点、线、面（GB/T17851－2010）。

1. 基准的种类

（1）单一基准，是指由单个要素构成、单独作为基准使用的要素。如图 4－3 所示以一条直线或一个平面作为基准、图 4－4 所示以一个圆柱面的轴线作为基准。

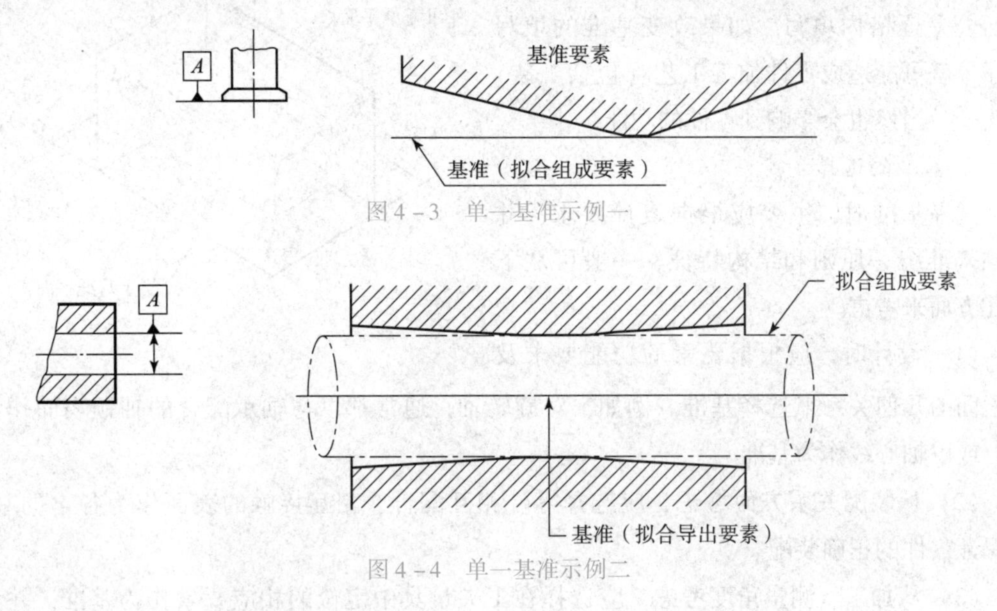

图 4－3　单一基准示例一

图 4－4　单一基准示例二

（2）公共基准，是指由两个或两个以上具有共线或共面关系的提取（实际）要素建立的独立基准，又称为公共基准，如图 4－5 所示的基准是由两段轴线建立的组合基准，以 $A-B$ 表示。

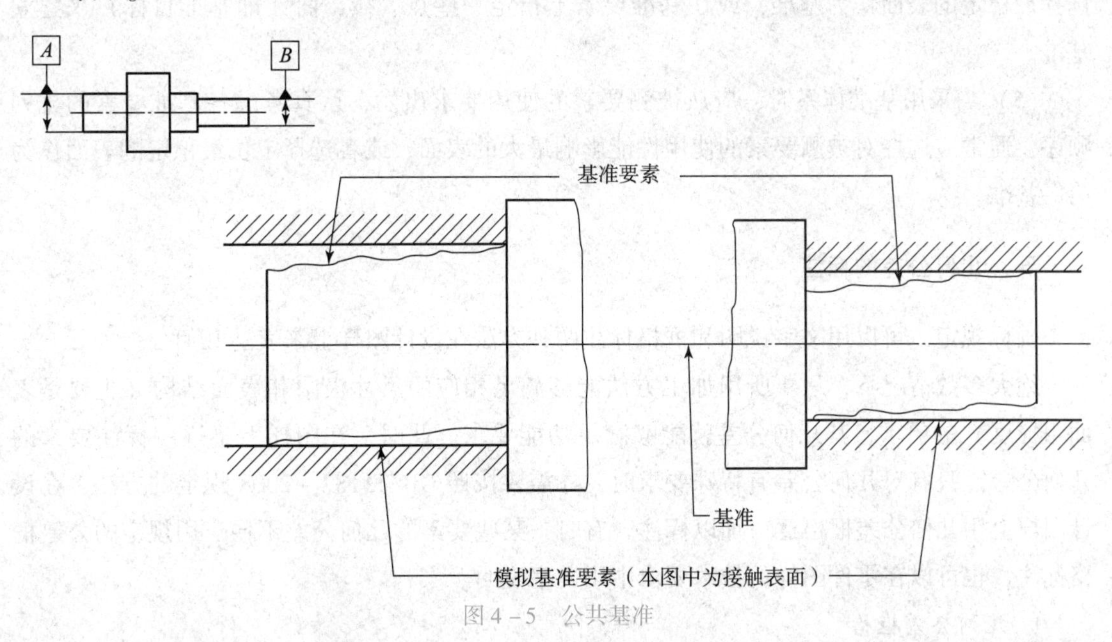

图 4－5　公共基准

（3）三基面体系，是指由三个互相垂直的基准平面所组成的基准体系。三基面体系的三个平面，是确定和测量零件上各要素几何关系的起点。这三个基准平面按其功能要求，分别称为第一、第二和第三基准平面。选重要的或大的平面作为第一基准，选次要或较长的平面作为第二基准，选最不重要的平面作为第三基准，如图4－6所示。

应用三基面体系时，要特别注意基准的填写顺序。应按第一、第二和第三的顺序在几何公差框格内填写。如果改变基准的填写顺序，就可能造成零件加工工艺（包括工装）的改变，当然也会影响到零件的功能。

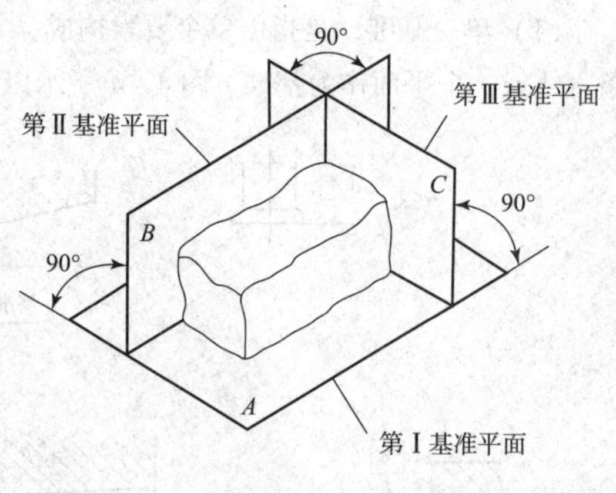

图4－6　三基面体系

2. 基准的选择

选择基准时，主要应根据设计要求，并兼顾基准统一原则和结构特征，一般可从下列几方面来考虑。

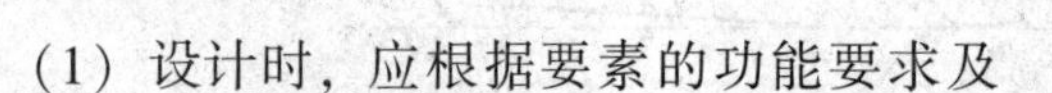

（1）设计时，应根据要素的功能要求及要素间的几何关系来选择基准。例如，对旋转轴，通常都以与轴承配合的轴颈表面作为基准，或以轴心线作为基准。

（2）从装配关系方面考虑，应选择零件相互配合、相互接触的表面作为各自的基准，以保证零件的正确装配。

（3）从加工、测量角度考虑，应选择在工夹量具中定位的相应要素作为基准，并考虑这些要素作为基准时应便于设计工夹量具，还应尽量使测量基准与设计基准统一。

（4）当必须选取未经切削加工的铸件、锻件、焊接件等毛坯表面作为定位基准时，应选择最稳定的表面作为基准，或在基准要素上指定一些点、线、面（即基准目标）来建立基准。

（5）当采用基准体系时，应从被测要素的使用要求出发，认真考虑各基准要素的排列顺序，通常应选择对被测要素的使用性能影响最大的表面，或者选择定位最稳定的表面作为第一基准。

五、几何公差的标注

国标规定，可以用文字说明和框格标注两种方法在设计图样上来表达几何公差。

绝大多数情况下，只要所用加工方法能够满足相应的尺寸极限和表面结构（主要是表面粗糙度）的要求，其几何公差就能够满足功能要求。此时，在图样上不逐一标注要素的几何公差。只有对几何公差有特殊要求时，才需要按照GB/T1182－2008规定的方法，在设计图样上用几何公差框格逐一加以标注。有时，某些要素的几何公差不便于用规定的公差框格标注，也可以在零件图样的技术要求中用文字说明。

1. 几何公差框格

几何公差框格由两格或多于两格组成，如图4－7所示，自左至右各格内依次填写以下内容：第一格（正方形），几何特征符号；第二格（矩形），设计给出的几何公差的数值（以毫米为单位）以及有关的符号；第三格及以后各格（正方形或矩形），在有需要时，用于填写代表基准的字母（用一个字母表示单个基准或用几个字母表示基准体系或公共基准）。公差框格应水平或垂直绘制。

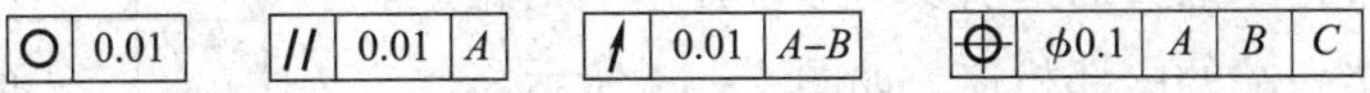

○ 0.01　　// 0.01 A　　↗ 0.01 A–B　　⊕ ϕ0.1 A B C

图 4－7　几何公差框格示例

标注时注意：

（1）若几何公差值为公差带的宽度（距离），则在公差值的数字前不加注符号；若为公差带的直径，则在公差值的数字前应加注 ϕ 或 Sϕ。

（2）如果需要限制被测要素在公差带内的形状，应在公差框格的下方注明，如图 4－8 所示，表示平面度公差要求为 0.1 mm，且不允许实际被测要素凸起。国标所规定的几何公差的附加符号见表 4－2。

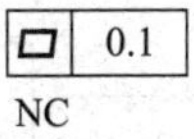

▱ 0.1
NC

图 4－8　限定实际要素形状的标注

表 4－2　几何公差的附加符号

说明	符号
最大实体要求	Ⓜ
最小实体要求	Ⓛ
全周（轮廓）	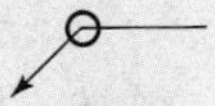
包容要求	Ⓔ
公共公差带	CZ
理论正确尺寸	50
不凸起	NC
任意横截面	ACS

（3）当某项公差应用于几个相同要素时，应在公差框格的上方被测要素的尺寸之前注明要素的个数，并在两者之间加上符号“×”，如图 4－9 所示。

图 4－9　被测要素数量说明的标注

（4）如对同一要素有一个以上的几何公差项目的要求，且其标注方法又相一致时，可以将若干公差框格自上而下叠合画出，如图 4－10 所示。

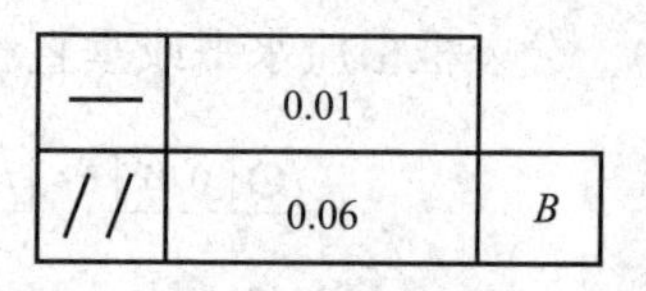

图 4－10　同一被测要素多项形位公差要求的标注

2. 被测要素的标注

被测要素用带指示箭头的指引线与形位公差框格相连。指引线一般与框格一端的中部相连，如图 4－11 所示。

标注时注意：

（1）当被测要素为轮廓线或轮廓面时，指示箭头应直接指向被测要素或其延长线上，并与其尺寸明显错开，如图 4－12 所示。

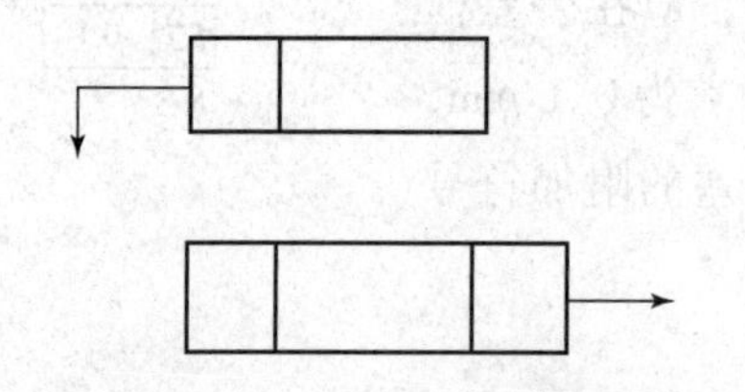

图 4－11　指引线与公差框格的连接形式

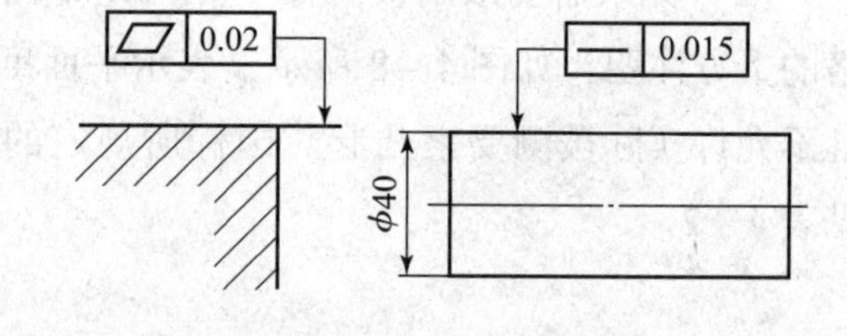

图 4－12　被测要素是轮廓要素时的标注

（2）当被测要素是中心线、中心面或中心点时，指示箭头应位于尺寸线的延长线上，如图 4－13 所示。

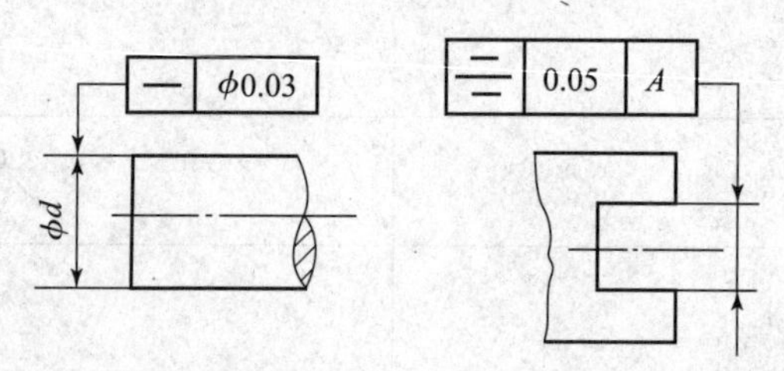

图 4－13　被测要素是中心线、中心面或中心点时的标注

（3）当被测要素是局部表面且在视图上表现为轮廓线时，可用粗点画线示出其规定的范围，并将指示箭头指向粗点画线，如图 4－14 所示。

（4）当被测要素是视图上的局部表面时，指示箭头可指向带圆点的参考线，如图 4－15 所示。

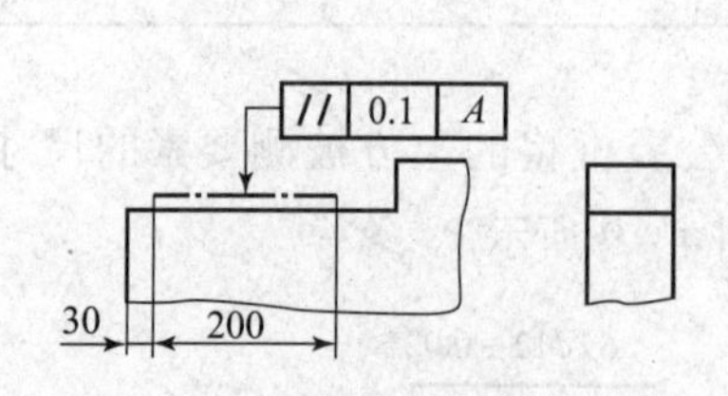

图 4－14　被测要素是视图上为轮廓线的局部表面时的标注

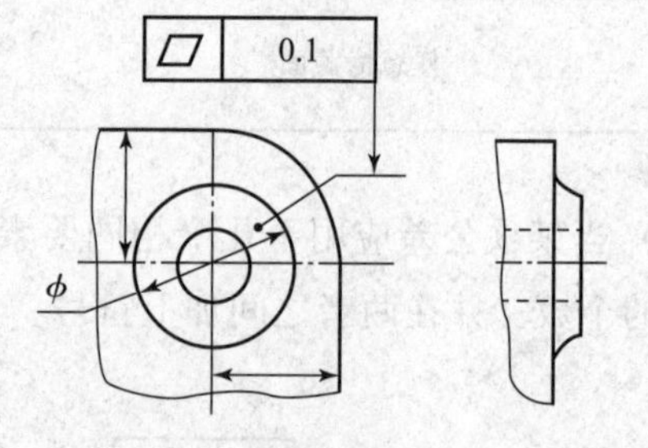

图 4－15　被测要素是视图上的局部表面时的标注

（5）一个公差框格可以用于具有相同几何特征和公差值的若干个分离要素，如图 4－16 所示。

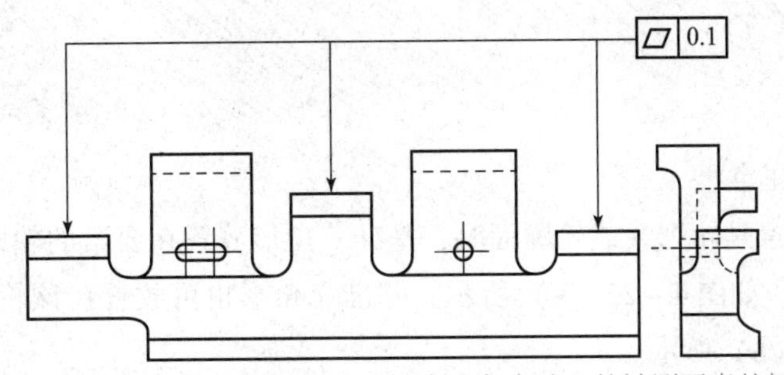

图 4－16　若干具有相同几何公差要求、各自独立的被测要素的标注

（6）若干个分离要素给出单一公差带时，可在公差框格内公差值的后面加注公共公差带的符号 CZ，如图 4－17 所示。

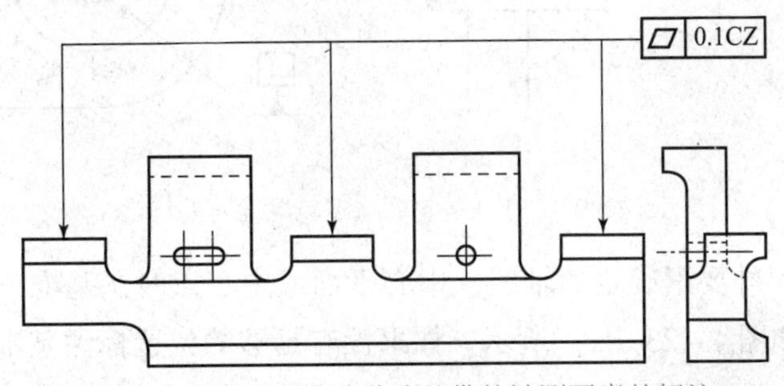

图 4－17　若干具有公共公差带的被测要素的标注

（7）对被测要素任意局部范围内的几何公差要求，将该局部范围内的尺寸（长度、边长或直径）标注在公差框格内几何公差值的后面，并用斜线将两者隔开。如图 4－18 所示，表示圆柱面素线在任意 100 mm 长度范围内的直线度公差为 0. 05 mm。

（8）当被测要素为视图上的整个轮廓线（面）时，应在指示箭头的指引线的转折处加注全周符号，如图 4－19 所示。

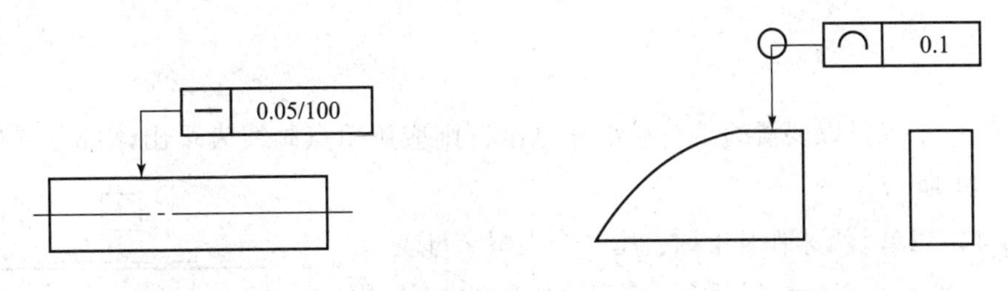

图 4－18　局部范围内几何公差要求的标注　　图 4－19　全周符号的标注

3. 基准要素的标注

当对零件有与基准相关的几何公差要求时，在图上必须注明基准。基准用一个大写的字母表示。字母标注在基准方格内，与一个涂黑的或空白的三角形相连。表示基准的字母还应标注在公差框格内。涂黑的和空白的基准三角形含义相同，如图 4－20、图 4－21 所示。

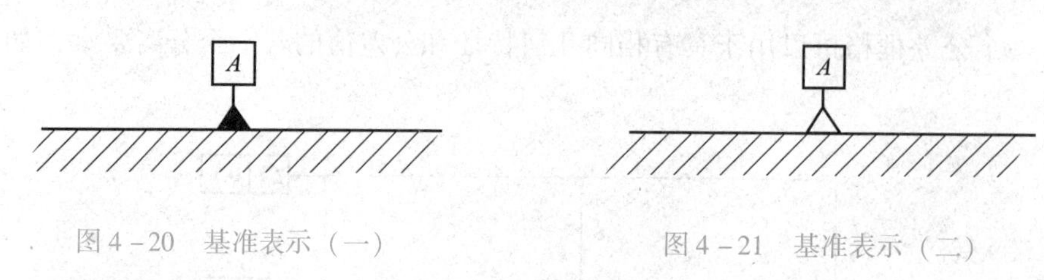

图4－20 基准表示（一）　　图4－21 基准表示（二）

标注基准时应注意：

（1）当基准要素是轮廓线或轮廓面时，基准三角形放置在要素的轮廓线或其延长线上，与尺寸线明显错开，如图4－22（a）所示；基准三角形也可放置在该轮廓面引出线的水平线上，如图4－23（b）所示。

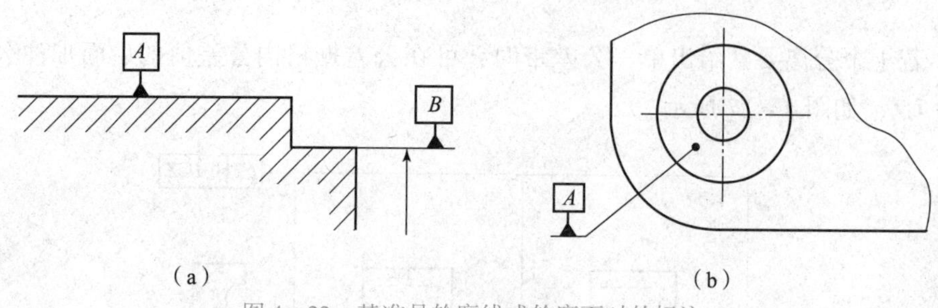

图4－22 基准是轮廓线或轮廓面时的标注

（2）当基准是尺寸要素确定的轴线、中心平面或中心点时，基准三角形应放置在该尺寸线的延长线上，如图4－23（a）所示。如果没有足够的位置标注基准要素尺寸的两个尺寸箭头，则其中一个箭头可用基准三角形代替，如图4－23（b）所示。

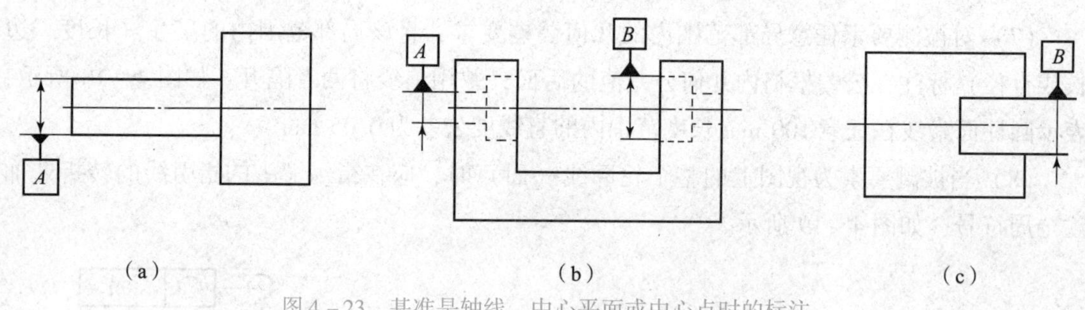

图4－23 基准是轴线、中心平面或中心点时的标注

（3）如果只以要素的某一局部作基准，则应用粗点画线表示出该部分并加注尺寸，如图4－24所示。

（4）以单个要素作基准时，用一个大写字母表示，如图4－25（a）所示。以两个要素建立公共基准时，用中间加连字符的两个大写字母表示，如图4－25（b）。以两个或三个基准建立基准体系（即采用多基准）时，表示基准的大写字母按基准的优先顺序自左至右填写在各框内，如图4－25（c）所示。

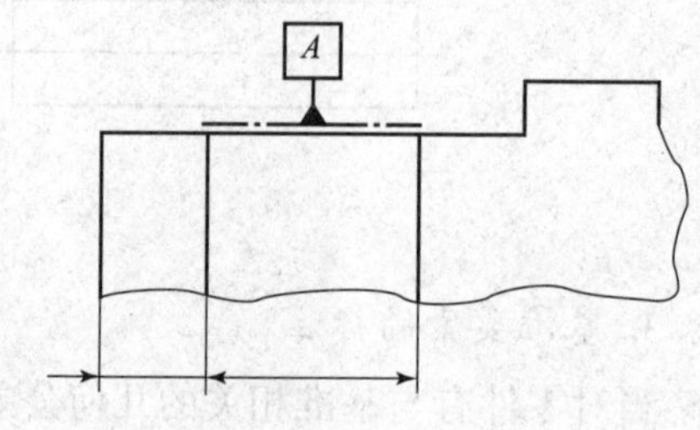

图4－24 以局部表面作为基准的标注

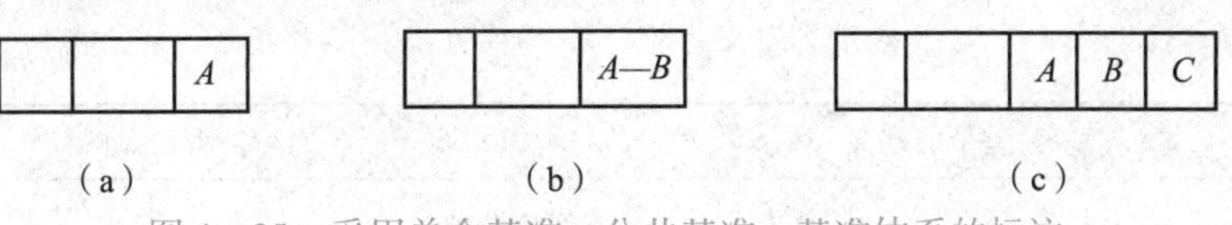

图4－25 采用单个基准、公共基准、基准体系的标注

4. 理论正确尺寸

当给出一个或一组要素的位置、方向或轮廓度公差时，分别用来确定其理论正确位置、方向或轮廓的尺寸称为理论正确尺寸（TED）。TED也用于确定基准体系中各基准之间的方向、位置关系。TED没有公差，并标注在一个方框中，如图4－26所示。

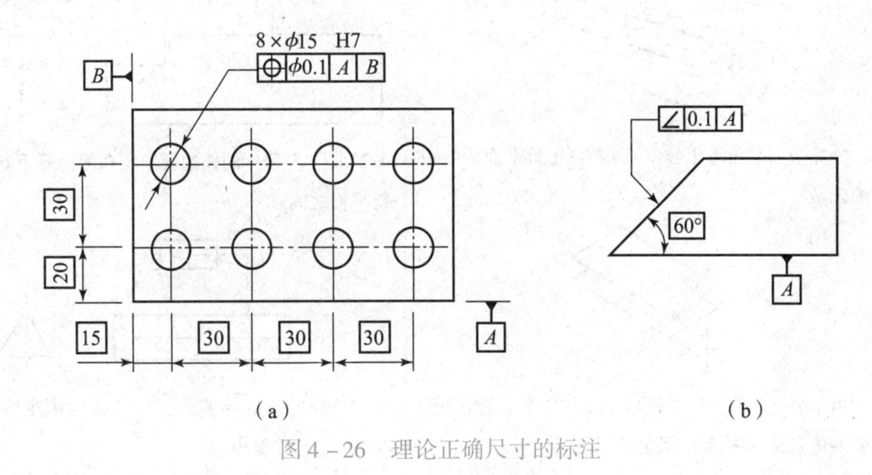

图4－26 理论正确尺寸的标注

第二节 形状公差

一、形状公差与公差带

形状公差用形状公差带来表达，用以限制零件提取（实际）要素的变动范围。形状公差包括直线度、平面度、圆柱度、线轮廓度和面轮廓度等六项。典型的形状公差项目及含义见表4－3。形状公差的特点是不涉及基准，其方向和位置随实际要素不同而浮动。

二、形状误差的评定

若零件提取（实际）要素在形状公差带区域内变动，零件合格；若零件提取要素的变动范围超出形状公差带区域，零件不合格。当被测要素与其拟合（理想）要素进行比较时，拟合要素的位置不同，评定的形状误差值也不同。评定形状误差符合国家规定，才能使评定结果唯一。

1. 形状误差的评定准则——最小条件

评定形状误差时，拟合要素的位置必须符合最小条件。所谓最小条件，是指评定时应使拟合要素与提取要素相接触，并使被测提取（实际）要素对其拟合要素的最大变动量为最小。符合最小条件时，对被测提取（实际）要素评定所得值的误差最小。

表 4-3　形状公差带的定义、标注和解释（摘自 GB/T1182-2008）

符号	公差带的定义	标注及解释
	直线度公差	
—	公差带为在给定平面内的给定方向上，间距等于公差值 t 的两平行直线所限定的区域（a 为任一距离） 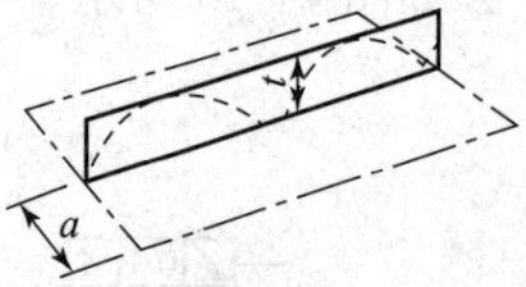	在任一平行于图示投影面的平面内，上平面的提取（实际）线应限定在间距等于 0.1 的两平行直线之间 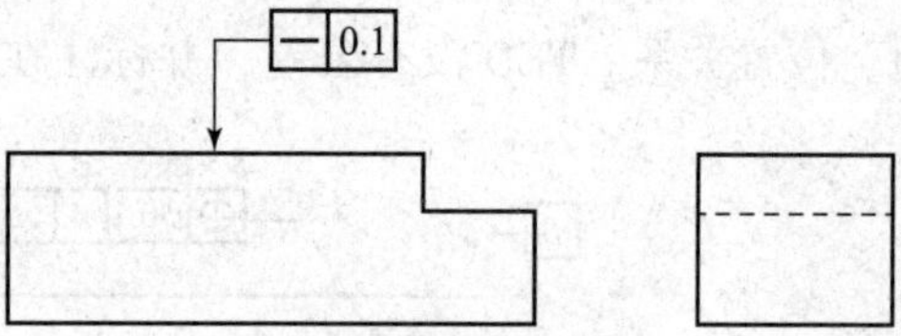 — 0.1
	公差带为间距等于公差值 t 的两平行平面所限定的区域 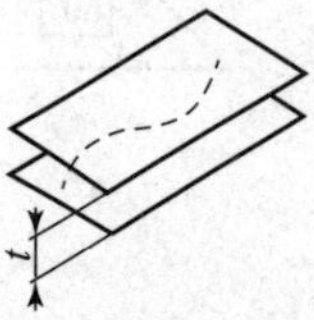	提取（实际）的棱边应限定在间距等于 0.1 的两平行平面之间 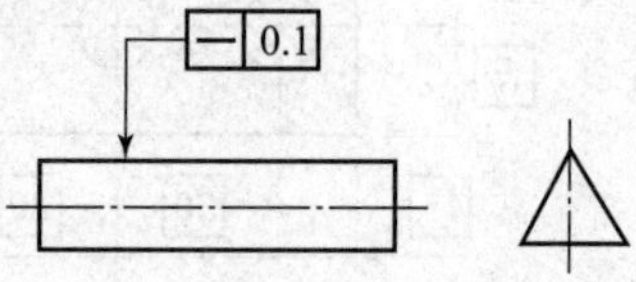 — 0.1
	由于公差值前加注了符号 ϕ，公差带为直径等于公差值 ϕt 的圆柱面所限定的区域 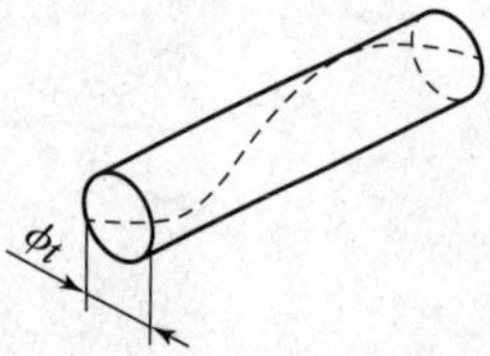 任意方向的直线度	外圆柱面的提取（实际）中心线应限定在直径等于 ϕ0.08 的圆柱面内 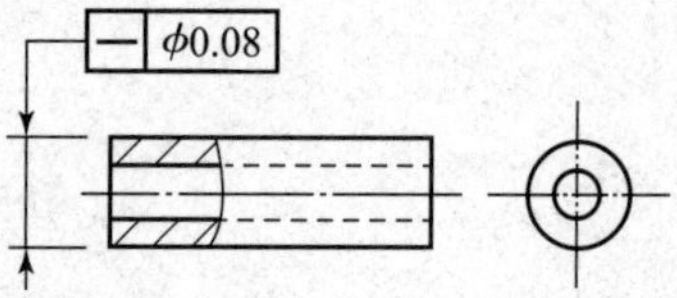 — ϕ0.08
	平面度公差	
▱	公差带为间距等于公差值 t 的两平行平面所限定的区域 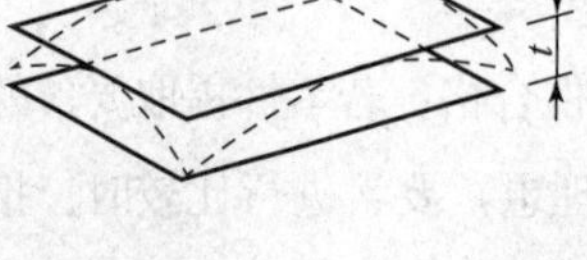 平面度	提取（实际）表面应限定在间距等于 0.08 的两平行平面之间 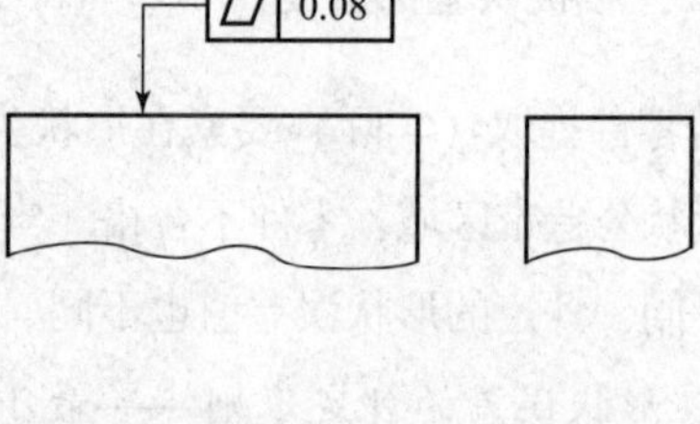 ▱ 0.08

续表

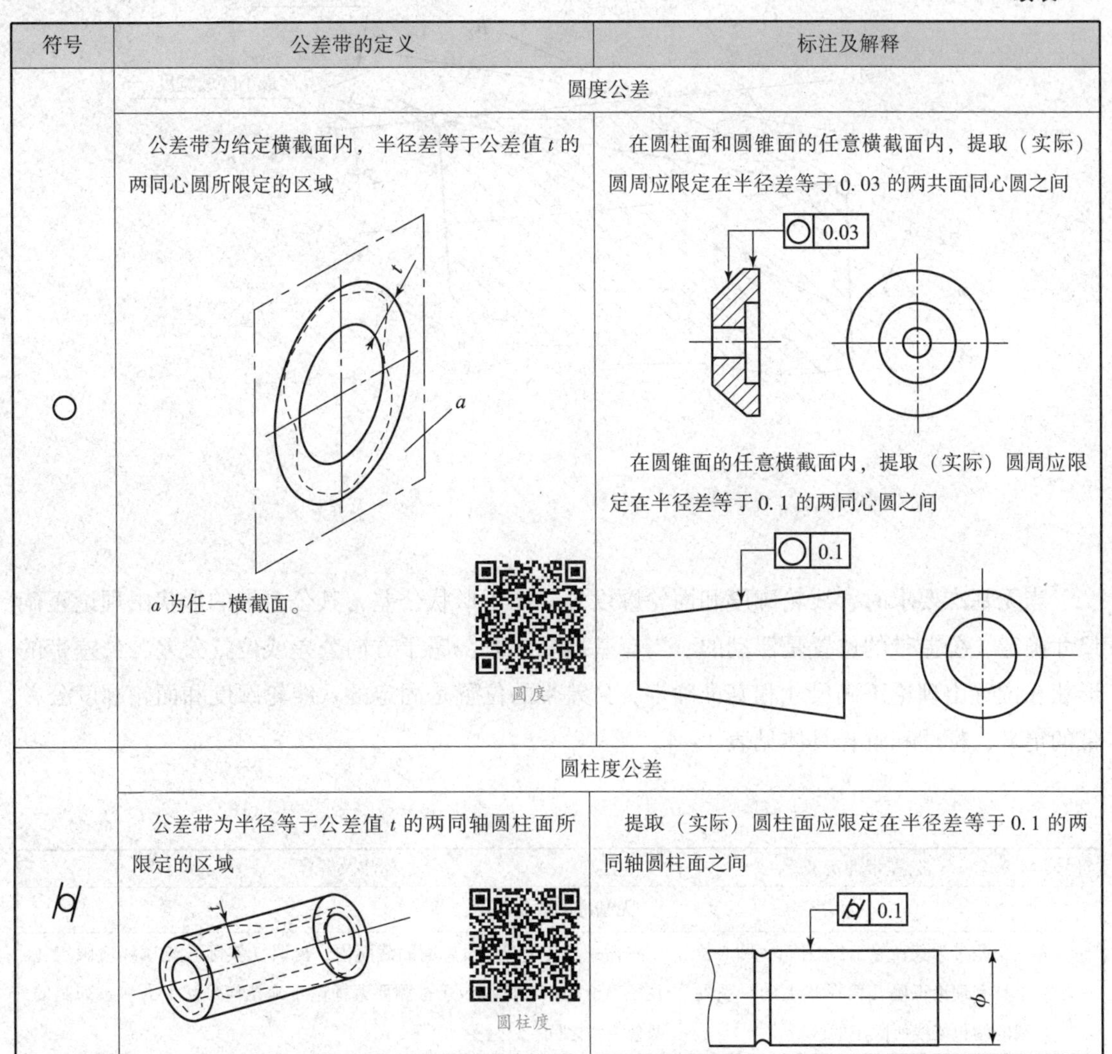

符号	公差带的定义	标注及解释
○	圆度公差	
	公差带为给定横截面内，半径差等于公差值 t 的两同心圆所限定的区域 a 为任一横截面。 圆度	在圆柱面和圆锥面的任意横截面内，提取（实际）圆周应限定在半径差等于 0.03 的两共面同心圆之间 在圆锥面的任意横截面内，提取（实际）圆周应限定在半径差等于 0.1 的两同心圆之间
⌭	圆柱度公差	
	公差带为半径等于公差值 t 的两同轴圆柱面所限定的区域 圆柱度	提取（实际）圆柱面应限定在半径差等于 0.1 的两同轴圆柱面之间

如图 4－27 所示为评定给定平面内的直线度误差的情况，图中 A_1B_1、A_2B_2、A_3B_3 分别为处于不同位置的拟合要素，h_1、h_2、h_3 为提取要素对三个不同位置的拟合要素的最大变动量，由图可知 h_1 最小，表明 A_1B_1 是符合最小条件的理想要素，故在评定被测要素的直线度误差时，应该以拟合要素 A_1B_1 作为评定基准。

2. 形状误差的评定方法——最小区域法

评定形状误差时，形状误差数值的大小可用最小包容区域（简称最小区域）的宽度 f 或直径 d 表示。所谓最小区域，是指包容被测提取实际要素时，具有最小宽度 f 或最小直径 d 的区域，最小区域的形状应与公差带的形状一致。

最小区域法是评定形状误差的一个基本方法，因这时的拟合要素是符合最小条件的。显然，按最小区域法评定的形状误差值为最小，可以最大限度地通过合格件。又由于符合最小条件的拟合要素是唯一的，按此方法评定的形状误差值也将是唯一的。所以，符合最小条件不仅是确定拟合要素位置的原则，也是评定形状误差的基本原则。

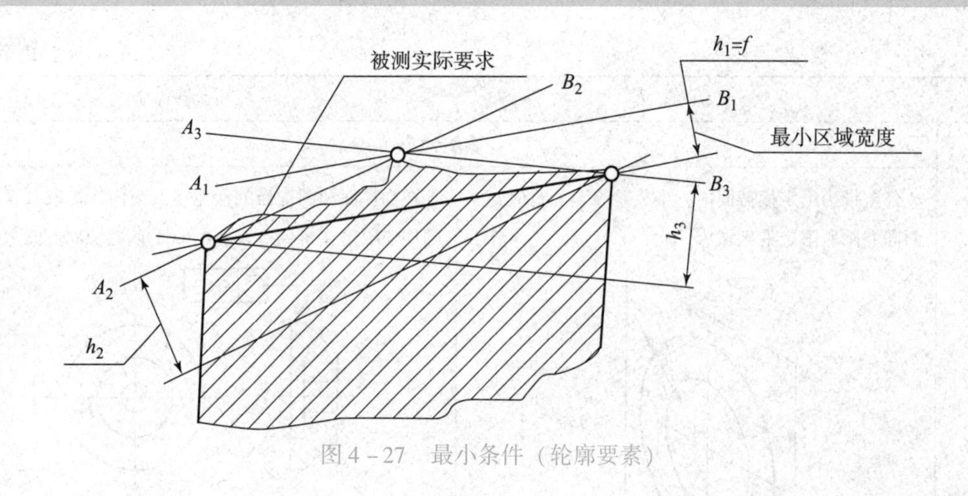

图 4－27　最小条件（轮廓要素）

第三节　线轮廓度公差和面轮廓度公差

当无基准要求时，线轮廓度和面轮廓度公差属于形状公差，其公差带的形状由理论正确尺寸确定，公差带的位置是浮动的。当有基准要求时，属于方向公差或位置公差，公差带的形状和位置由理论正确尺寸和基准确定，公差带的位置是固定的。线轮廓度和面轮廓度公差带的定义、标注和解释具体见表 4－4。

表 4－4　线轮廓度和面轮廓度公差带的定义、标注和解释（摘自 GB/T1182－2008）

符号	公差带的定义	标注及解释
	无基准的线轮廓度公差	
⌒	公差带为直径等于公差值 t，圆心位于具有理论正确几何形状上的一系列圆的两包络线所限定的区域 ϕt　a　b a 为任一距离； b 为垂直于右图视图所在的平面。	在任一平行于图示投影面的截面内，提取（实际）轮廓线应限定在直径等于 0.04，圆心位于被测要素理论正确几何形状上的一系列圆的两包络线之间 ⌒ 0.04　2 × R10　R25　22 ± 0.1　22　60 线轮廓度

续表

<table>
<tr><th>符号</th><th>公差带的定义</th><th>标注及解释</th></tr>
<tr><td rowspan="2">⌒</td><td colspan="2">相对于基准体系的线轮廓度公差</td></tr>
<tr><td>公差带为直径等于公差值 t，圆心位于由基准平面 A 和基准平面 B 确定的被测要素理论正确几何形状上的一系列圆的两包络线所限定区域
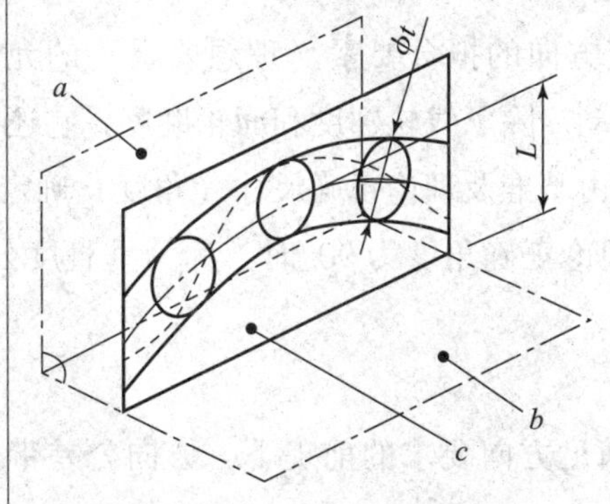

a 为基准平面 A；
b 为基准平面 B；
c 为平行于基准 A 的平面</td><td>在任一平行于图示投影面的，提取（实际）轮廓线应限定在直径等于0.04，圆心位于基准平面 A 和基准平面 B 确定的被测要素理论正确几何形状上的一系列圆的两包络线之间
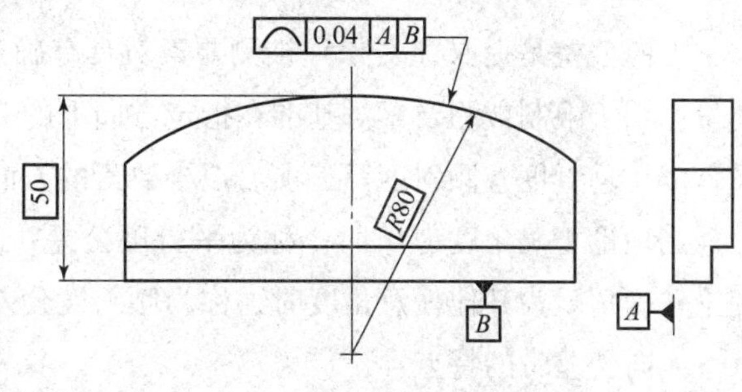
</td></tr>
<tr><td rowspan="4">⌓</td><td colspan="2">无基准的面轮廓度公差</td></tr>
<tr><td>公差带为直径等于公差值 t，球心位于被测要素理论正确形状上的一系列圆球的两包络线所限定的区域
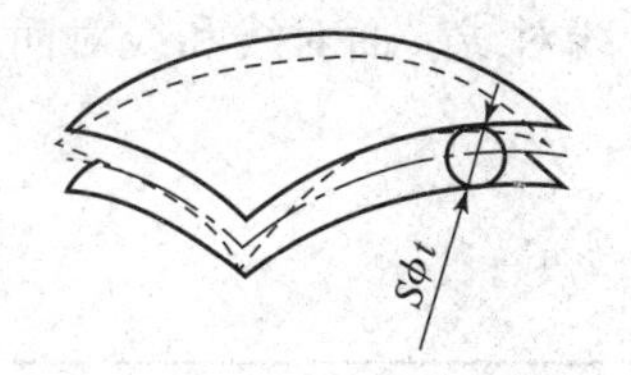
</td><td>提取（实际）轮廓面应限定在直径等于0.02，球心位于被测要素理论正确几何形状上的一系列圆球的两等距包络面之间
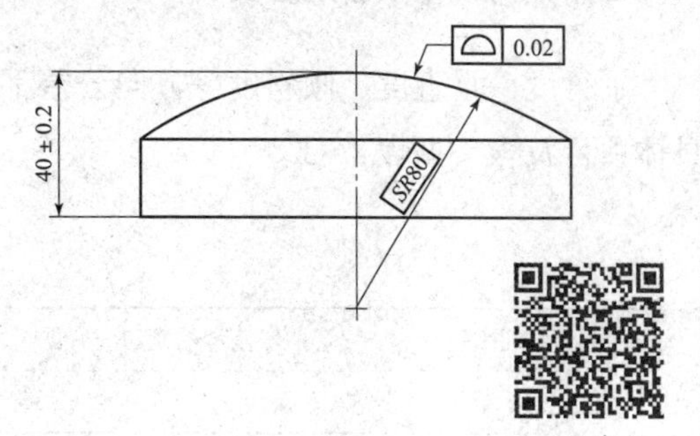

面轮廓度</td></tr>
<tr><td colspan="2">相对于基准的面轮廓度公差</td></tr>
<tr><td>公差带为直径等于公差值 t，球心位于由基准平面 A 和基准平面 B 确定的被测要素理论正确几何形状上的一系列圆的两包络线所限定区域
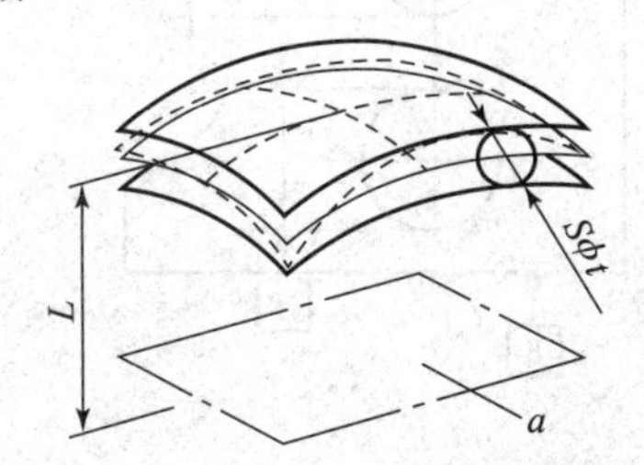
</td><td>提取（实际）轮廓线应限定在直径等于由基准平面 A 和基准平面 B 确定的被测要素理论正确几何形状上的一系列圆的两包络面之间
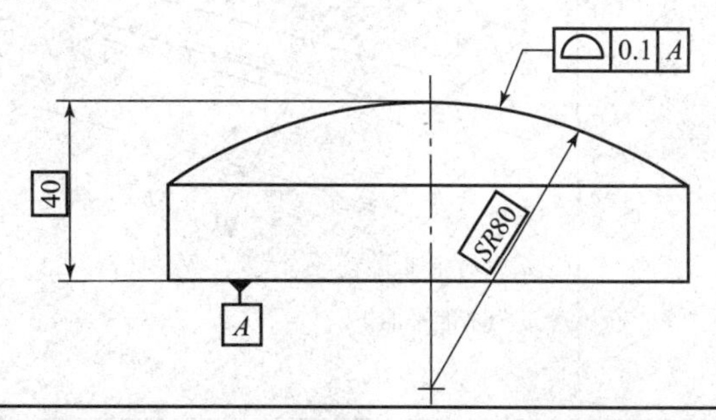
</td></tr>
</table>

第四节　方向公差

一、方向公差及公差带

方向公差是提取（实际）被测要素对具有确定方向的拟合要素（理想要素）的允许变动量，用于限制被测要素对基准在指定方向上的变动。除了线轮廓度和面轮廓度，它还包括平行度、垂直度、倾斜度等三项。拟合要素的方向由基准及理论正确尺寸（角度）确定。

当理论正确角度为0°时，称为平行度公差；理论正确角度为90°时，称为垂直度公差；理论正确角度为其他任意角度时，称为倾斜度公差。

方向公差带的特点：

（1）方向公差带相对于基准有方向要求，在满足方向要求的前提下，方向公差带的位置可以浮动。

（2）方向公差带能综合控制被测要素形状公差。当对某一被测要素给出方向公差后，通常不再对该要素给出形状公差，如果在功能上需要对形状公差有进一步的要求，则可同时给出形状公差，形状公差值一定小于方向公差值。

二、方向公差项目及含义

平行度、垂直度、倾斜度等方向公差都有面对面、线对线、面对线和线对面几种情况。具体项目及含义见表4－5。

表4－5　方向公差项目标注和解释（摘自GB/T1182－2008）

符号	公差带的定义	标注及解释
	线对基准体系的平行度公差	
//	公差带为间距等于公差值 t，平行于两基准的两平行平面所限定的区域 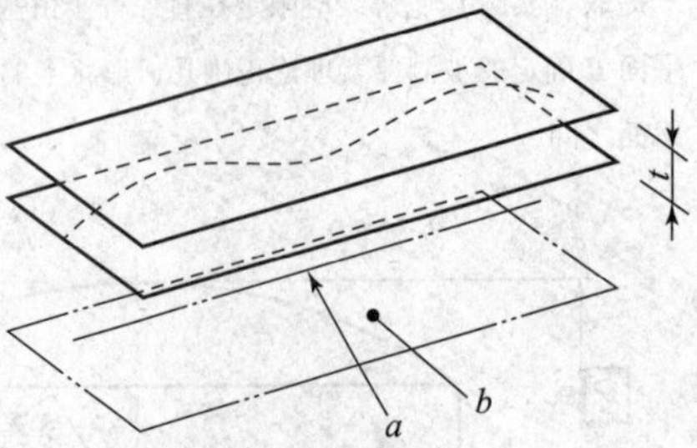 a 为基准轴线； b 为基准平面。	提取（实际）中心线应限定在间距等于0.1，平行于基准轴线 A 和基准平面 B 的两平行平面之间 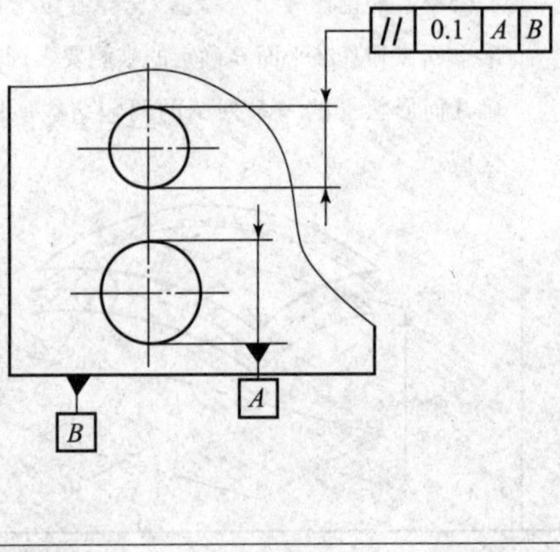 // 0.1 A B

续表

<table>
<tr><th>符号</th><th>公差带的定义</th><th>标注及解释</th></tr>
<tr><td rowspan="4">//</td><td colspan="2">线对基准体系的平行度公差</td></tr>
<tr><td>公差带为间距等于公差值 t，平行于基准轴线 A 且垂直于基准平面 B 的两平行平面所限定的区域。
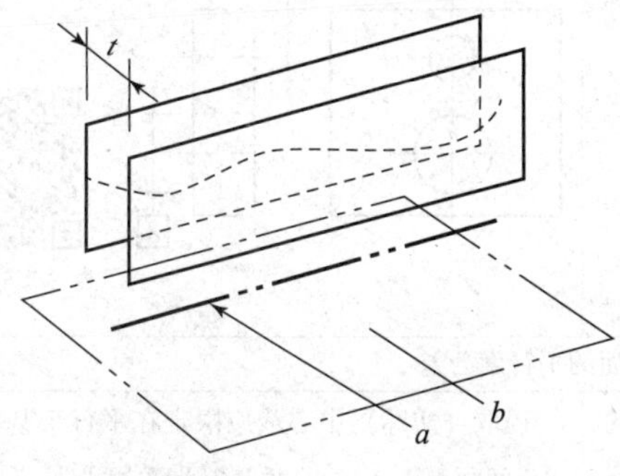

a 为基准轴线；
b 为基准平面。</td><td>提取（实际）中心线应限定在间距等于 0.1 的两平行平面之间，该两平行平面平行于基准轴线 A 且垂直于基准平面 B
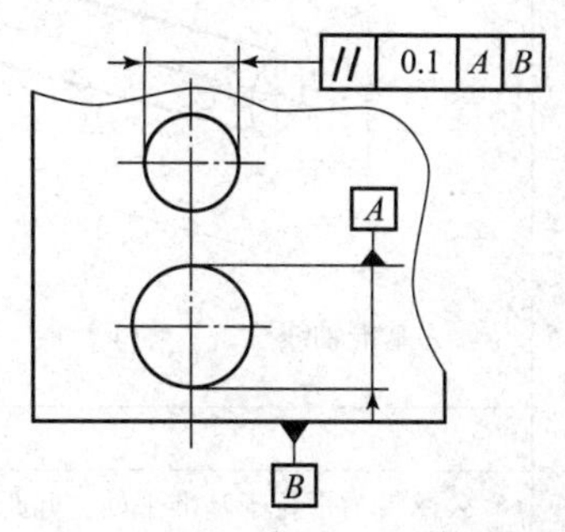
</td></tr>
<tr><td>公差带为平行于基准轴线和平行或垂直于基准平面，间距分别等于公差值 t_1 和 t_2，且相互垂直的两组平行平面所限定的区域</td><td>提取（实际）中心线应限定在平行于基准轴线 A 和基准平面 B，间距分别等于公差值 0.1 和 0.2，且相互垂直的两组平行平面之间
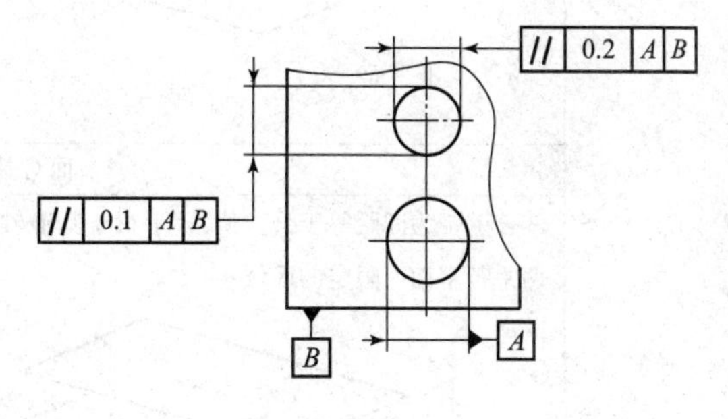
</td></tr>
<tr><td>公差带为间距等于公差值 t 的两平行直线所限定的区域，该两平行直线平行于基准平面 A 且处于基准平面 B 的平面内
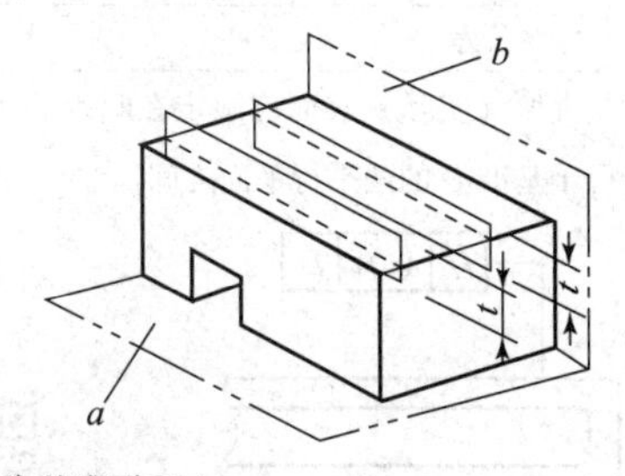

a 为基准平面 A；
b 为基准平面 B。</td><td>提取（实际）线应限定在间距等于 0.02 的两平行直线之间，该两平行直线平行于基准平面 A 且处于平行于基准平面 B 的平面内
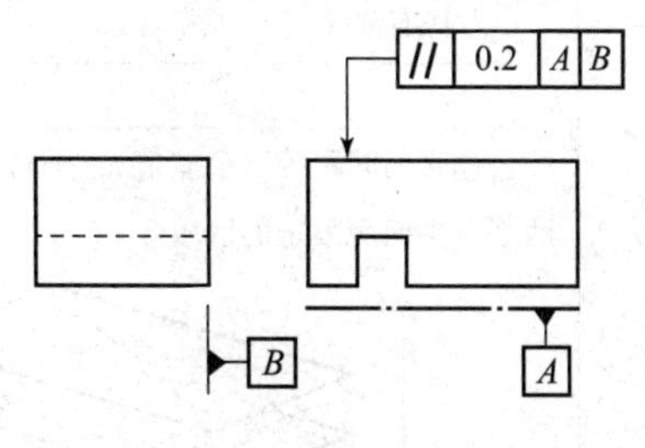
</td></tr>
</table>

续表

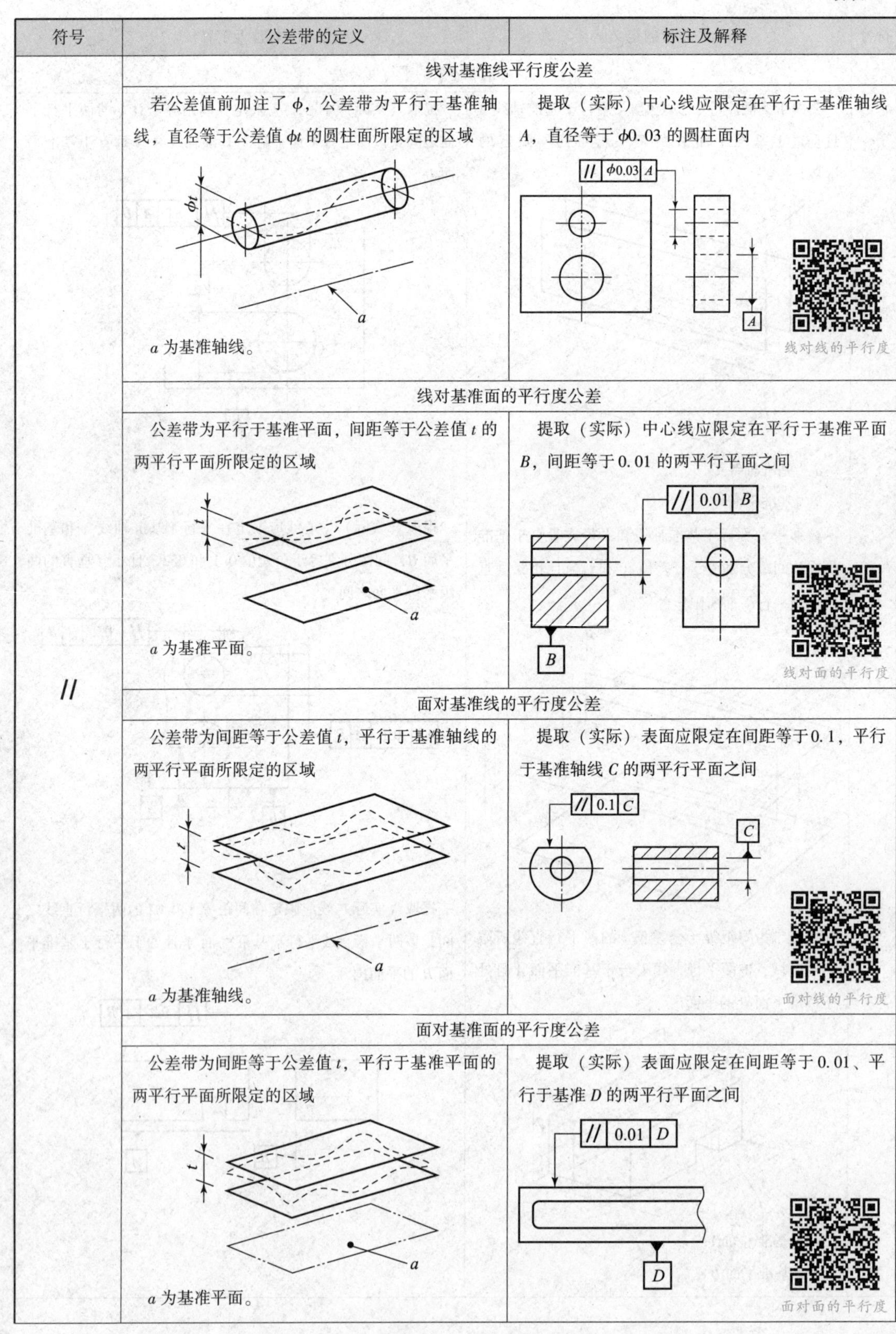

符号	公差带的定义	标注及解释
//	**线对基准线平行度公差**	
	若公差值前加注了 ϕ，公差带为平行于基准轴线，直径等于公差值 ϕt 的圆柱面所限定的区域 a 为基准轴线。	提取（实际）中心线应限定在平行于基准轴线 A，直径等于 $\phi0.03$ 的圆柱面内
	线对基准面的平行度公差	
	公差带为平行于基准平面，间距等于公差值 t 的两平行平面所限定的区域 a 为基准平面。	提取（实际）中心线应限定在平行于基准平面 B，间距等于 0.01 的两平行平面之间
	面对基准线的平行度公差	
	公差带为间距等于公差值 t，平行于基准轴线的两平行平面所限定的区域 a 为基准轴线。	提取（实际）表面应限定在间距等于 0.1，平行于基准轴线 C 的两平行平面之间
	面对基准面的平行度公差	
	公差带为间距等于公差值 t，平行于基准平面的两平行平面所限定的区域 a 为基准平面。	提取（实际）表面应限定在间距等于 0.01、平行于基准 D 的两平行平面之间

续表

<table>
<tr><th>符号</th><th>公差带的定义</th><th>标注及解释</th></tr>
<tr><td rowspan="4">⊥</td><td colspan="2">线对基准线的垂直度公差</td></tr>
<tr><td>公差带为间距等于公差值 t，垂直于基准线的两平行平面所限定的区域 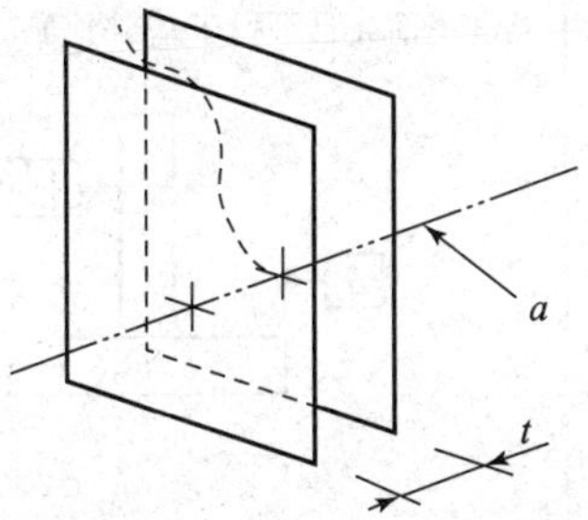
a 为基准线。</td><td>提取（实际）中心线应限定在间距等于 0.06，垂直于基准轴线 A 的两平行平面之间 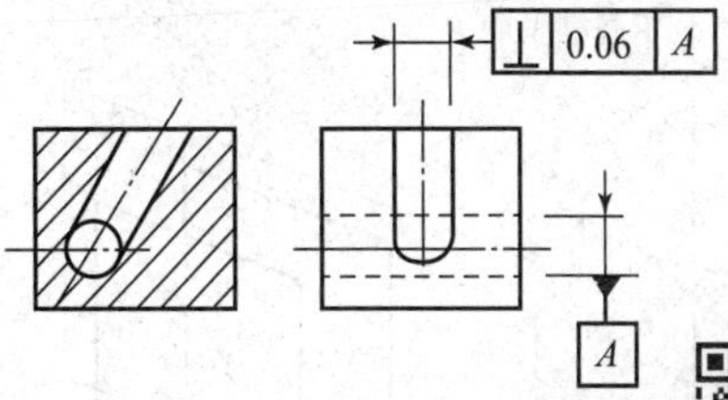
⊥ 0.06 A
线对线的垂直度</td></tr>
<tr><td colspan="2">线对基准体系的垂直度公差</td></tr>
<tr><td>公差值为间距分别等于公差值 t_1 和 t_2，且相互垂直的两组平行平面所限定的区域，该两组平行平面都垂直于基准平面 A，其中一组平行平面垂直于基准平面 B，另一组平行平面平行于基准平面 B 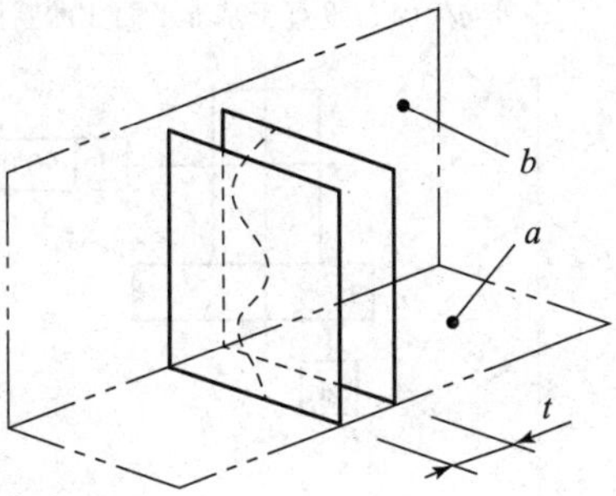
a 为基准平面 A；
b 为基准平面 B。 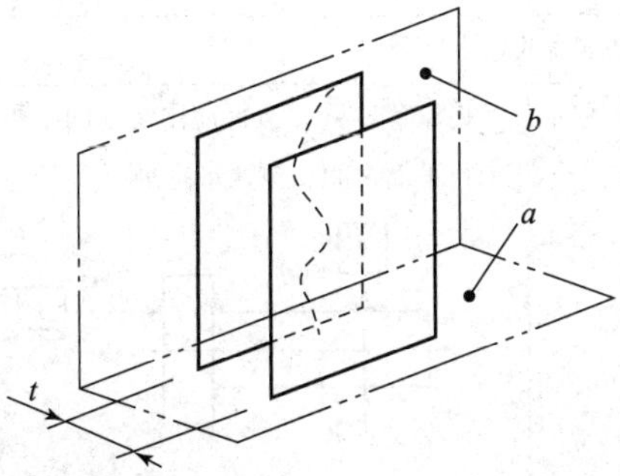
a 为基准平面 A；
b 为基准平面 B。</td><td>圆柱面提取（实际）中心线限定在间距分别等于 0.1 和 0.2，且相互垂直的两组平行平面内，该两组平行平面垂直于基准平面 A 且垂直或平行于基准平面 B 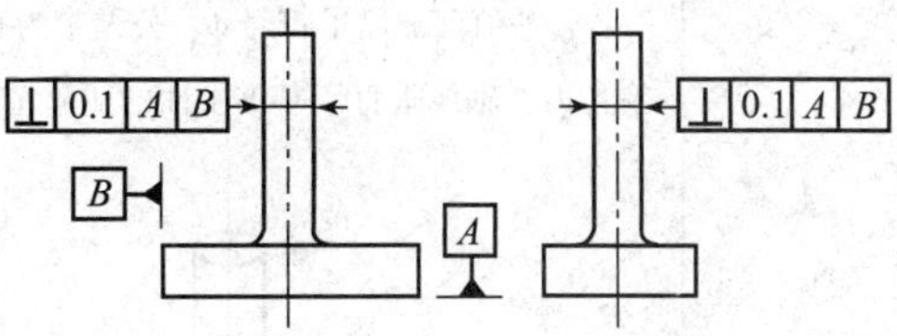
⊥ 0.1 A B
⊥ 0.1 A B</td></tr>
</table>

续表

符号	公差带的定义	标注及解释
⊥	线对基准体系的垂直度公差	
	公差带为间距等于公差值 t 的两平行平面所限定的区域，该两平行平面垂直于基准平面 A 且平行于基准平面 B 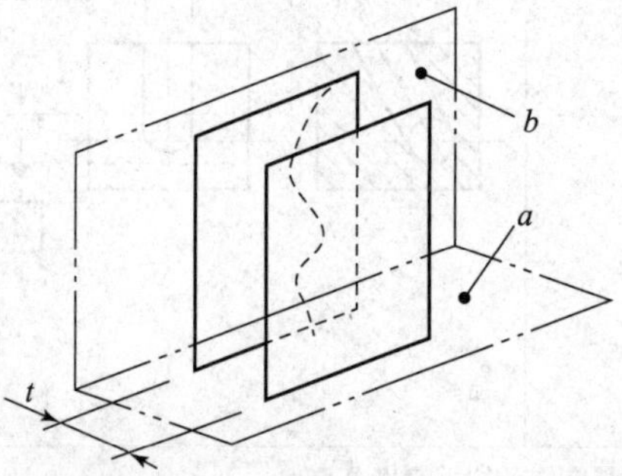 a 为基准平面 A； b 为基准平面 B。	圆柱面的提取（实际）中心线应限定在间距等于0.1的两平行平面之间，该两平行平面垂直于基准平面 A 且平行于基准平面 B 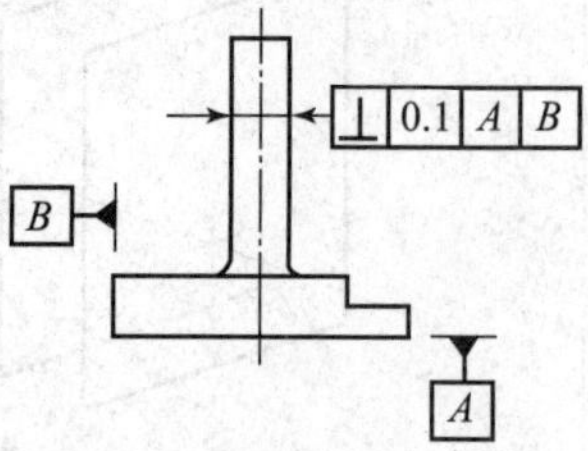
	线对基准面的垂直度公差	
	若公差值前加注了符号 ϕ，公差带为直径等于公差值 ϕt，轴线垂直于基准平面的所限定的区域 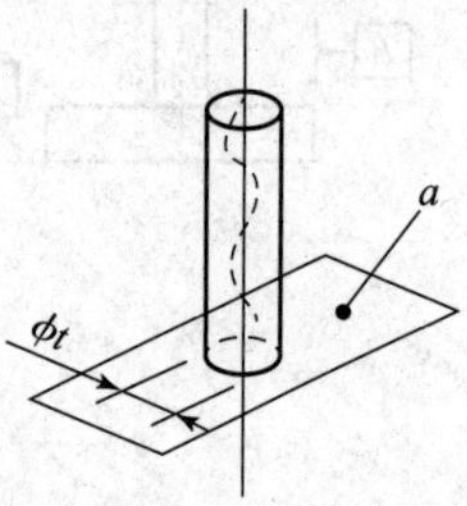 a 为基准平面	圆柱面的提取（实际）中心线应限定在直径等于 $\phi 0.01$，垂直于基准平面 A 的圆柱面内 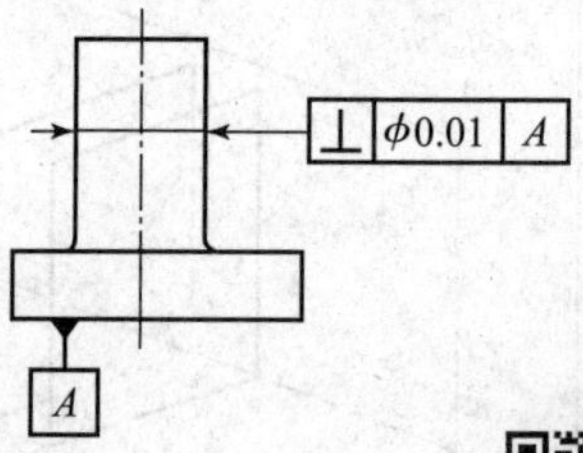 线对面的垂直度
	面对基准线的垂直度公差	
	公差带为间距等于公差值 t 且垂直于基准轴线的两平行平面所限定的区域 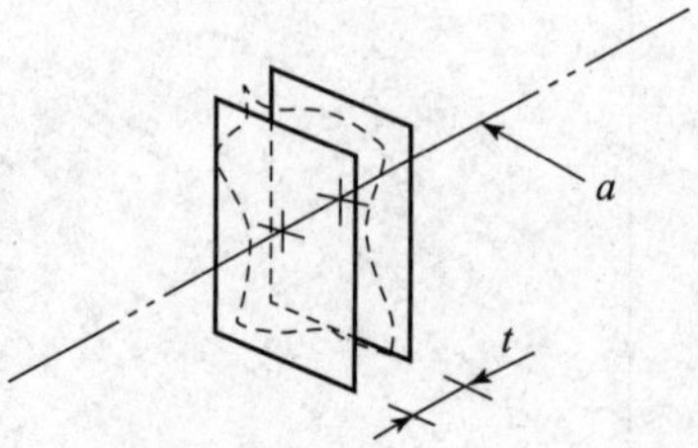 a 为基准轴线。	提取（实际）表面应限定在间距等于0.08的两平行平面之间，该两平行平面垂直于基准轴线 A 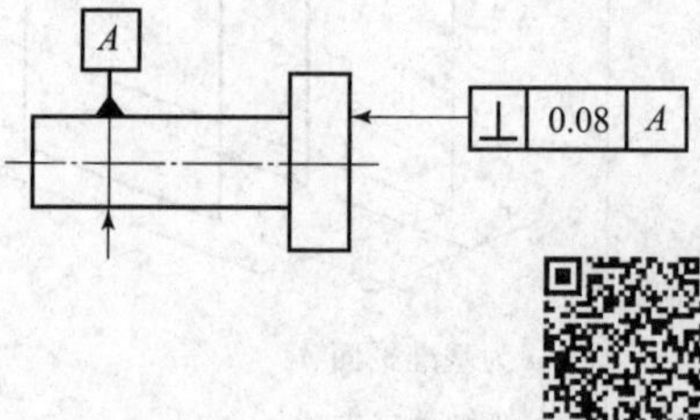 面对线的垂直度

续表

符号	公差带的定义	标注及解释
⊥	面对基准平面的垂直度公差	
	公差带为间距等于 t 且垂直于基准平面的两平行平面所限定的区域 a 为基准平面。	提取（实际）表面应限定在间距等于 0.08，垂直于基准平面 A 的两平行平面之间 面对面的垂直度
∠	线对基准线的倾斜度公差	
	1）被测线与基准线在同一平面上 公差带为间距等于公差值 t 的两平行平面所限定的区域，该两平行平面按给定角度倾斜于基准轴线 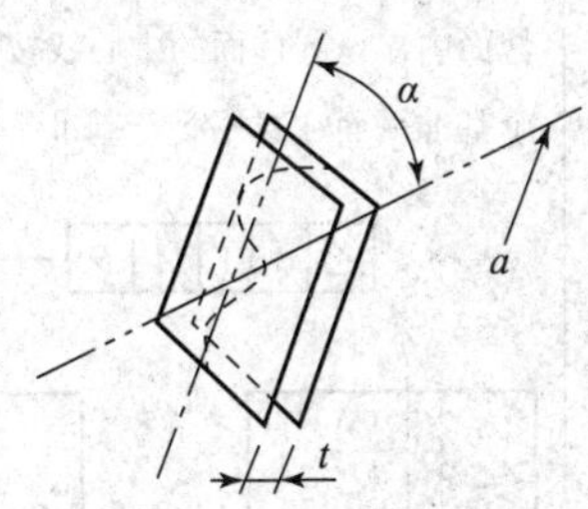 a 为基准轴线。 2）被测线与基准线不在同一平面内 公差带为间距等于公差值 t 的两平行平面所限定的区域，该两平行平面按给定角度倾斜于基准轴线 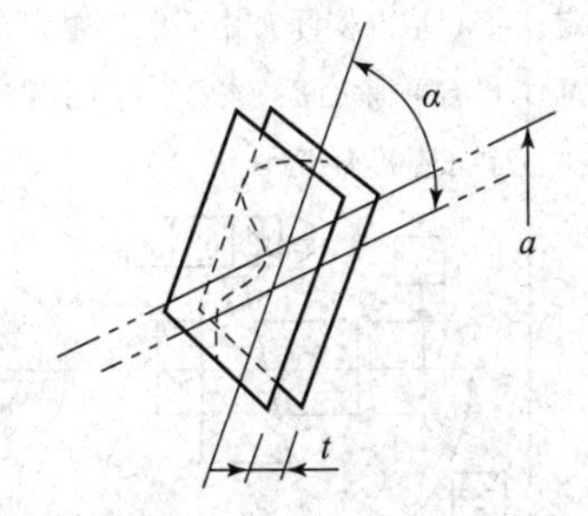 a 为基准轴线。	提取（实际）中心线应限定在间距等于 0.08 的两平行平面之间，该平行平面按理论正确角度 60° 倾斜于公共基准轴线 $A-B$ 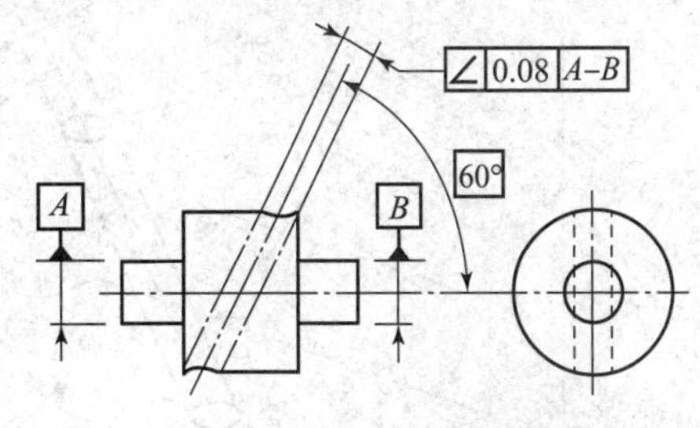  线对线的倾斜度 提取（实际）中心线应限定在间距等于 0.08 的两平行平面之间，该平行平面按理论正确角度 60° 倾斜于公共基准轴线 $A-B$ 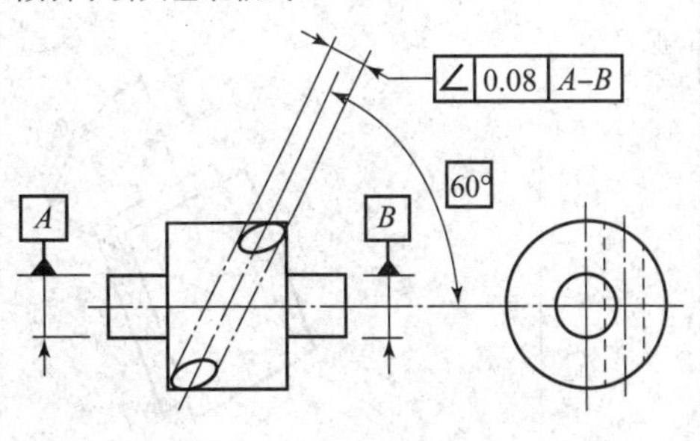

续表

符号	公差带的定义	标注及解释
	线对基准面的倾斜度公差	
	公差带为间距等于公差值 t 的两平行平面所限定的区域，该两平行平面按给定角度倾斜于平面 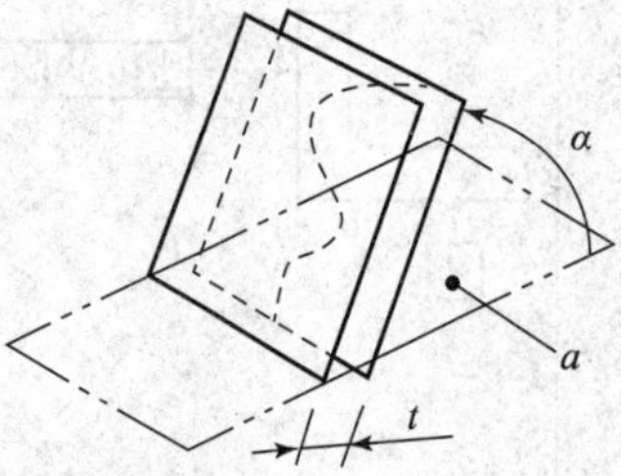 a 为基准平面。	提取（实际）中心线应限定在间距等于 0.08 的两平行平面之间，该平行平面按理论正确角度 60°倾斜于基准平面 A 线对面的倾斜度
∠	公差值前加注了符号 ϕ，公差带为直径等于公差值 ϕt 的圆柱面所限定的区域，该圆柱面公差带轴线按给定角度倾斜于基准平面 A 且平行于基准平面 B 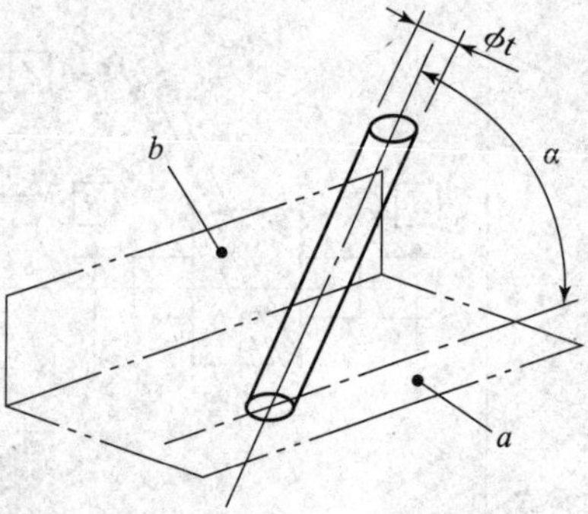 a 为基准平面 A； b 为基准平面 B。	提取（实际）中心线应限定在直径等于 ϕ0.1 的圆柱面内，该圆柱面的中心线按理论正确角度 60°倾斜于基准平面 A 且平行于基准平面 B 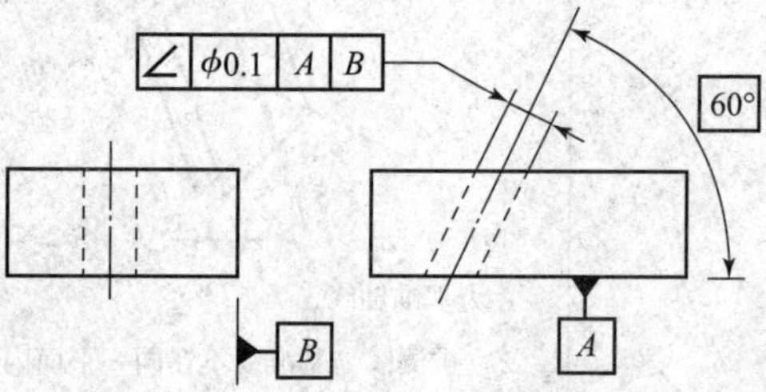
	面对基准线的倾斜度公差	
	公差带为间距等于公差值 t 的两平行平面所限定的区域，该两平行平面按给定角度倾斜于基准直线 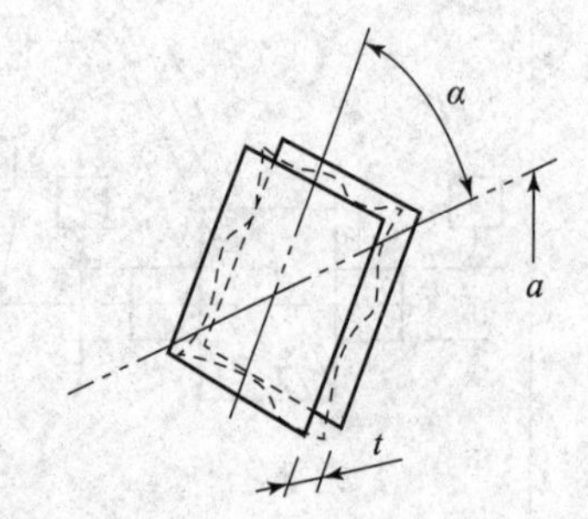 a 为基准直线。	提取（实际）中心线应限定在间距等于 0.1 的两平行平面之间，该两平行平面按理论正确角度 75°倾斜于基准轴线 A 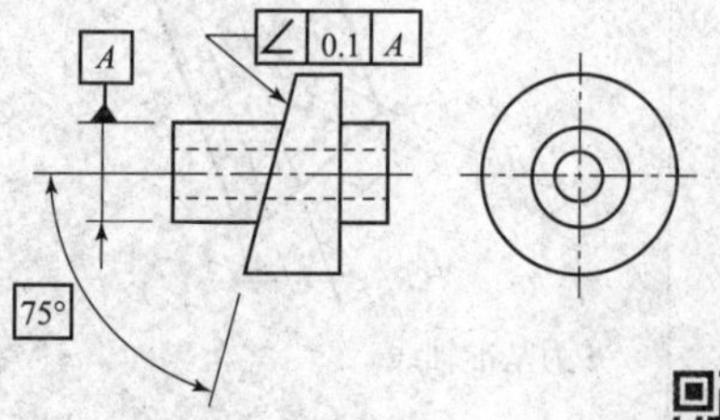  面对线的倾斜度

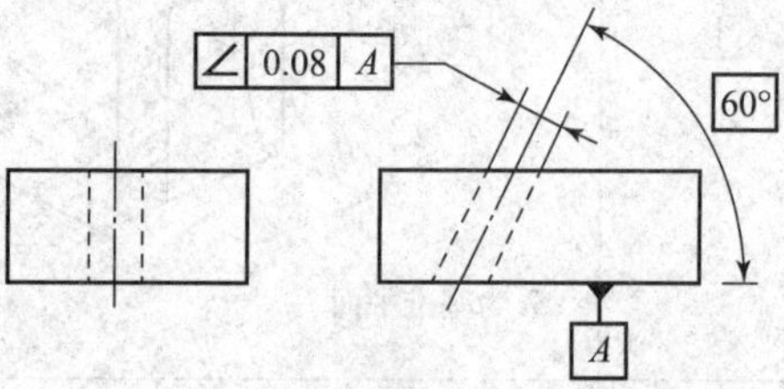

续表

符号	公差带的定义	标注及解释
∠	面对基准面的倾斜度公差	
	公差带为间距等于公差值 t 的两平行平面所限定的区域，该两平行平面按给定角度倾斜于基准平面 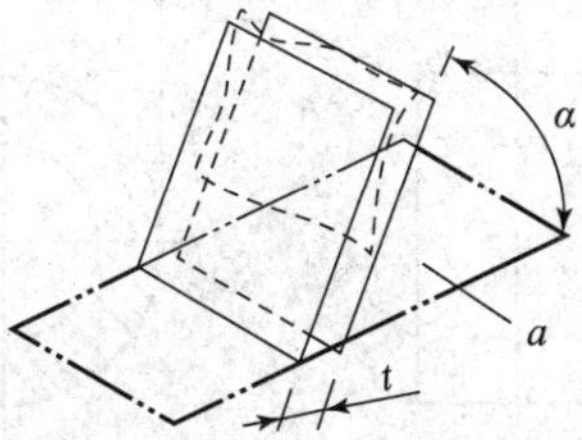 a 为基准平面。	提取（实际）中心线应限定在间距等于0.08的两平行平面之间，该平行平面按理论正确角度40°倾斜于基准平面 A 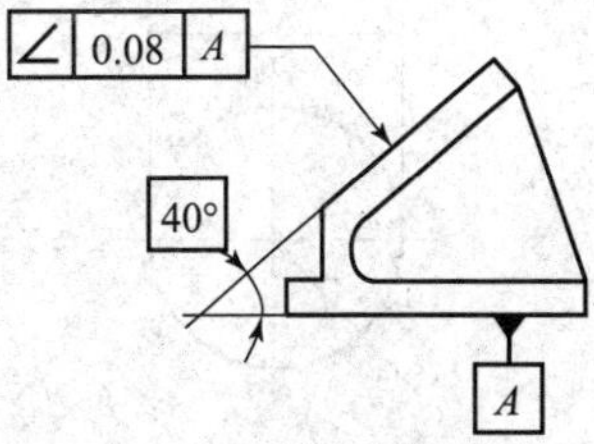

第五节 位置公差

一、位置公差及公差带

位置公差是关联提取（实际）被测要素对具有确定位置的拟合要素（理想要素）的允许变动量。拟合要素的位置由基准及理论正确尺寸确定。

位置公差带具有以下特点：

（1）位置公差带相对于基准有确定的位置要求，方向要求包含在位置要求之中，位置公差带相对于基准的尺寸为理论正确尺寸。

（2）位置公差带具有综合控制被测要素的位置、方向和形状的功能。当对某一被测要素给出位置公差后，通常不再对该要素给出方向和形状公差。如果在功能上对方向和形状有进一步的要求，则可同时给出方向或形状公差，但其数值应小于方向公差值。

二、位置公差项目及含义

根据被测要素对基准要素的给定位置关系不同，除了线轮廓度、面轮廓度，位置公差还有同心度、同轴度、对称度、位置度等项目。位置公差的公差项目和含义见表4－6。

表 4-6 位置公差项目标注和解释（摘自 GB/T1182-2008）

符号	公差带的定义	标准及解释
	同心度与同轴度公差	
	公差值前加注了符号 ϕ，公差带为直径等于公差值 ϕt 的圆周所限定的区域，该圆周的圆心与基准点重合 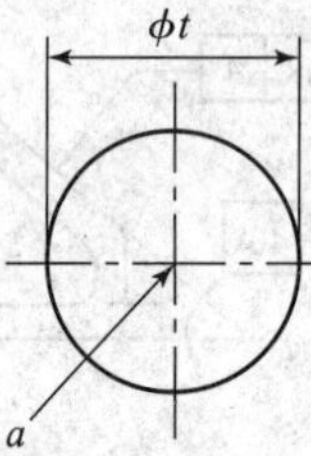 a 为基准点。	在任意截面内，内圆的提取（实际）中心应限定在直径等于 $\phi0.1$，以基准点 A 为圆心的圆周内 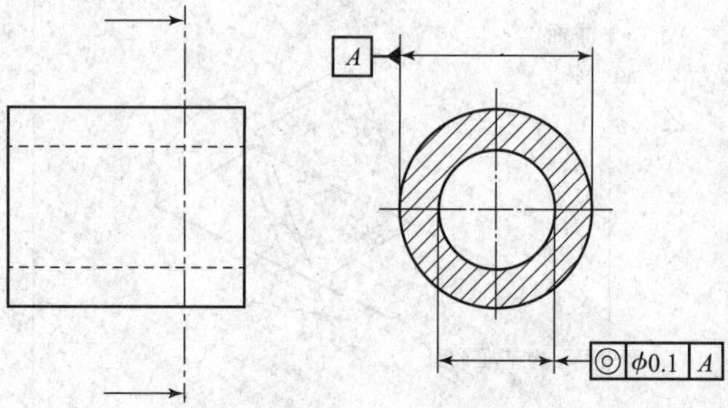
	轴线的同轴度公差	
◎	公差值前加注了符号 ϕ，公差带为直径等于公差值 ϕt 的圆柱面所限定的区域，该圆柱面的轴线与基准线重合 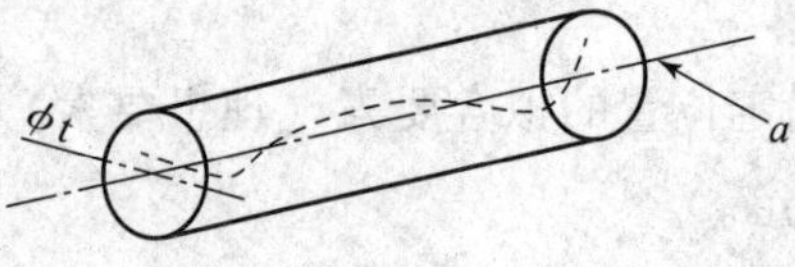 a 为基准轴线。	大圆柱面的提取（实际）中心线应限定在直径等于 $\phi0.08$，以公共基准轴线 $A-B$ 为轴线的圆柱面内 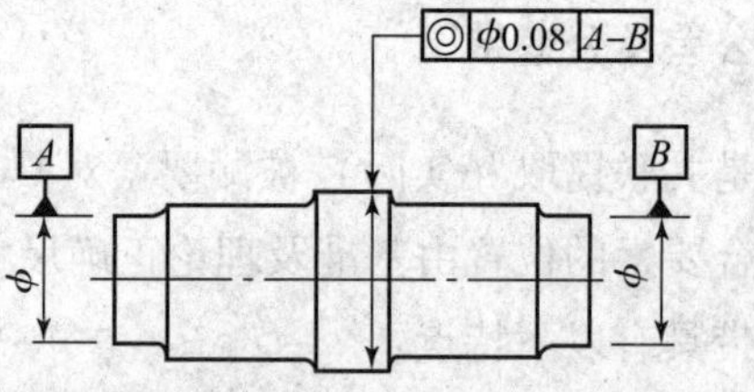 轴线的同轴度 大圆柱的提取（实际）中心线应限定在直径等于 $\phi0.1$，以基准轴线 A 为轴线的圆柱面内 大圆柱的提取（实际）中心线应限定在直径等于 $\phi0.1$，以垂直于基准平面 A 的基准轴线 B 为轴线的圆柱面内 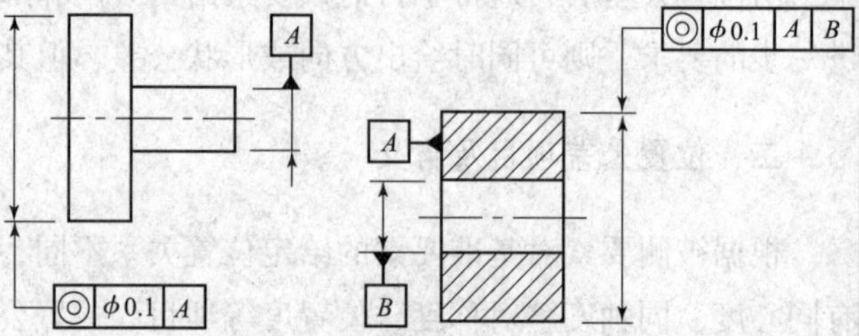

续表

符号	公差带的定义	标准及解释
	中心平面的对称度公差	
⌯	公差带为间距等于公差值 t，对称于基准中心平面的两平行平面所限定的区域 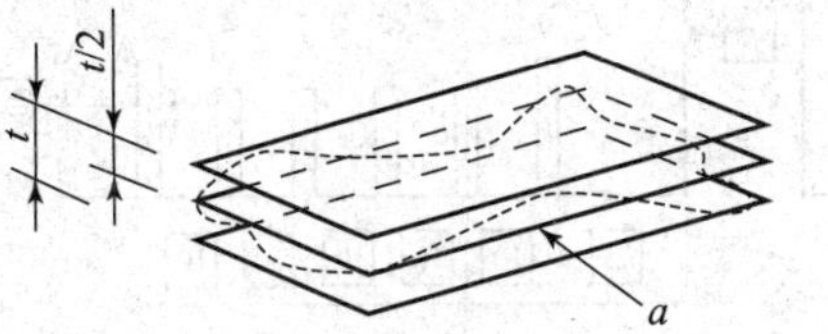 a 为基准中心平面。	提取（实际）中心面应限定在间距等于 0.08，对称于基准中心平面 A 的两平行平面之间 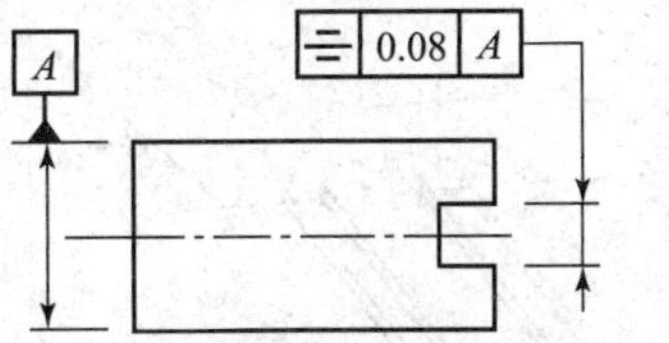 面对面的对称度 提取（实际）中心面应限定在间距等于 0.08，对称于公共基准中心平面 $A-B$ 的两平行平面之间 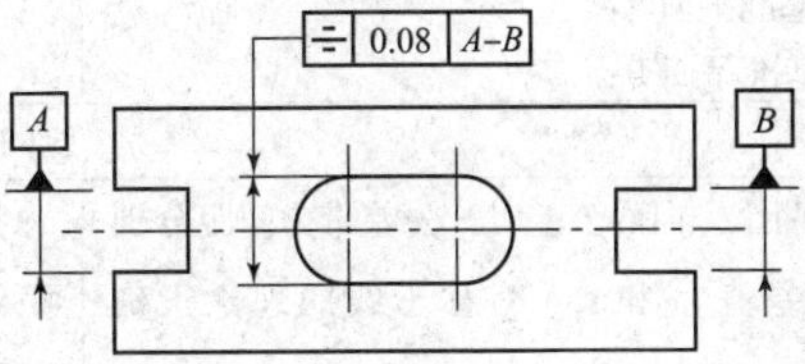 面对线的对称度
	点的位置度公差	
⌖	公差值前加注 $S\phi$，公差带为直径等于公差值 $S\phi t$ 的圆球面所限定的区域，该圆球面中心的理论正确位置由 A、B、C 和理论正确尺寸确定 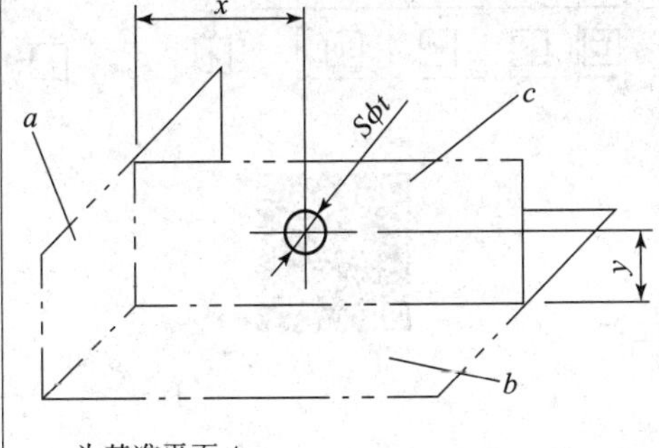 a 为基准平面 A； b 为基准平面 B； c 为基准平面 C。	提取（实际）球心应限定在直径等于 $S\phi0.3$ 的圆球面内，该圆球面的中心由基准平面 A、基准平面 B、基准平面 C 和理论正确尺寸 30、25 确定 注：提取（实际）球心的定义尚未标准化。 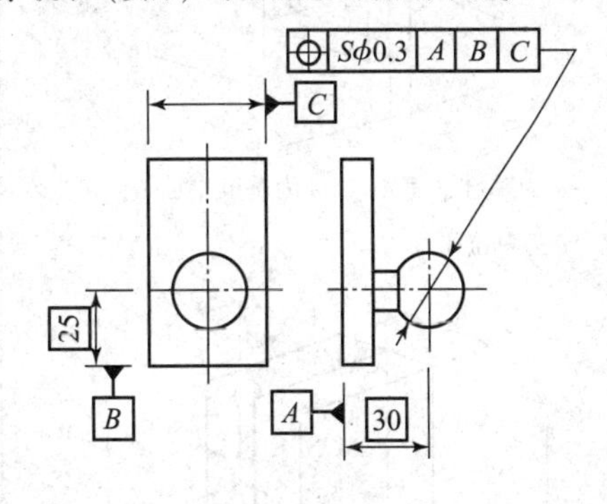

续表

<table>
<tr><th>符号</th><th>公差带的定义</th><th>标准及解释</th></tr>
<tr><td rowspan="4">⊕</td><td colspan="2">线的位置度公差</td></tr>
<tr><td>给定一个方向的公差时，公差带为间距等于公差值 t，对称于线的理论正确位置的两平行平面所限定的区域，线的理论正确位置由基准平面 A、B 和理论正确尺寸确定，公差只在一个方向上的给定
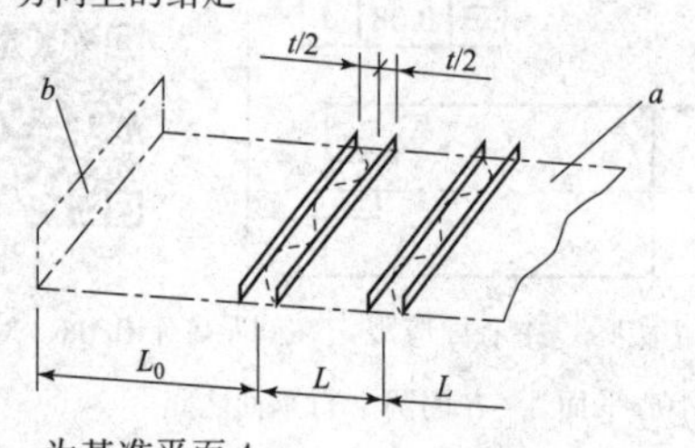

a 为基准平面 A；
b 为基准平面 B；</td><td>各条刻线的提取（实际）中心线应限定在间距等于0.1，对称于基准平面 A、B 和理论正确尺寸25、10确定理论正确位置的两平行平面之间
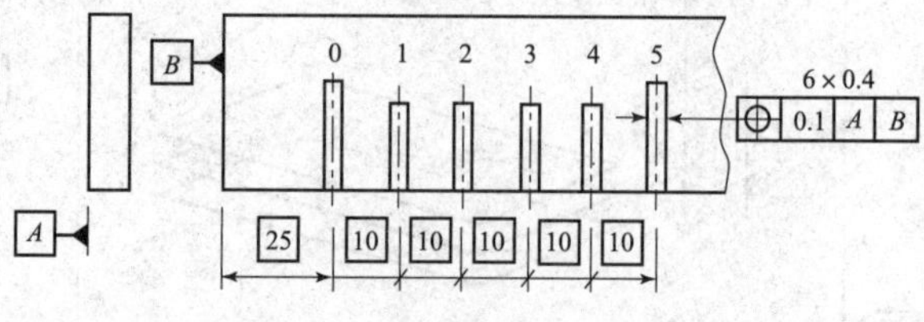
</td></tr>
<tr><td colspan="2">线的位置度公差</td></tr>
<tr><td>给定两个方向的公差时，公差带为间距分别等于公差值 t_1 和 t_2，对称于线的理论正确（理想）位置的两对相互垂直的平行平面所限定的区域，线的理论正确位置由基准平面 C、A 和 B 及理论正确尺寸确定，该公差在基准体系的两个方向上的给定
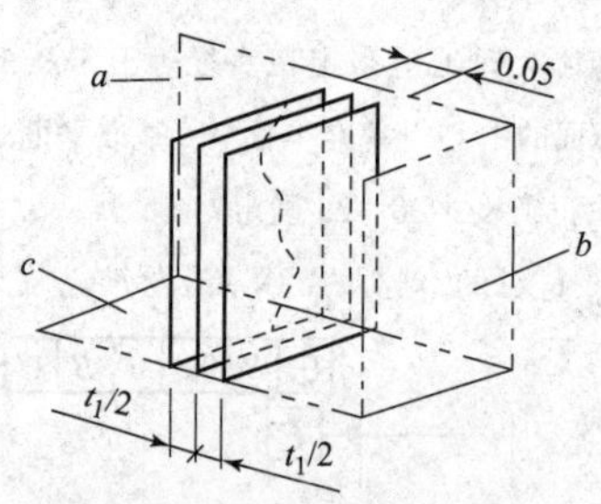

a 为基准平面 A；　b 为基准平面 B；
c 为基准平面 C。
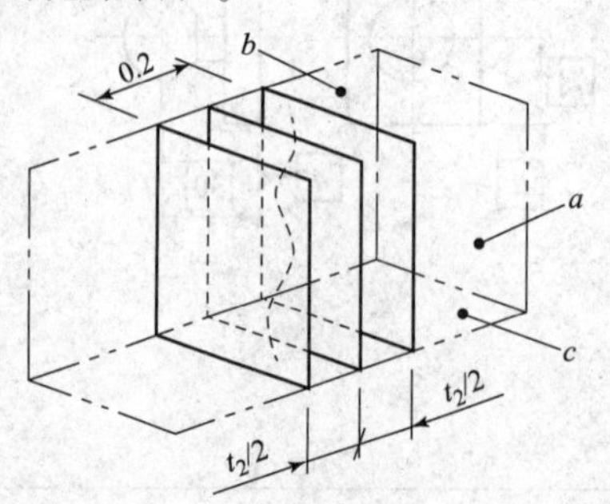

a 为基准平面 A；　b 为基准平面 B；
c 为基准平面 C。</td><td>各孔的测得（实际）中心线在给定的方向上各自限定在间距分别等于0.05和0.2且相互垂直的两对平行平面内，每对平行平面对称于基准平面 C、A 和 B 及理论正确尺寸20、15、30确定的各孔轴线的理论正确位置
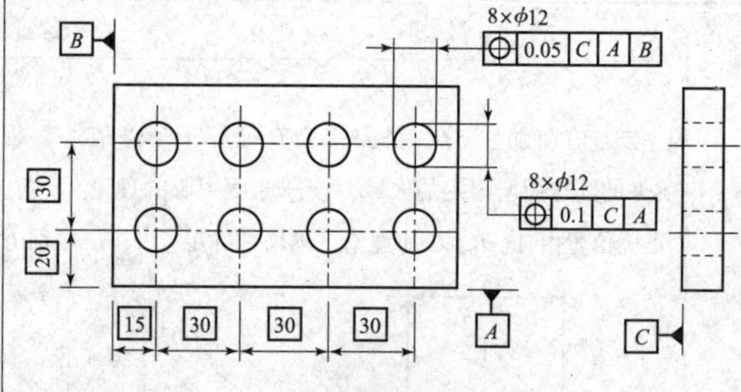

线在空间内的位置度</td></tr>
</table>

续表

符号	公差带的定义	标准及解释
	线的位置度公差	
⌖	公差值前加注 ϕ，公差带为直径等于公差值 ϕt 的圆柱面所限定的区域，该圆柱面的轴线的位置由基准平面 C、A、B 和理论正确尺寸确定 a 为基准平面 A； b 为基准平面 B； c 为基准平面 C。	提取（实际）中心线应限定在直径等于 $\phi0.08$ 的圆柱面内，该圆柱面的轴线的位置处于由基准平面 C、A、B 和理论正确尺寸 100、68 所确定的理论正确位置上 各提取（实际）中心线应各自限定在直径等于 $\phi0.1$ 的圆柱面内，该圆柱面的轴线应处于由基准平面 C、A、B 和理论正确尺寸 20、15、30 确定的各孔轴线的理论正确位置上

续表

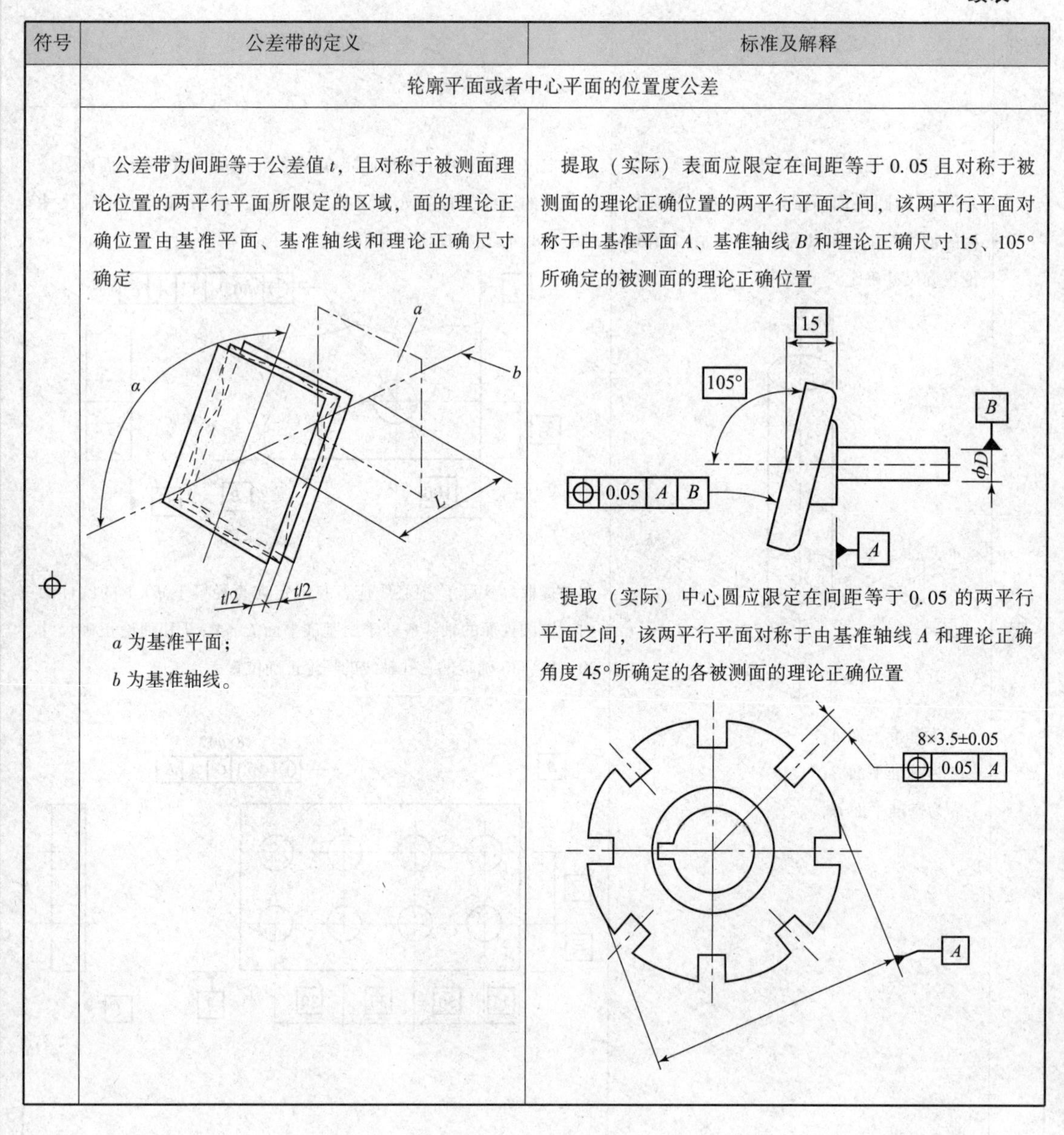

符号	公差带的定义	标准及解释
	轮廓平面或者中心平面的位置度公差	
⌖	公差带为间距等于公差值 t，且对称于被测面理论位置的两平行平面所限定的区域，面的理论正确位置由基准平面、基准轴线和理论正确尺寸确定 a 为基准平面； b 为基准轴线。	提取（实际）表面应限定在间距等于 0.05 且对称于被测面的理论正确位置的两平行平面之间，该两平行平面对称于由基准平面 A、基准轴线 B 和理论正确尺寸 15、105°所确定的被测面的理论正确位置 提取（实际）中心圆应限定在间距等于 0.05 的两平行平面之间，该两平行平面对称于由基准轴线 A 和理论正确角度 45°所确定的各被测面的理论正确位置

第六节　跳动公差

一、跳动公差及公差带

跳动公差是以测量方法为依据规定的公差项目，用于综合限制被测要素的几何误差。跳动公差与其他几何公差相比有其显著的特点：

（1）跳动公差带相对于基准轴线有确定的位置。

（2）跳动公差带可以综合控制被测要素的位置、方向和形状。

二、跳动公差项目及含义

跳动公差分为圆跳动和全跳动。跳动公差的公差项目和含义见表4－7。

表4－7 跳动公差项目标注和解释（摘自GB/T1182－2008）

符号	公差带的定义	标准及解释
	径向圆跳动公差	
↗	公差带为在任一垂直于基准轴线的横截面内，半径差等于公差值 t，圆心在基准轴线上的两同心圆所限定的区域 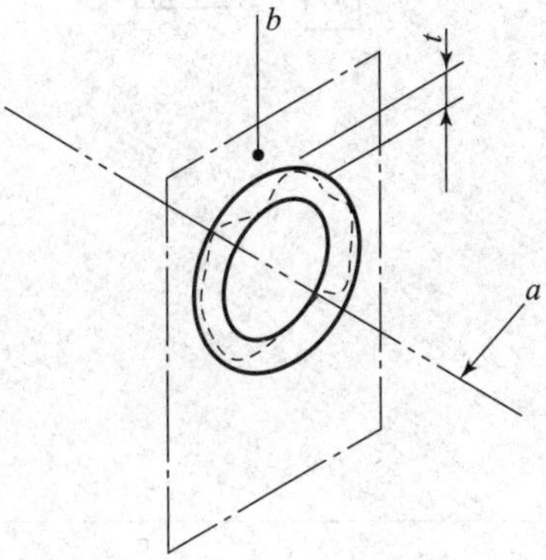 a 为基准轴线； b 为横截面。	在任一垂直于基准 A 的横截面内，提取（实际）圆应限定在半径差等于0.1，圆心在基准轴线 A 上的两同心圆之间 在任一平行于基准平面 B，垂直于基准轴线 A 的截面上，提取（实际）圆应限定在半径差等于0.1，圆心在基准轴线 A 上的两同心圆之间 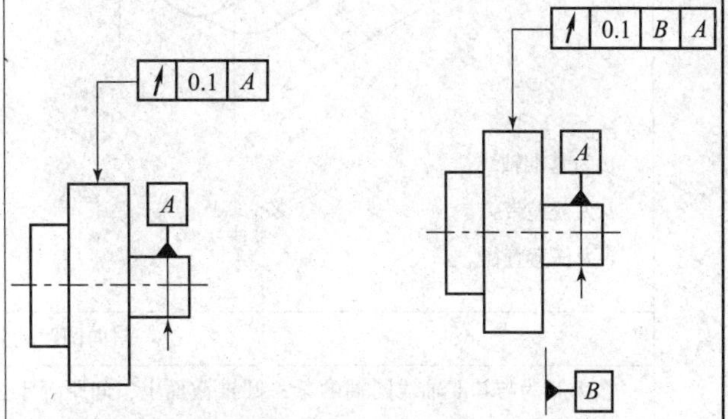 在任一垂直于基准轴线 $A-B$ 的横截面内，提取（实际）圆应限定在半径差等于0.2，圆心在基准轴线 $A-B$ 上的两同心圆之间 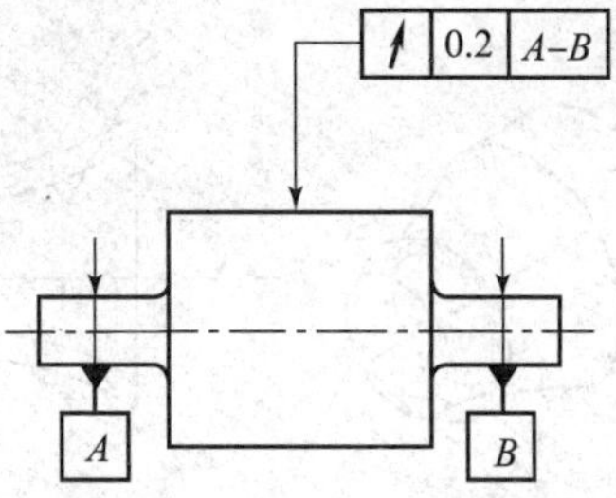 径向圆跳动
	圆跳动通常适用于整个要素，但都可规定只适用于局部要素的某一指定部分	在任一垂直于基准轴线 A 的横截面内，提取（实际）圆弧应限定在半径差等于0.2，圆心在基准轴线 A 上的两同心圆弧之间 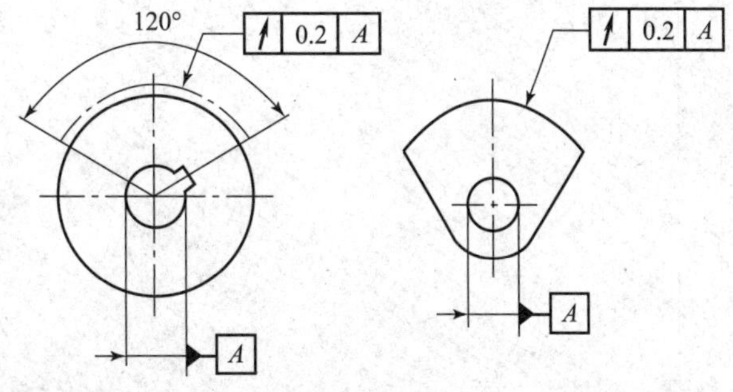

续表

<table>
<tr><th>符号</th><th>公差带的定义</th><th>标准及解释</th></tr>
<tr><td rowspan="4">↗</td><td colspan="2">轴向圆跳动公差</td></tr>
<tr><td>公差带为与基准轴线同轴的任一半径的圆柱截面上，间距等于公差值 t 的两圆所限定的圆柱面区域
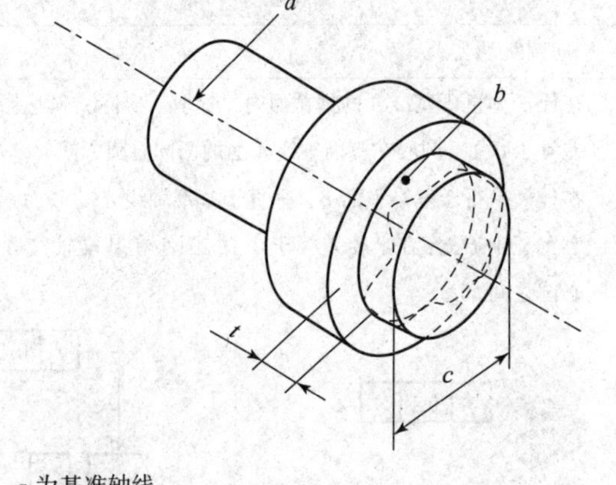
a 为基准轴线；
b 为公差带；
c 为任意直径。</td><td>在与基准轴线 D 同轴的任一圆柱面上，提取（实际）圆应限定在轴向距离等于 0.1 的两个等圆之间
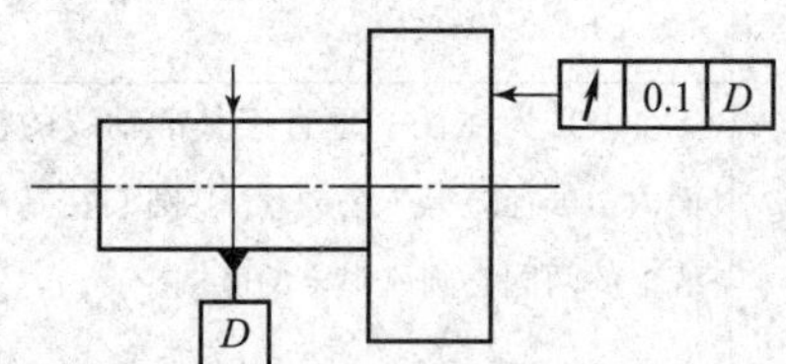</td></tr>
<tr><td colspan="2">斜向圆跳动公差</td></tr>
<tr><td>公差带为与基准轴线同轴的某一圆锥截面上，间距等于公差值 t 的两圆所限定的圆锥面区域
除非另有规定，测量方向应沿被测表面的法向
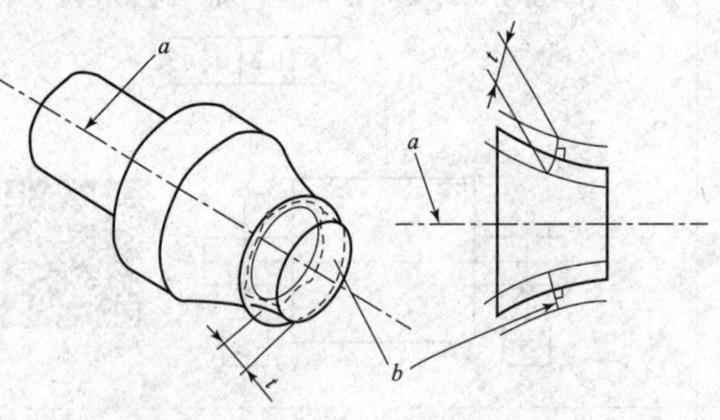
a 为基准轴线；
b 为公差带。</td><td>在与基准轴线 C 同轴的任一圆锥截面上，提取（实际）线应限定在素线方向间距等于 0.1 的两不等圆之间
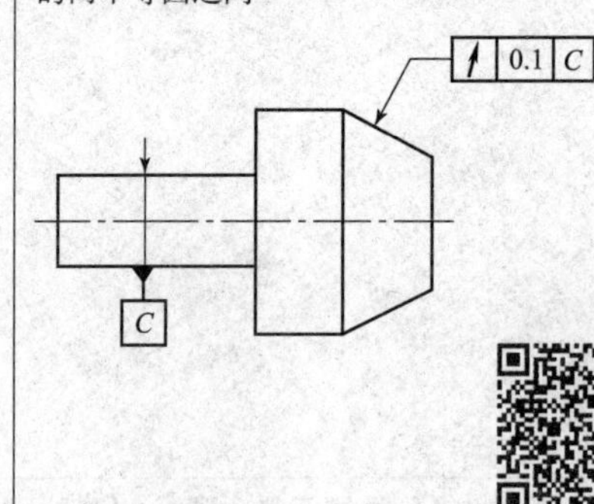
斜向圆跳动
当标注公差的素线不是直线时，圆锥截面的锥角要随所测圆的实际位置面改变
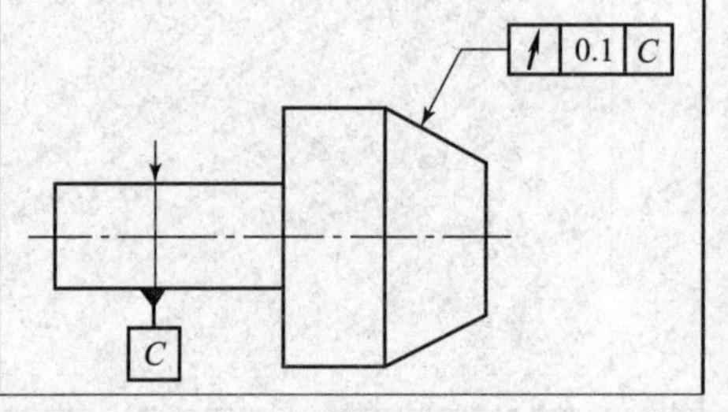</td></tr>
</table>

续表

符号	公差带的定义	标准及解释
	给定方向的斜向圆跳动公差	
↗	公差带为在与基准轴线同轴的，具有给定锥角的任一圆锥截面上，间距等于公差值 t 的两不等圆所限定的区域 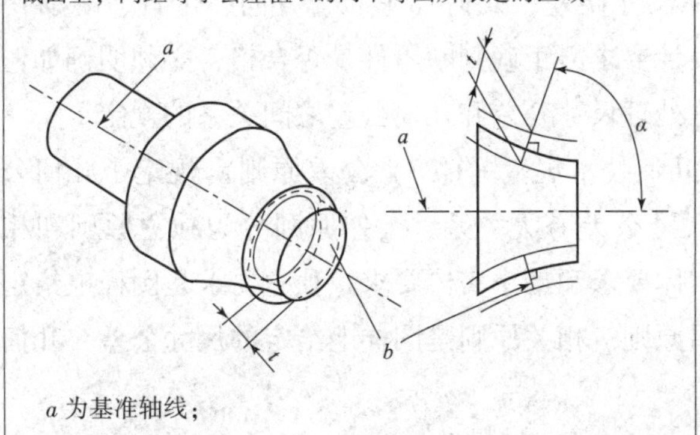 a 为基准轴线； b 为公差带。	在与基准轴线 C 同轴且具有给定角度 60° 的任一圆锥截面上，提取（实际）圆应限定在素线方向间距等于 0.1 的两不等圆之间 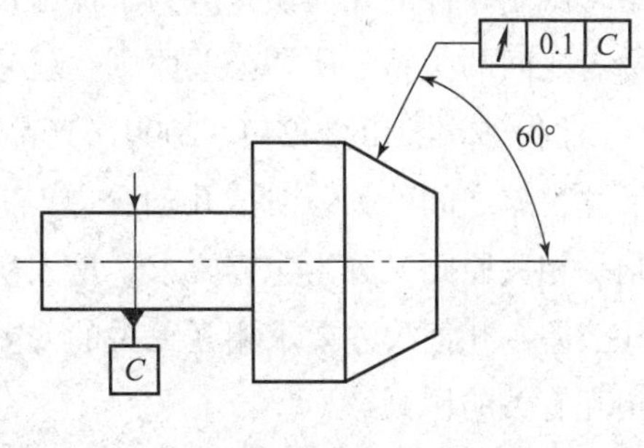
	径向全跳动	
	公差带为半径差等于公差值 t，与基准轴线同轴的两圆柱面所限定的区域 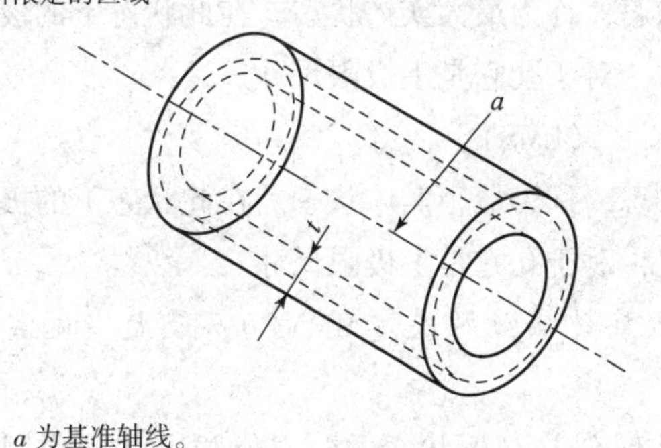 a 为基准轴线。	提取（实际）表面应限定在半径差等于 0.1，与公共基准轴线 $A-B$ 同轴的两圆柱面之间 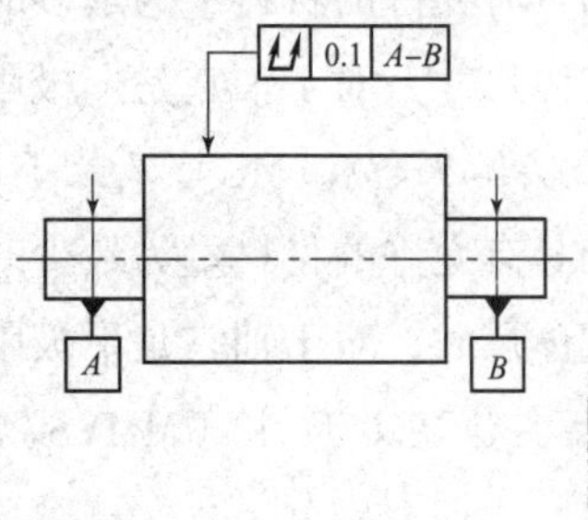  径向全跳动
	轴向全跳动公差	
⌰	公差带为间距等于公差值 t，垂直于基准轴线的两平行平面所限定的区域 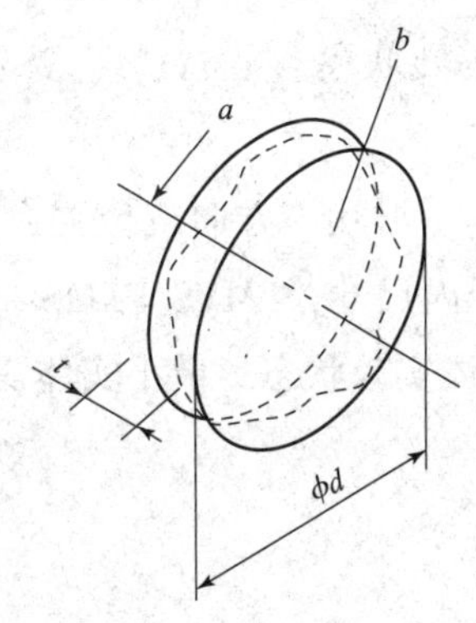 a 为基准轴线； b 为提取表面。	提取（实际）表面应限定在间距等于 0.1，垂直于基准轴线 D 的两平行平面之间 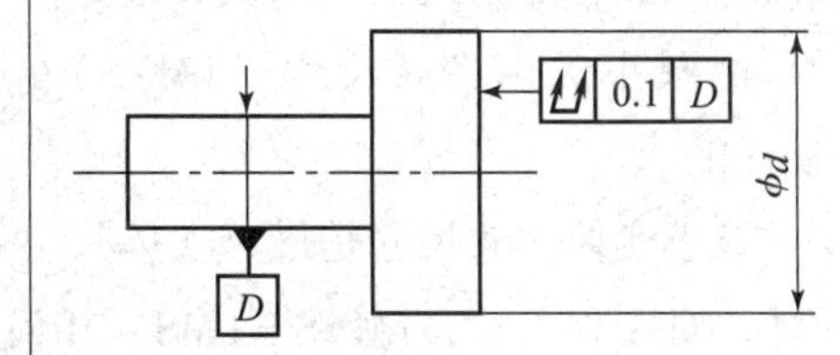

第七节　公差原则

对于一个零件，尺寸公差用于限制尺寸误差，几何（形状、方向、位置、跳动）公差用于限制零件的几何误差。为了保证设计要求，正确判断零件是否合格，必须明确如何处理两者之间的关系。所谓公差原则，就是处理尺寸公差和几何公差之间关系的规定。

国家标准 GB/T4249－2009《产品几何技术规范（GPS）公差原则》规定了几何公差与尺寸公差之间的关系。按几何公差与尺寸公差有无关系，公差原则分为独立原则和相关原则，相关原则又分为包容要求、最大实体要求和最小实体要求。独立要求是图样上给定的尺寸公差、几何公差要求相互无关的公差原则。相关原则是图样上给定的尺寸公差、几何公差相互有关的原则。

一、有关公差原则的术语和定义

1. 最大实体状态（MMC）及最大实体尺寸（MMS）

孔或轴具有允许的材料量为最多时的状态，称为最大实体状态。在此状态下的极限尺寸称为最大实体尺寸，对于轴它是上极限尺寸，对于孔它是下极限尺寸。

2. 最小实体状态（LMC）及最小实体尺寸（LMS）

孔或轴具有允许的材料量为最少时的状态，称为最小实体状态。在此状态下的极限尺寸称为最小实体尺寸，对于轴它是下极限尺寸，对于孔它是上极限尺寸。

3. 最大实体实效尺寸（MMVS）、最大实体实效状态（MMVC）、最大实体实效边界（MMVB）

最大实体实效尺寸是最大实体尺寸与几何公差（形状、方向或位置）共同作用产生的尺寸。对于外尺寸，MMVS = MMS + 几何公差；对于内尺寸，MMVS = MMS - 几何公差。当尺寸要素为最大实体实效尺寸时的状态被称为最大实体实效状态。最大实体实效状态对应的极限包容面称之为最大实体实效边界。

4. 最小实体实效尺寸（LMVS）、最小实体实效状态（LMVC）、最小实体实效边界（LMVB）

最小实体实效尺寸是最小实体尺寸与几何公差（形状、方向或位置）共同作用产生的尺寸。对于外尺寸，LMVS = LMS - 几何公差；对于内尺寸，LMVS = LMS + 几何公差。当尺寸要素为最小实体实效尺寸时的状态被称为最小实体实效状态。最小实体实效状态对应的极限包容面称之为最小实体实效边界。

二、独立原则

1. 含义及标注

独立原则是指图样上给定的尺寸和几何要求均是独立的，应分别满足要求。

适用独立原则时，在图样上不必标注任何特殊符号。

2. 特点

（1）给出的尺寸公差仅控制要素的局部尺寸，不控制几何误差。

（2）给出的几何公差为定值，不随要素的提取组成要素的局部尺寸的变化而变化。

如图 4－28 所示，图样上注出的尺寸公差仅限制轴的提取组成要素的局部尺寸，即不管轴线如何弯曲，轴的各提取组成要素的局部尺寸只能在 ϕ19. 979 ~ ϕ20 mm 范围内。同理，不论轴的提取组成要素的局部尺寸如何变动，轴线的直线度误差不允许大于 ϕ0. 01 mm。可见在独立原则中，尺寸公差和几何公差分别各自独立地控制被测要素的尺寸误差和几何误差。

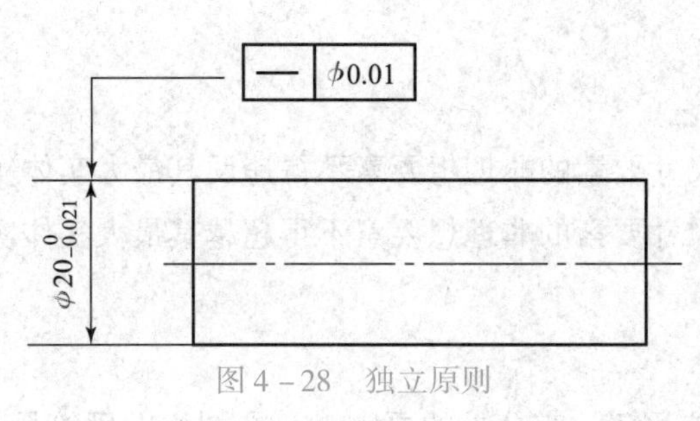

图 4－28 独立原则

三、包容要求

1. 含义及标注

包容要求仅适用于单一要素，是借助尺寸控制形状误差的一种相关要求。要求提取组成要素必须遵守由尺寸公差形成的最大实体边界这一规定。包容要求同时规定，采用包容要求的单一要素，其提取组成要素的局部尺寸不得超出最小实体尺寸。

单一要素采用包容要求时，应在其尺寸极限偏差或公差带代号之后加注包容要求符号“Ⓔ”。

2. 特点

（1）提取组成要素的体外作用尺寸不得超出最大实体尺寸。

（2）提取组成要素的局部尺寸在最大实体尺寸和最小实体尺寸之间。

（3）当提取组成要素的尺寸处处为最大实体尺寸时，形状误差等于零。

（4）当提取组成要素的尺寸偏离最大实体尺寸时，其偏离量可补偿给形状误差。

如图 4－29 所示，图中圆柱实际表面必须在最大实体边界内，该边界的尺寸为最大实体尺寸 ϕ150 mm，其提取圆柱面的局部尺寸不得小于 ϕ149. 96 mm。当轴的提取圆柱面的局部尺寸处处为 ϕ150 mm 时，直线度误差为零；当轴的提取圆柱面的尺寸处处为 ϕ149. 96 mm 时，允许轴具有 ϕ0. 04 mm 的直线度误差。

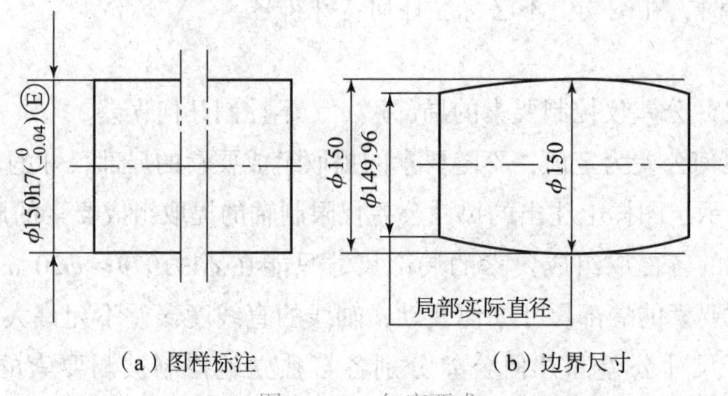

（a）图样标注　　（b）边界尺寸

图 4-29　包容要求

四、最大实体要求

最大实体要求是指尺寸要素的非理想要素不得违反其最大实体实效状态（MMVC）的一种尺寸要素要求，也即尺寸要素的非理想要素不得超越其最大实体实效边界（MMVB）的一种尺寸要素要求。

1. 标注

（1）最大实体要求应用于注有公差的要素时，在图样上用符号Ⓜ标注在导出要素的几何公差值之后，如图 4-30（a）、图 4-31（a）所示。最大实体要求应用于基准要素时，在图样上用符号Ⓜ标注在基准字母之后。如图 4-32（a）所示。

2. 规定

（1）最大实体要求（MMR）用于注有公差的要素时，对尺寸要素的表面有如下规定：

①注有公差的提取组成要素的局部尺寸要求界于最大实体尺寸和最小实体尺寸之间；

②注有公差的提取组成要素不得违反其最大实体实效状态（MMVC）或其最大实体实效边界（MMVB）。

（2）最大实体要求（MMR）用于基准要素时，有如下规定：

①基准要素的提取组成要素不得违反基准要素的最大实体实效状态（MMVC）或最大实体实效边界（MMVB）。

②当基准要素的导出要素没有标注几何公差要求，或者注有几何公差但其后没有符号Ⓜ时，基准要素的最大实体实效尺寸（MMVS）为最大实体尺寸（MMS）。

③当基准要素的导出要素注有形状公差，且其注有符号Ⓜ时，基准要素的最大实体实效尺寸由最大实体尺寸（MMS）加上（对外部要素）或减去（对内部要素）该形状公差值。

3. 举例

例 4-1，如图 4-30 所示为一个外圆柱要素具有尺寸要求和对其轴线具有形状（直线度）要求的 MMR 示例。该图的解释为：

①轴的提取要素不得违反其最大实体实效状态，其直径为最大实体实效尺寸

MMVS = 35. 1mm。

②轴的提取要素各处的局部直径应大于最小实体尺寸 LMS = 34. 9 mm 且应小于最大实体尺寸 MMS = 35. 0 mm。

图 4 - 30（a）中轴线的直线度公差 ϕ0. 1 是该轴为其最大实体状态（MMC）时给定的。当该轴为其最小实体状态（LMC）时，其轴线直线度误差允许达到的最大值为 ϕ0. 2 mm，也就是图 4 - 30 中给定的轴线直线度公差（ϕ0. 1mm）与该轴的尺寸公差（0. 1mm）之和；若该轴处于最大实体状态（MMC）与最小实体状态（LMC）之间，其轴线直线度公差在 ϕ0. 1 ~ ϕ0. 2 mm 之间变化。

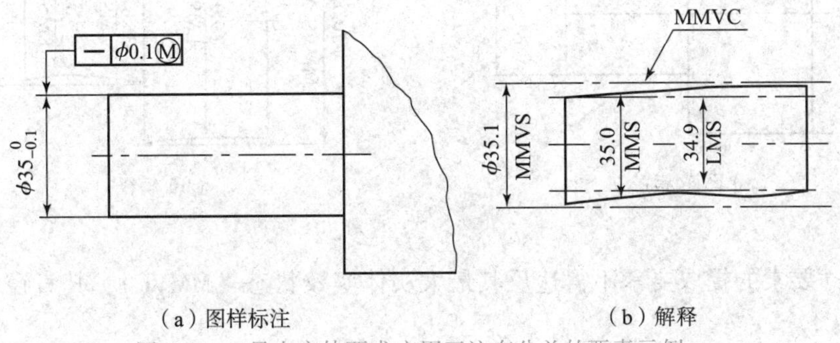

（a）图样标注 （b）解释

图 4 - 30 最大实体要求应用于注有公差的要素示例一

例 4 - 2，如图 4 - 31 所示为一个内圆柱要素具有尺寸要求和对其轴线具有方向（垂直度）要求的 MMR 示例。该图的解释为：

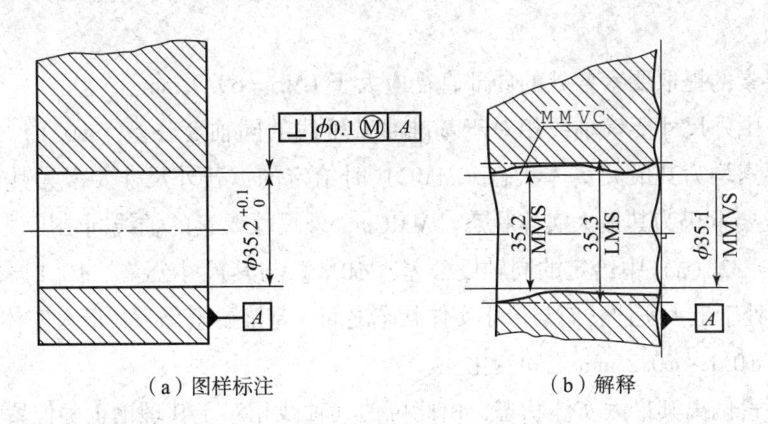

（a）图样标注 （b）解释

图 4 - 31 最大实体要求应用示例二

①孔的提取要素不得违反其最大实体实效状态，其直径为 MMVS = 35. 1 mm。

②孔的提取要素各处的局部直径应小于 LMS = 35. 3 mm 且应大于 MMS = 35. 2 mm。

③MMVC 的方向与基准相垂直，但其位置无约束。

图 4 - 31（a）中轴线的垂直度公差（ϕ0. 1）是该孔为其最大实体状态的（MMC）时给定的；若该孔为其最小实体状态（LMC）时，其轴线垂直度误差允许达到的最大值可为图 4 - 31 中给定的轴线直线度公差（ϕ0. 1 mm）与该孔的尺寸公差（0. 1 mm）之和 ϕ0. 2 mm；若该孔处于最大实体状态（MMC）与最小实体状态（LMC）之间，其轴线垂直度公差在 ϕ0. 1 ~

ϕ0.2 mm 之间变化。

例 4－3，如图 4－32 所示为一个外尺寸要素具有尺寸要求、对其轴线具有位置（同轴度）要求的 MMR 和作为基准的外尺寸要素具有尺寸要求同时也用 MMR 的示例。该图的解释为：

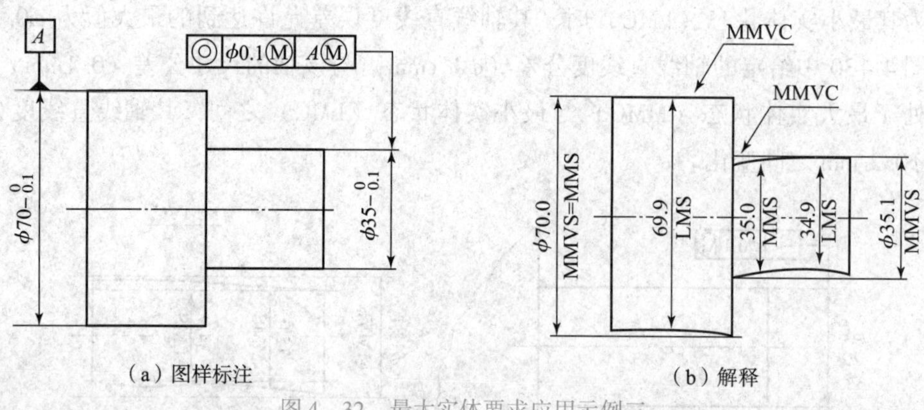

图 4－32　最大实体要求应用示例三

①外尺寸要素的提取要素不得违反其最大实体实效状态（MMVC），其直径为 MMVS = 35.1 mm。

②外尺寸要素的提取要素各处的局部直径应大于 LMS = 34.9 且应小于 MMS = 35.0 mm。

③被测要素 MMVC 的位置与基准要素的 MMVC 同轴。

④基准要素的提取要素不得违反其最大实体实效状态 MMVC，其直径为 MMVC = MMS = 70.0 mm。

⑤基准要素的提取要素各处的局部直径应大于 LMS = 69.9 mm。

图 4－32 中外尺寸要素轴线相对于基准要素轴线的同轴度公差（ϕ0.1）是该外尺寸要素及其基准要素均为其最大实体状态（MMC）时给定的；若外尺寸要素为其最小实体状态（LMC），基准要素仍为其最大实体状态（MMC），外尺寸要素的轴线同轴度误差允许达到最大值可为图 4－32（a）中给定的同轴度公差（ϕ0.1）与其尺寸公差（ϕ0.1）之和（ϕ0.2）；若外尺寸要素处于最大实体状态与最小实体状态之间，基准要素仍为其最大实体状态，其轴线同轴度公差在 ϕ0.1 ~ ϕ0.2 mm 之间变化。

若基准要素偏离其最大实体状态，由此可使其轴线相对于其理论正确位置有一些浮动偏离倾斜或弯曲，若基准要素为其最小实体状态时，其轴线相对于其理论正确位置的最大浮动量可以达到的最大值为 ϕ0.1（70.0 − 69.9）mm，在此情况下，若外尺寸要素也为其最小实体状态（LMC），其轴线与基准要素的同轴度误差可能会超过 ϕ0.3（图 4－32 中给定的同轴度公差、外尺寸要素的尺寸公差与基准要素的尺寸公差三者之和），同轴度误差的最大值可以根据零件具体的结构尺寸近似估算。

第八节 几何公差的选用

几何（形状、方向、位置）公差的选用包括特征项目、公差原则、基准要素和公差数值四个方面。对于用一般加工工艺能达到的几何公差要求的要素应采用未注公差。

一、几何公差特征项目的选用

选择几何公差项目时，在保证零件使用功能的前提下，应尽量减少几何公差项目的数量，并尽量简化控制形位误差的方法。

1. 考虑几何特征和功能要求

从零件在加工过程中产生几何误差的可能性出发，几何特征不同，几何误差则不同。如对圆柱形零件可选择圆度、圆柱度、轴线的直线度、素线的直线度等；平面零件可选择平面度、直线度等。还应考虑零件的功能要求，例如，机床导轨的直线度误差影响机床移动部件的运动精度，应对机床导轨规定直线度公差；减速箱各轴承孔轴线间的平行度误差会影响齿轮的啮合精度和齿侧间隙的均匀性，可对箱体轴承孔的轴线规定平行度公差。

2. 减少检测项目

在十四个形位公差项目中，圆度、直线度、平面度等是属于单项控制的公差项目，圆柱度、位置度等是属于综合控制的公差项目。选择几何公差项目时，应该尽量选择综合控制的公差项目，以减少图样标注和减少相应的检测项目。

3. 避免重复标注

如果需要在同一要素上标注几个几何公差项目，则应认真分析，避免重复标注。例如，若标注了综合性项目，则不再标注相关单项项目；若标注了圆柱度公差，则不再标注圆度公差；若标注了位置度公差，则不再标注垂直度公差等。

4. 考虑检测的方便性和经济性。

应根据现场的检测条件来考虑几何公差项目的选择。如用径向圆跳动或径向全跳动可代替同轴度，用端面圆跳动或端面全跳动可代替端面对轴线的垂直度，用圆度和素线直线度及平行度可代替圆柱度，用全跳动代替圆柱度等。但应注意，在标注跳动公差项目时，给定的跳动公差值应适当加大，以免要求过严。

5. 参考专业标准

确定几何公差项目要参照有关专业标准的规定。例如，与滚动轴承相配合的孔与轴应当标哪些几何公差项目，在轴承有关标准中已有规定；其他如单键、花键、齿轮等专业标准，对它们的几何公差项目也都有相应要求和规定。

二、公差原则的选用

选择公差原则时，应根据被测要素的功能要求，充分考虑公差项目的职能和采取该种公

差原则的经济可行性，

1. 独立原则应用场合

（1）对尺寸公差无严格要求，对几何公差有较高要求的场合。如印刷机滚筒的圆柱度误差对印刷质量有重要的影响，而滚筒直径尺寸误差要求不高，这时可采用独立原则对圆柱度误差加以限定，对直径采用一般公差，以达到最佳经济效益。

（2）尺寸公差和几何公差需要分别满足不同功能不同的场合

如齿轮箱上孔的尺寸公差应满足与轴承的配合要求，而和其他孔的位置公差应满足齿轮的啮合要求。这时应遵守独立原则。

（3）零件上的未注公差均遵守独立原则。

2. 包容要求的应用场合

常常用于要求严格保证配合性质的场合。当采用包容要求时，由于遵守最大实体边界，可以保证最小的间隙或最大过盈。例如 ϕ50H7 Ⓔ的孔与 ϕ50h6 Ⓔ的轴配合，可保证最小间隙为零。

3. 最大实体原则应用场合

（1）主要用于保证可装配性的场合。采用最大实体要求，遵守最大实体实效边界，一定条件下扩大了形位公差，提高了零件合格率。例如用于螺栓通孔的位置度公差。

（2）用于零件尺寸精度和几何公差要求较低、配合性质要求不严的情况。最大实体要求允许的最大几何误差等于图上给定的几何公差与尺寸公差之和，因此尺寸精度不高。

三、基准要素的选用

在确定选择几何公差项目时，如果涉及基准，基准的选择可以从以下几个方面来考虑：

（1）从设计方面，考虑选用零件在机器中定位的结合面作为基准。例如，箱体的底平面和侧面、盘类零件的轴线、回转零件的支承轴径或支承孔等。

（2）从加工方面，选用零件加工时在工装夹具中的定位基准或加工比较精确的表面作为基准，以减少制造误差。

（3）从测量方面，应考虑到方便测量或零件在计量器具中定位的基准为基准。

（4）尽量使设计、加工和检验的基准相统一。

四、公差数值的选用

几何公差国家标准将几何公差值分为注出公差和未注公差两类。

1. 几何公差的注出公差数值

国标 GB/T1184－1996 中，几何公差的等级中，12 级精度最低，几何公差值最大。确定几何公差值的总原则是：在满足零件功能要求的前提下，选取最经济的公差值。具体见表 4－8～表 4－12。

表 4-8 直线度、平面度公差 （摘自 GB/T1184-1996）

主参数 L 图例

主参数 L/mm	公差等级											
	1	2	3	4	5	6	7	8	9	10	11	12
	公差值/μm											
≤10	0.2	0.4	0.8	1.2	2	3	5	8	12	20	30	60
>10~16	0.25	0.5	1	1.5	2.5	4	6	10	15	25	40	80
>16~25	0.3	0.6	1.2	2	3	5	8	12	20	30	50	100
>25~40	0.4	0.8	1.5	2.5	4	6	10	15	25	40	60	120
>40~63	0.5	1	2	3	5	8	12	20	30	50	80	150
>63~100	0.6	1.2	2.5	4	6	10	15	25	40	60	100	200
>100~160	0.8	1.5	3	5	8	12	20	30	50	80	120	250
>160~250	1	2	4	6	10	15	25	40	60	100	150	300
>250~400	1.2	2.5	5	8	12	20	30	50	80	120	200	400
>400~630	1.5	3	6	10	15	25	40	60	100	150	250	500
>630~1000	2	4	8	12	20	30	50	80	120	200	300	600
>1 000~1 600	2.5	5	10	15	25	40	60	100	150	250	400	800
>1 600~2 500	3	6	12	20	30	50	80	120	200	300	500	1 000
>2 500~4 000	4	8	15	25	40	60	100	150	250	400	500	1 200
>4 000~6 300	5	10	20	30	50	80	120	200	300	500	800	1 500
>6 300~10 000	6	12	25	40	60	100	150	250	400	600	1 000	2 000

表 4-9 圆度、圆柱度公差值 （摘自 GB/T1184-1996）

主参数 d（D）图例

主参数 $d(D)$/mm	公差等级												
	0	1	2	3	4	5	6	7	8	9	10	11	12
	公差值 μm												
≤3	0.1	0.2	0.3	0.5	0.8	1.2	2	3	4	6	10	14	25
>3~6	0.1	0.2	0.4	0.3	1	1.5	2.5	4	5	8	12	18	30

续表

主参数 d（D）/mm	公差等级												
	0	1	2	3	4	5	6	7	8	9	10	11	12
	公差值 μm												
>6~10	0.12	0.25	0.4	0.6	1	1.5	2.5	4	6	9	15	22	36
>10~18	0.15	0.25	0.5	0.8	1.2	2	3	5	8	11	18	27	43
>18~30	0.2	0.3	0.6	1	1.5	2.5	4	6	9	13	21	33	52
>30~50	0.25	0.4	0.6	1	1.5	2.5	4	7	11	16	25	39	62
>50~80	0.3	0.5	0.8	1.2	2	3	5	8	15	19	30	46	74
>80~120	0.4	0.6	1	1.5	2.5	4	6	10	15	22	35	54	87
>120~180	0.6	1	1.2	2	3.5	5	8	12	18	25	40	63	100
>180~250	0.8	1.2	2	3	4.5	7	10	14	20	29	46	72	115
>250~315	1.0	1.6	2.5	4	6	8	12	16	23	22	52	81	130
>315~400	1.2	2	3	5	7	9	12	18	25	36	57	89	140
>400~500	1.5	2.5	4	6	8	10	15	20	27	40	63	97	155

表 4-10　平行度、垂直度、倾斜度公差值（摘自 GB/T1184-1996）

主参数 L，d（D）图例

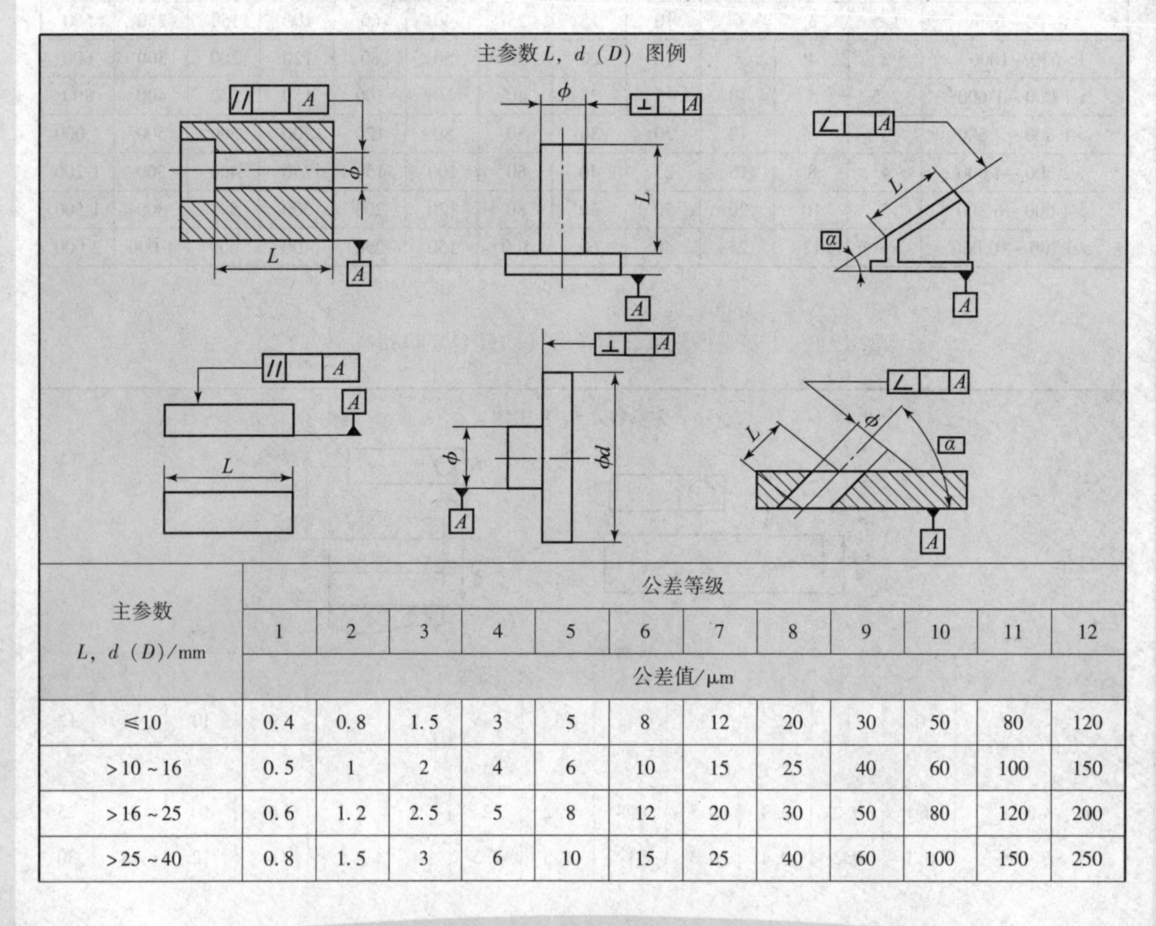

主参数 L，d（D）/mm	公差等级											
	1	2	3	4	5	6	7	8	9	10	11	12
	公差值/μm											
≤10	0.4	0.8	1.5	3	5	8	12	20	30	50	80	120
>10~16	0.5	1	2	4	6	10	15	25	40	60	100	150
>16~25	0.6	1.2	2.5	5	8	12	20	30	50	80	120	200
>25~40	0.8	1.5	3	6	10	15	25	40	60	100	150	250

续表

主参数 L，d（D）/mm	公差等级											
	1	2	3	4	5	6	7	8	9	10	11	12
	公差值/μm											
>40~63	1	2	4	8	12	20	30	50	80	120	200	300
>63~100	1.2	2.5	5	10	15	25	40	60	100	150	250	400
>100~160	1.5	3	6	12	20	30	50	80	120	200	300	500
>160~250	2	4	8	15	25	40	60	100	150	250	400	600
>250~400	2.5	5	10	20	30	50	80	120	200	300	500	800
>500~630	3	6	12	25	40	60	100	150	250	400	600	1 000
>630~1 000	4	8	15	30	50	80	120	200	300	500	800	1 200
>1 000~1 600	5	10	20	40	60	100	150	250	400	600	1 000	1 500
>1 600~2 500	6	12	25	50	80	120	200	300	500	800	1 200	2 000
>2 500~4 000	8	15	30	60	100	150	250	400	600	1 000	1 500	2 500
>4 000~6 300	10	20	40	80	120	200	300	500	800	1 200	2 000	3 000
>6 300~10 000	12	25	50	100	150	250	400	600	1 000	1 500	2 500	4 000

表 4－11 同轴度、对称度、圆跳动和全跳动公差值（摘自 GB/T1184－1996）

主参数 d（D），B，L 图例

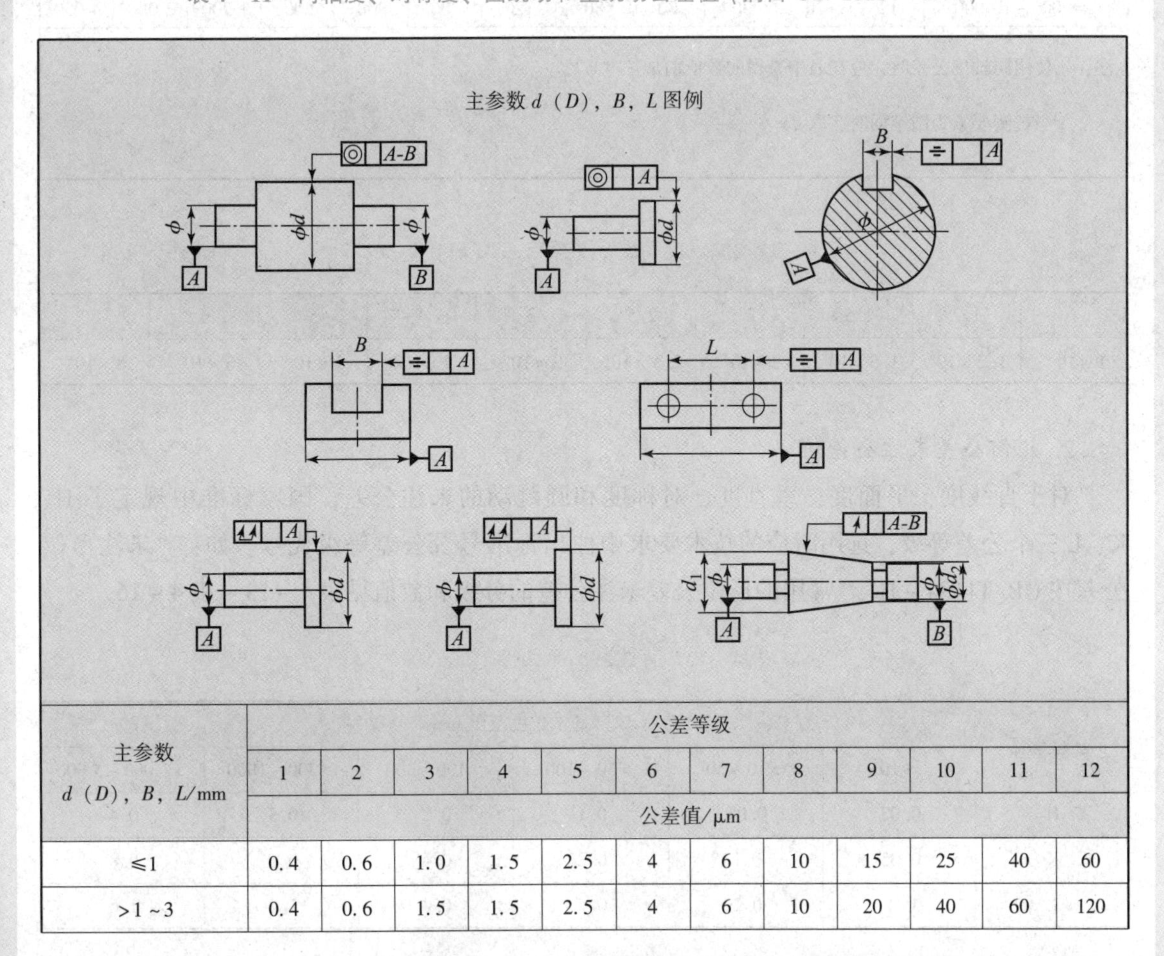

主参数 d（D），B，L/mm	公差等级											
	1	2	3	4	5	6	7	8	9	10	11	12
	公差值/μm											
≤1	0.4	0.6	1.0	1.5	2.5	4	6	10	15	25	40	60
>1~3	0.4	0.6	1.5	1.5	2.5	4	6	10	20	40	60	120

续表

主参数 d（D），B，L/mm	公差等级											
	1	2	3	4	5	6	7	8	9	10	11	12
	公差值/μm											
>3~6	0.5	0.8	1.2	2	3	5	8	12	25	50	80	150
>6~10	0.6	1	1.5	2.5	4	6	10	15	30	60	100	200
>10~18	0.8	1.2	2	3	5	8	12	20	40	80	120	250
>18~30	1	1.5	2.5	4	6	10	15	25	50	100	150	300
>30~50	1.2	2	3	5	8	12	20	30	60	120	200	400
>50~120	1.5	2.5	4	6	10	15	25	40	80	150	250	500
>120~250	2	3	5	8	12	20	30	50	100	200	300	600
>250~500	2.5	4	6	10	15	25	40	60	120	250	400	800
>500~800	3	5	8	12	20	30	50	80	150	300	500	1 000
>800~1 250	4	6	10	15	25	40	60	100	200	400	600	1 200
>1 250~2 000	5	8	12	20	30	50	80	120	250	500	800	1 500
>2 000~3 150	6	10	15	25	40	60	100	150	300	600	1 000	2 000
>3 150~5 000	8	12	20	30	50	80	120	200	400	800	1 200	2 500
>5 000~8 000	10	15	25	40	60	100	150	250	500	1 000	1 500	3 000
>8 000~10 000	12	20	30	50	80	120	200	300	600	1 200	2 000	4 000

注：①使用同轴度公差时，应在表中查得的数值前加注“ϕ”。

②当被测要素为圆锥面时，取 $d=\frac{d_1+d_2}{2}$。

表 4-12　位置度系数　（摘自 GB/T1184-1996）　（单位：μm）

1	1.2	1.5	2	2.5	3	4	5	6	8
1×10^n	1.2×10^n	1.5×10^n	2×10^n	2.5×10^n	3×10^n	4×10^n	5×10^n	6×10^n	8×10^n

2. 几何公差未注公差值

对于直线度、平面度、垂直度、对称度和圆跳动的未注公差，国家标准中规定了 H、K、L 三个公差等级，选用时应的技术要求中注出标准号及公差等级代号。如：“未注形位公差按 GB/T1184-H”。常用的形位公差未注公差的分级和数值见表 4-13~表 4-16。

表 4-13　直线度、平面度未注公差

公差等级	基本长度范围/mm					
	≤10	>10~30	>30~100	>100~300	>300~1000	>1 000~3 000
H	0.02	0.05	0.1	0.2	0.3	0.4
K	0.05	0.1	0.2	0.4	0.6	0.8
L	0.1	0.2	0.4	0.8	1.2	1.6

表 4-14 垂直度未注公差

<table>
<tr><th rowspan="2">公差等级</th><th colspan="4">基本长度范围/mm</th></tr>
<tr><th>≤100</th><th>>100~300</th><th>>300~1 000</th><th>>1 000~3 000</th></tr>
<tr><td>H</td><td>0.2</td><td>0.3</td><td>0.4</td><td>0.5</td></tr>
<tr><td>K</td><td>0.4</td><td>0.6</td><td>0.8</td><td>1</td></tr>
<tr><td>L</td><td>0.6</td><td>1</td><td>1.5</td><td>2</td></tr>
</table>

表 4-15 对称度未注公差

<table>
<tr><th rowspan="2">公差等级</th><th colspan="4">基本长度范围/mm</th></tr>
<tr><th>≤100</th><th>>100~300</th><th>>300~1 000</th><th>>1 000~3 000</th></tr>
<tr><td>H</td><td colspan="4">0.5</td></tr>
<tr><td>K</td><td colspan="2">0.6</td><td>0.8</td><td>1</td></tr>
<tr><td>L</td><td>0.6</td><td>1</td><td>1.5</td><td>2</td></tr>
</table>

表 4-16 圆跳动未注公差

公差等级	圆跳动公差值/mm
H	0.1
K	0.2
L	0.5

3. 几何公差值的选用方法

在确定被测要素的形位公差等级和公差数值时，还应考虑以下几个问题：

（1）考虑零件的结构特点和加工难易程度。对于如细长轴或宽度较大的平面，由于加工困难容易产生较大的几何误差，在满足零件功能要求的前提下可适当降低 1~2 级的公差等级。

（2）考虑形状公差与表面粗糙度的关系。一般情况下，表面粗糙度 Ra 数值约为形状公差的 0.2-0.3 倍，对于高精度及小尺寸零件，Ra 数值约为形状公差的 0.5~0.7 倍。

（3）考虑形状公差，方向、位置、跳动公差和尺寸公差的关系。一般情况下，粗糙度数值、形状公差、定向公差值、定位公差值及尺寸公差应依次增大。

（4）凡是在各种专业标准中已对几何公差作出相关规定的，如与滚动轴承相配的轴和壳体孔的圆柱度公差、机床导轨的直线度公差、齿轮箱体孔的轴心线平行度公差等，都应按照有关专业标准的相应规定执行。

（5）对于位置度，国家标准只规定了公差值数系，未规定公差等级，公差值系数见表 4-12。例如用螺栓或螺钉连接两个或两个以上零件孔组的各孔位置度公差 t，可根据螺栓或螺钉与孔间的最小间隙 X_{min} 确定。

用螺栓连接时，被连接零件上的孔均为通孔，位置度公差

$$t = X_{\min} \tag{4-1}$$

如用螺钉连接时，被连接零件中有一个零件上的孔是螺纹，而其余零件上的孔都是通孔，位置度公差

$$t = 0.5X_{\min} \tag{4-2}$$

按以上公式计算所得几何的数值，圆整后可参考表 4-12 确定所需的位置度公差值。表 4-17 ~ 表 4-18 确定几何公差值也可作为参考。

表 4-17　几种主要加工方法所能达到的直线度、平面度公差等级

加工方法		公差等级											
		1	2	3	4	5	6	7	8	9	10	11	12
车	粗												
	细												
	精												
铣	粗												
	细												
	精												
刨	粗												
	细												
	精												
磨	粗												
	细												
	精												
研磨	粗												
	细												
	精												
刮研	粗												
	细												
	精												

表 4-18　几种主要加工方法所能达到的同轴度公差等级

加工方法		公差等级										
		1	2	3	4	5	6	7	8	9	10	11
车、镗	加工孔											
	加工轴											
铰												
磨	孔											
	轴											
珩磨												
研磨												

第九节 几何误差的检测

一、几何误差的检测原则

几何误差项目很多，为了能正确地测量几何误差，便于选择合理的检测方案，国家标准规定了几何误差的五种检测原则。这些检测原则是各种检测方法的概括，可以按照这些原则，根据被测对象的特点和有关条件，选择最合理的检测方案，也可以根据这些检测原则，采用其他的检测方法和测量装置。

1. 与理想要素比较原则

将被测实际要素与理想要素相比较，在比较过程中获得数据，由这些数据来评定几何误差。大多数几何误差的检测都应用这个原则。理想要素用模拟法获得，模拟理想要素的形状，必须有足够的精度。

可用实物体现理想要素，如刀口尺的刃口、平尺的工作面、拉紧的钢丝可作为理想直线，平台和平台的工作面可作为理想平面，样板可作为某特定理想曲线等。理想要素还可用一束光、水平面或运动轨迹来体现。

如图 4－33 为用刀口尺测量直线度误差，刃口可作为理想直线，被测要素与之相比较，根据光隙的大小判断直线度误差。

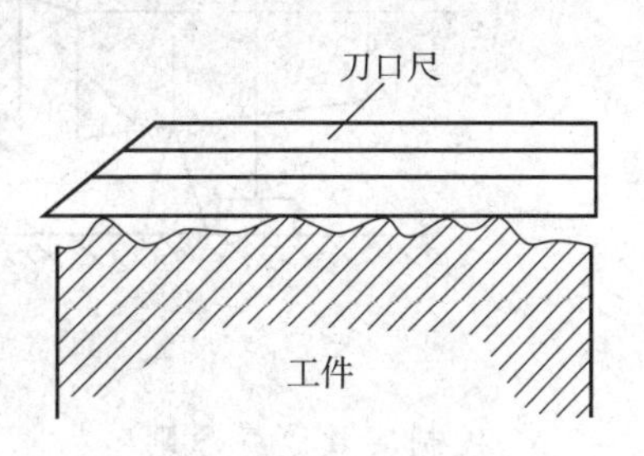

图 4－33　与理想要素比较原则示例

2. 测量坐标值原则

测量被测实际要素的坐标值（如直角坐标值、极坐标值、圆柱面坐标值），并经数据处理获得形位误差值。在轮廓度和位置度误差测量中应用广泛。

如图 4－34 所示，用该原则测量位置度误差。以零件的下侧面、左侧面作为基准，测出各孔实际位置的坐标值（x_1，y_1）（x_2，y_2）（x_3，y_3）（x_4，y_4），将实际坐标值减去确定孔理想位置的理论正确尺寸，得

$$\Delta x_i = x_i - \boxed{x_i}\text{；}\ \Delta y_i = y_i - \boxed{y_i}\quad (i=1,\ 2,\ 3,\ 4)$$

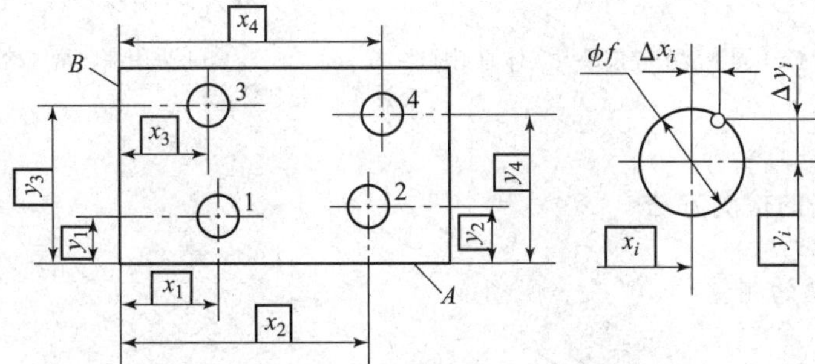

图 4－34　测量坐标值原则示例

各孔的位置度公差为： $\phi f_i = 2\sqrt{(\Delta x_i)^2 + (\Delta y_i)^2}$

3. 测量特征参数原则

测量被测要素上具有代表性的参数（即特征参数）来表示几何误差值。按特征参数的变动量所确定的几何误差值是近似值。在实际生产中易于实现，应用普遍。

如用两点法测量圆度误差，在一个横截面的几个方向上测量直径，取最大值和最小值之差的1/2作为该截面的圆度误差。如图4－35所示。

4. 测量跳动原则

在被测实际要素绕基准轴线回转的过程中，沿给定方向或线测量所得的变动量。变动量是指示器最大与最小读数之差。

如图4－36所示，采用测量跳动原则进行跳动测量。

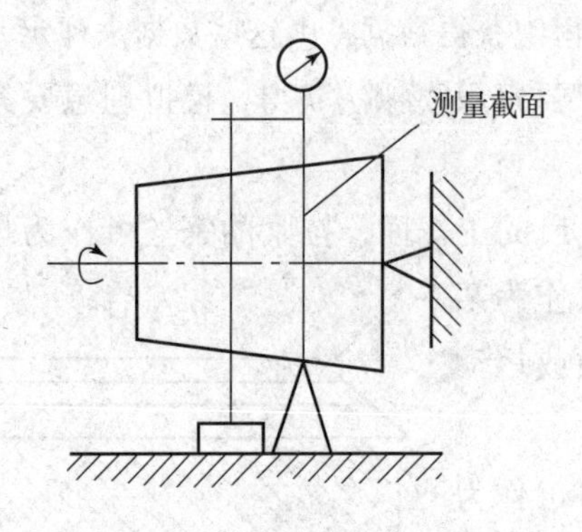

图4－35 测量特征参数原则示例

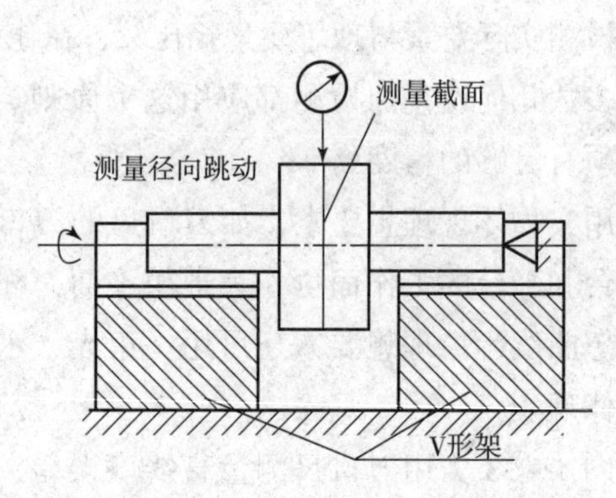

图4－36 测量跳动原则示例

5. 控制实效边界原则

检验被测要素是否超过实效边界，以判断被测要素合格与否。作此判断的有效方法是使用光滑极限量规。如图4－37所示，用综合量规检验同轴度误差。同轴度公差按最大实体原则标注，若零件被综合量规通过，则合格。

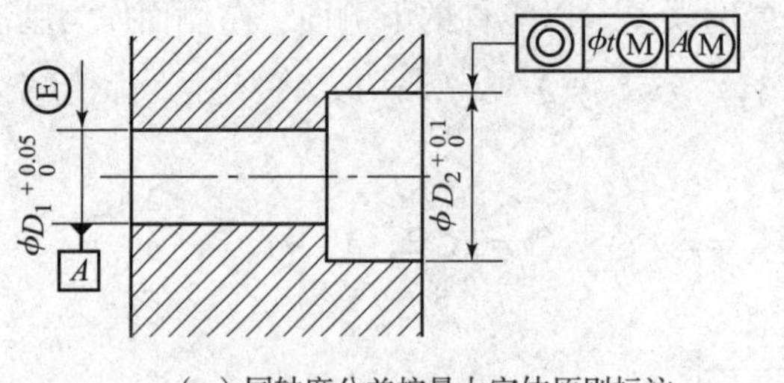

（a）同轴度公差按最大实体原则标注

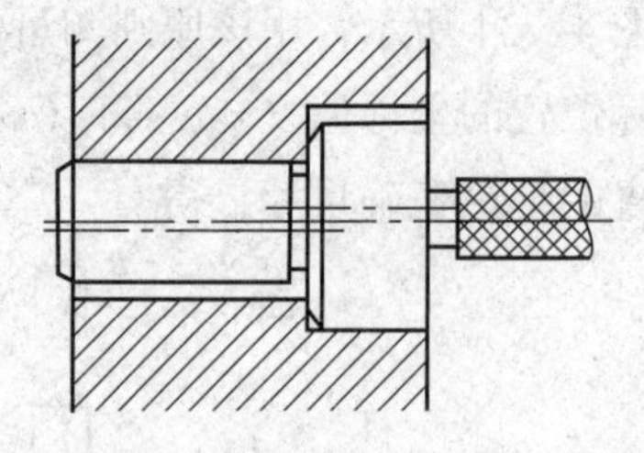

（b）采用综合量规检验

图4－37 控制实效边界原则示例

二、几何误差的检测方法

1. 直线度误差的测量

（1）光隙法

光隙法适用于磨削或研磨的较短表面的直线度误差的测量。理想要素用刀口尺、平尺、平板等实物来体现。如图 4－38（a）所示，测量时把刀口作为理想要素，将其与被测表面贴切，使两者之间的最大间隙为最小，此最大间隙，就是被测要素的直线度误差。当光隙较小时，可按标准光隙估读间隙大小；当光隙较大（大于 30 μm）时，则可借助厚薄规（塞规）进行测量。

标准光隙的获得如图 4－38（b）所示，标准光隙可由量块、刀口尺和平面平晶（或精密平板）组合而成；标准光隙的大小，可借助于光线通过狭缝时所呈现的不同的颜色来鉴别。标准光隙的颜色与光隙大小的对应关系，可参见表 4－19。

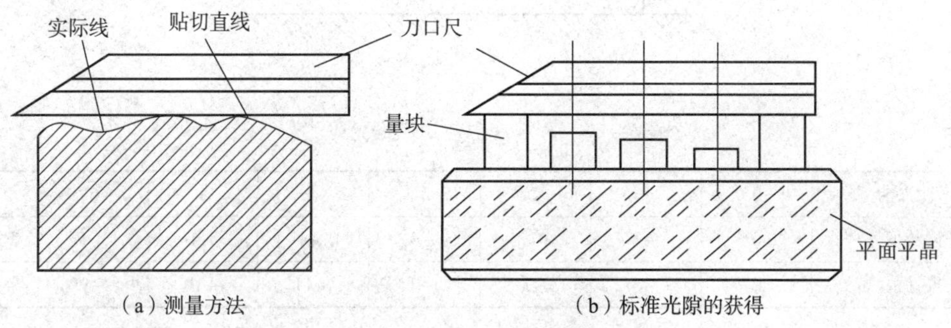

图 4－38 用光隙法测量直线度误差

表 4－19 标准光隙的颜色与光隙大小的对应关系

颜色	光隙/μm
不透光	<0.5
蓝色	≈0.8
红色	≈1.5
白色	>2.5

（2）指示表法

指示表法用于测量圆柱体素线或轴线的直线度误差。如图 4－39 所示，将被测零件用两两顶尖顶住，在被测零件的上、下素线处分别放置两个指示表，在通过被测零件轴线的铅垂面内同步移动指示表，沿圆柱体的素线按图 4－39 所示进行测量；记录两指示表在各测点处的对应读数 M_1、M_2，转动被测零件进行多次测量，取各截面上的 $|M_1 - M_2|/2$ 中的最大值作为该截面轴线的直线度误差，取其中最大的误差值作为被测零件轴线的直线度误差。

（3）节距法

节距法适用于较长零件表面的测量。测量时，将被测长度按一定的跨距分成首尾相接的小段，用仪器测出每段后点对前点的相对读数，最后通过数据处理方法求出直线度误差。节距法常用的测量仪器为水平仪、自准直仪等。如用合水平仪测量导轨的直线度误差，各点读数见表 4－20，计算出各点相对于零点的差值，即各点的累积值。作出误差曲线，按最小包容区域法求得直线度误差，如图 4－40 所示。

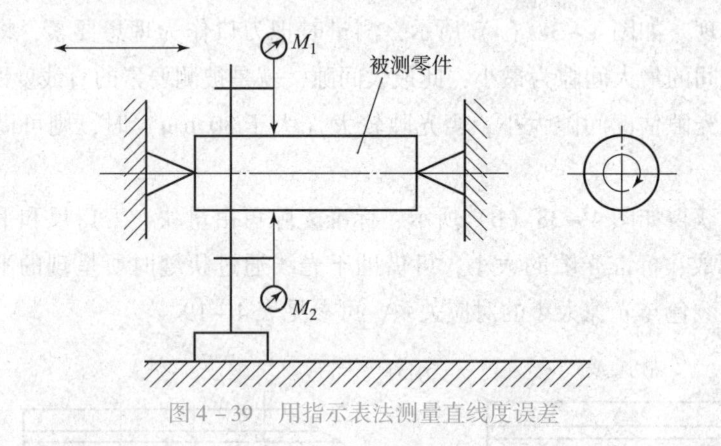

图 4－39　用指示表法测量直线度误差

表 4－20　直线度误差的数据处理举例

节距序号	0	1	2	3	4	5	6	7
读数值	0	－3	0	－4	－4	＋1	＋1	－5
累计值	0	－3	－3	－7	－11	－10	－9	－14

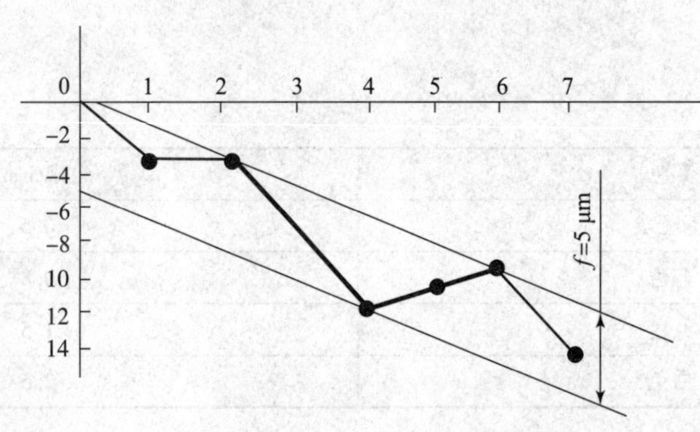

图 4－40　直线度误差曲线

2. 平面度误差的测量

平面度误差的测量方法常用的有干涉法和指示表法。如图 4－41（a）是用指示表测量，将被测零件支承在平板上，将被测平面上两对角线的角点调成等高，或将最远的三点调成与测量平板等高，按一定布点规律测量被测表面，指示表上最大读数与最小读数之差即为该平面的平面度误差近似值。

图 4－41（b）是用干涉法测量，将平面平晶紧贴在被测平面上，根据所产生的干涉条纹数，经过计算可得到平面度误差值。此方法适用于小平面的高精度测量。

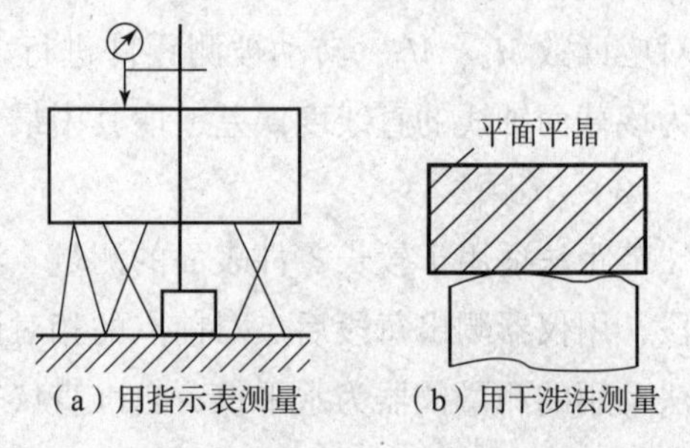

（a）用指示表测量　（b）用干涉法测量

图 4－41　常见的平面度误差测量方法

3. 圆度误差的测量

圆度误差可在专用仪器如圆度仪、坐标测量机上测量。也可在普通的常用仪器上进行测量。

（1）圆度仪测量法

如图 4－42 所示，圆度仪上的回转轴 1 带着传感器 2 转动，使传感器上的测头 3 沿零件 4 的被测表面回转一圈，测头的径向位移由传感器转变为电信号，经放大器 6 放大，通过记录器 7 在转盘 5 的坐标纸上描绘出被测表面的实际轮廓，然后按最小包容区域法求出圆度误差。按上述方法测量若干个截面，取其中最大的误差值作为该零件的圆度误差。

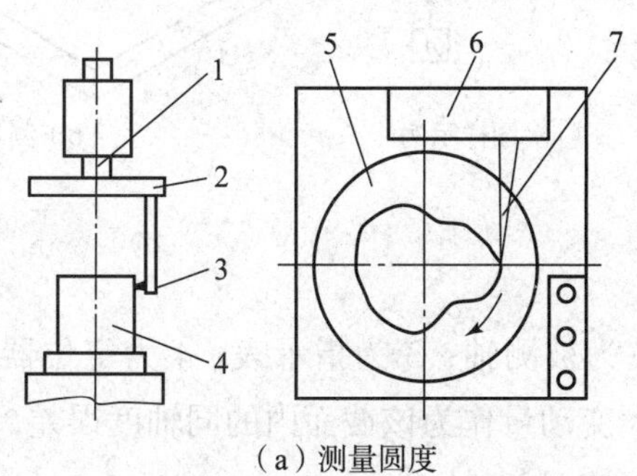

（a）测量圆度

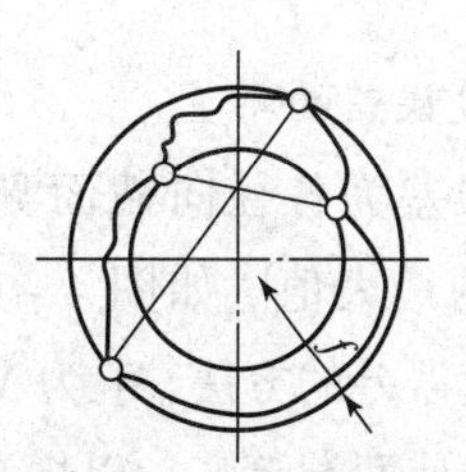
（b）圆度的最小包容区域

图 4－42 圆度仪测量法

1—回转轴；2—传感器；3—测光；4—零件；5—转盘；6—放大器；7—记录器

（2）两点法

两点法测量是用游标卡尺、千分尺或比较仪等通用量具测出同一径向截面中的最大直径变动量，此变动量的一半就是该截面的圆度误差。测量多个径向截面，取其中的最大值作为被测零件的圆度误差。此方法适用于测量偶数棱圆的圆度误差。

（3）三点法

如图 4－43 所示，被测件 1 放在 V 形块 3 上回转一周，指示表 2 的最大与最小读数之差反映了该测量截面的圆度误差。重复测量若干个截面，取其中最大的误差值作为被测零件的圆度误差。此方法适用于奇数棱圆圆度误差的测量。

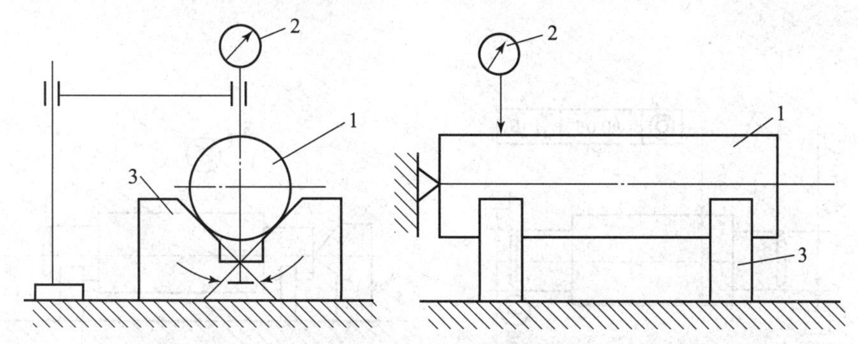

图 4－43 三点法测量圆度误差

1—被测件；2—指示表；3—V 形块

4. 平行度误差的测量

如图 4－44 所示，测量面对面的平行度误差，测量时以平板体现基准，指示表在整个被测表面上的最大与最小读数之差即是平行度误差。

如图 4－45 所示测量线对面的平行度误差，测量时以平板 1 体现基准，以心轴 4 模拟被测件 3 孔的轴心线，在长度 L_1 两端点处用指示表 2 测量。设测得的最大、最小读数之差为 a，则在给定长度 L 内的平行度误差为：

$$f=\frac{L}{L_1}a \qquad (4-3)$$

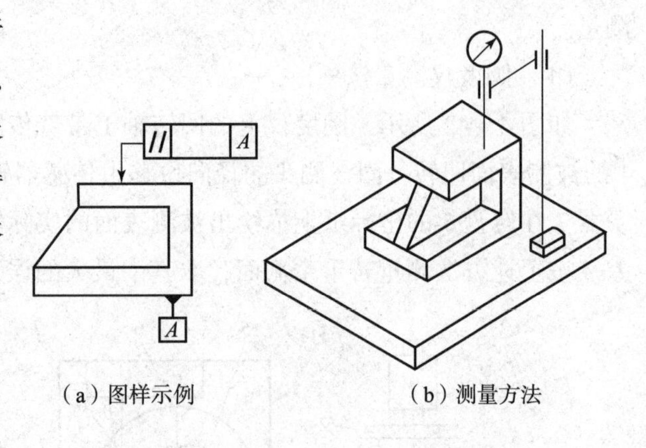

（a）图样示例　　（b）测量方法

图 4－44　面对面的平行度误差测量

5. 同轴度误差的测量

同轴度误差为各径向截面测得的最大读数差中的最大值。如图 4－46 所示为测量同轴度误差的方法，1 为 V 形块；2 为被测轴；3 为指示表；4 为定位器；5 为平板。调整公共轴线使两端等高，以指示表的最大变动量作为该截面内的同轴度误差。测量若干个截面，取各截面中最大值作为该零件的同轴度误差。

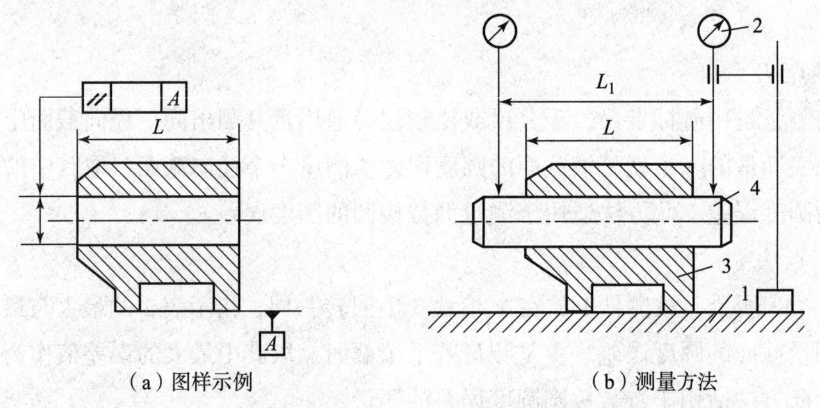

（a）图样示例　　（b）测量方法

图 4－45　线对面的平行度误差测量

1—平板；2—指标表；3—被测件；4—心轴

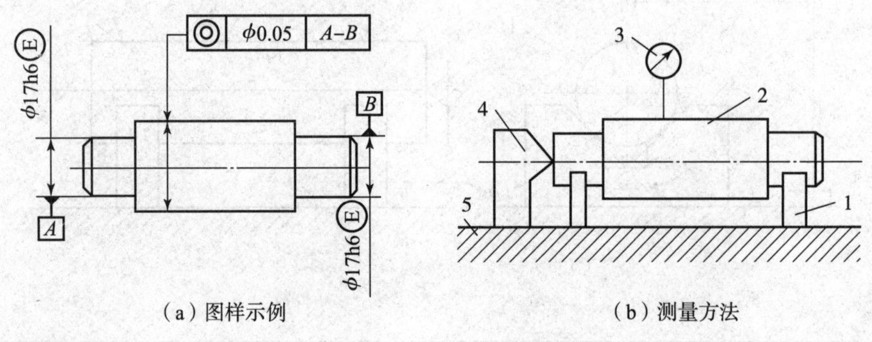

（a）图样示例　　（b）测量方法

图 4－46　轴对轴的同轴度误差测量

1—V 形块；2—被测轴；3—指示表；4—定位器；5—平板

6. 跳动误差的测量

(1) 径向圆跳动误差的测量

如图 4－47 所示，用一对同轴的顶尖模拟体现基准，被测零件装在两顶尖之间，绕基准轴线转动且轴向定位。指示器的测头垂直于基准轴线。在被测零件回转一周过程中，指示器读数的最大差值即为被测量平面上的径向圆跳动误差。按上述方法，在轴向不同位置处测量若干个截面，取各截面上测得的跳动量中的最大值作为该零件的径向圆跳动误差。

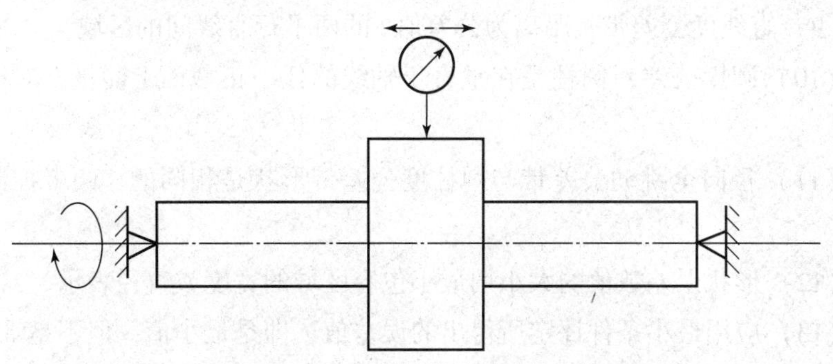

图 4－47　径向圆跳动误差的测量

(2) 端面圆跳动误差的测量

如图 4－48 所示，用 V 形架模拟体现基准，用水平顶尖使工件沿轴向定位。使指示器的测头与被测表面垂直接触。在被测件回转一周过程中，指示器读数的最大差值即为单个测量圆柱面上的端面圆跳动误差。沿铅垂方向移动指示器，按上述方法测量若干个圆柱面，取各测量圆柱面的跳动量中的最大值作为该零件的端面圆跳动误差。

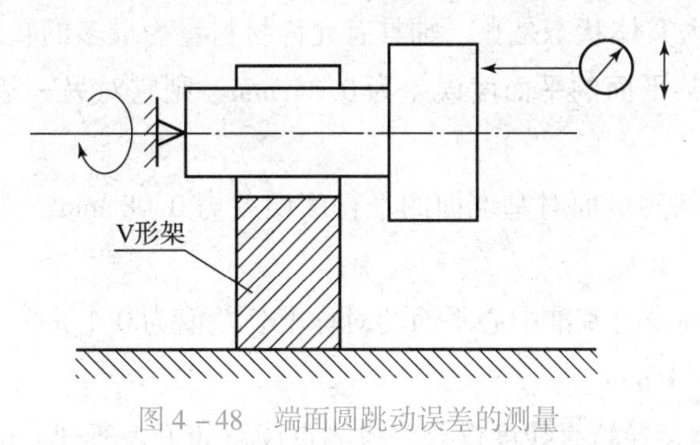

图 4－48　端面圆跳动误差的测量

课后练习四

4－1　判断下列说法是否正确。

(　　) (1) 当零件要素遵守包容要求时，其理想边界是实效边界。

(　　) (2) 零件设计中，零件上同一要素既有形状公差又有方向、位置公差要求时，形状公差值一定要小于位置公差值。

(　　) (3) 同轴度公差带一定是圆柱面内的区域。

(　　)(4) 圆度公差带的两同心圆一定与零件轴线重合。

(　　)(5) 被测要素为各要素的公共轴线时，公差框格指引线的箭头可以直接指在公共轴线上。

(　　)(6) 最大实体状态就是尺寸最大时的状态。

(　　)(7) 形状公差带不涉及基准，其公差带的位置是浮动的，与基准无关。

(　　)(8) 位置误差包含形状误差。

(　　)(9) 直线度公差带是距离为公差值 t 的两平行直线间的区域。

(　　)(10) 圆度公差对圆柱是在垂直于轴线的任一正截面上测量，对于圆锥是在法线方向上测量。

(　　)(11) 径向全跳动公差带与圆柱度公差带形状是相同的，两者控制误差的效果是等效的。

(　　)(12) 形状误差数值的大小用最小包容区域的宽度或直径表示。

(　　)(13) 应用最小条件评定所得出的误差值，即是最小值，但不是唯一的值。

(　　)(14) 最大实体原则是控制作用尺寸不超出实效边界的公差原则。

(　　)(15) 作用尺寸能综合反映被测要素的尺寸误差和几何误差在配合中的作用。

(　　)(16) 实效尺寸与作用尺寸都是尺寸和几何公差的综合反映。

(　　)(17) 同一批零件的作用尺寸和实效尺寸都是一个变量。

(　　)(18) 包容原则是控制作用尺寸不超出最大实体边界的公差原则。

(　　)(19) 按最大实体原则给出的几何公差可与该要素的尺寸变动量相互补偿。

(　　)(20) 最大实体状态是孔、轴具有允许材料量为最多的状态。

(　　)(21) 若某平面的平面度误差为0.04 mm，则它对另一基准平面的平行度误差一定为0.04 mm。

(　　)(22) 若某测量面对基准面的平行度误差为0.08 mm，则其平面度误差必不大于0.08 mm。

(　　)(23) 某轴线对基准中心平面的对称度公差值为0.1 mm，则该轴线对基准中心平面的允许偏离量为0.1 mm。

4-2　用百分表测某导轨直线度误差，各测点读数如下表所列，试用最小包容区域法评定导轨直线度误差。

测点序号	0	1	2	3	4	5	6
读数值（格）	0	-10	-8	0	+4	+10	+6

4-3　将下面技术要求标注在图4-49上。

(1) ϕ30h6 圆柱面采用包容要求。

(2) ϕ50g5 圆柱面轴线对平面 A 的垂直度公差为0.02 mm。

(3) ϕ20H7 孔轴线和 ϕ30h6 圆柱面轴线分别对 ϕ50g5 圆柱面轴线的同轴度公差皆

为0. 01 mm。

（4）4 - ϕ6H11 孔轴线对平面 *A* 和 ϕ50g5 圆柱面轴线的位置度公差为 0. 05mm，被测要素遵守最大实体要求。

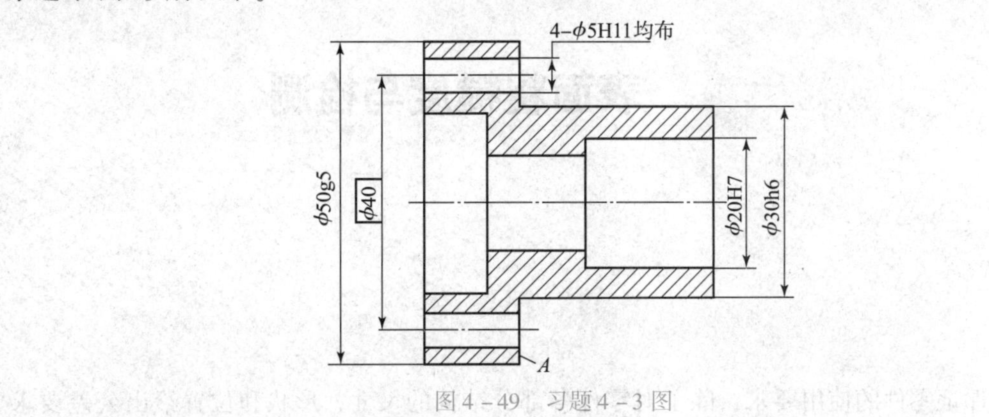

图 4 – 49 习题 4 – 3 图

第五章 表面粗糙度与检测

第一节 概 述

为了保证零件的使用要求，除了对零件各部分结构的尺寸、形状和位置给出公差要求外，还要对零件的表面质量提出合理要求。零件的表面质量又称表面结构，它是表面粗糙度、表面波纹度、表面纹理和表面几何形状的总称。表面粗糙度是评定产品质量的重要指标。

一、表面粗糙度的定义

零件表面在机械加工后，或用其他方法获得时会形成的由较小间距的峰谷组成的微量高低不平，这种微观几何形状特性用术语表述称为表面粗糙度。

表面粗糙度属于微观几何形状误差，而形状误差则是宏观的，表面波度介于两者之间。表面粗糙度、表面波纹度及表面几何形状总是同时生成并存在于同一表面中。通常以波距（相邻两波峰或相邻两波谷之间的距离）与波高之比来划分它们。波距和波高之比一般小于 50 属于表面粗糙度。零件表面中峰谷的波距和波高之比等于 50 ~ 1 000的不平程度属于表面波纹度，表面波度会引起零件运转时的振动、噪声。零件表面中峰谷的波距和波高之比大于 1 000 的不平程度属于形状误差。如图 5 - 1 所示为此三种表面几何形状误差。

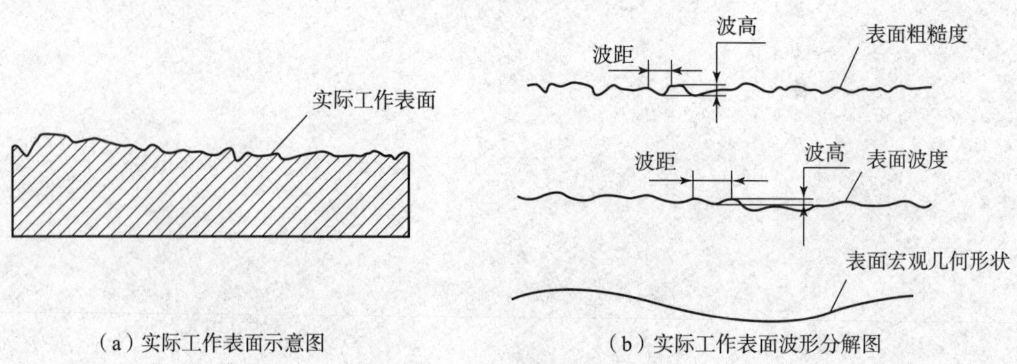

（a）实际工作表面示意图　（b）实际工作表面波形分解图

图 5 - 1　表面几何形状误差

二、表面粗糙度对零件使用性能的影响

1. 对摩擦和磨损的影响

两个零件表面接触并产生相对运动时，峰顶间的有效接触面积很小，导致单位面积压力增大，使零件磨损加剧。

一般来说，表面越粗糙，摩擦阻力也越大，磨损也越快。但零件表面越光滑，磨损量不一定越小。零件表面的耐磨性除受表面粗糙度的影响外，还与磨损下来的金属微粒的刻划，以及润滑油被挤出和分子间的吸附作用等因素有关。所以特别光滑的表面磨损量反而增大。

2. 对配合性质的影响

表面粗糙度影响配合的稳定性。对于间隙配合，表面在相对运动时因粗糙不平而迅速磨损，使间隙增大；对过盈配合，表面轮廓峰顶在装配时易被挤平，实际有效过盈减小，使连接强度降低。

3. 对抗疲劳强度的影响

表面越粗糙，凹痕就越深，对应力集中越敏感，使疲劳强度降低，零件越容易损坏。

4. 对抗腐蚀性的影响

粗糙的表面易使腐蚀性物质存积在凹谷处，并渗入到金属内层，造成表面锈蚀。

此外，表面粗糙度对零件其他性能如零件的密封性、零件的外观、测量精度、表面光学性能、电导热性能和胶合强度等也有着不同程度的影响。

第二节　表面粗糙度的评定

对于零件表面结构的状况，可由三大参数加以评定，轮廓参数（由 GB/T3505 - 2009）、图形参数（由 GB/T18618 - 2009 定义）、支承率曲线参数（由 GB/T18778. 2 - 2003 和 GB/T18778. 3 - 2006 定义）。轮廓参数是我国机械中最常用的评定参数。轮廓参数包括粗糙度轮廓（*R* 轮廓）参数、波纹度轮廓（*W* 轮廓）参数、原始轮廓（*P* 轮廓）参数。

一、基本术语

1. 取样长度 *lr*

测量或评定表面粗糙度时所规定的一段基准长度称为取样长度，用 *lr* 表示。它至少包含5 个以上轮廓峰和谷，如图 5 - 2 所示。

规定取样长度的目的在于限制和减弱其他几何形状误差，特别是表面波度对测量的影响。表面越粗糙，取样长度应越大。

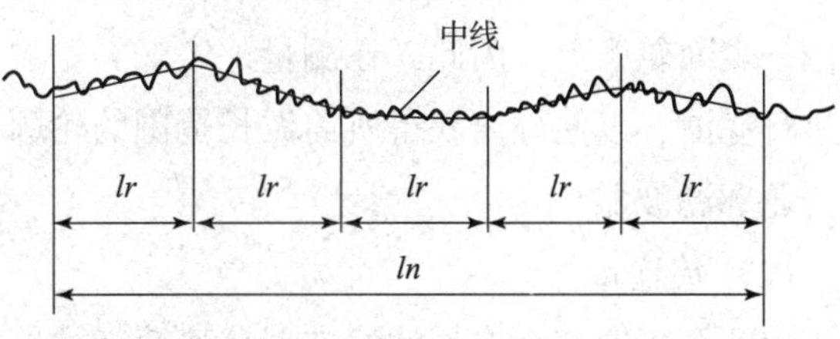

图 5 - 2　取样长度和评定长度

2. 评定长度 ln

由于零件表面粗糙度的不均匀性，

各处有一定差异，为了合理地反映表面粗糙度特征，在测量和评定时所规定的一段最小长度称为评定长度，用 ln 表示。

评定长度可包含一个或几个取样长度，如图 5 - 2 所示。一般情况下，取 $ln = 5lr$。如被测表面均匀性较好，可选用小于 $5lr$ 的评定长度；若均匀性较差，可选用大于 $5lr$ 的评定长度。

3. 轮廓中线

评定表面粗糙度时，需要在实际轮廓上规定一条参考线，作为计算表面粗糙度大小的基准线。划分轮廓微观形状的基准线称为轮廓中线，分为以下两种：

（1）轮廓最小二乘中线

轮廓最小二乘中线是指在取样长度内，使轮廓线上各点轮廓偏距的平方和为最小的线，即 $\int_0^{lr} Z_i^2 dx$ 为最小，如图 5 - 3 所示。

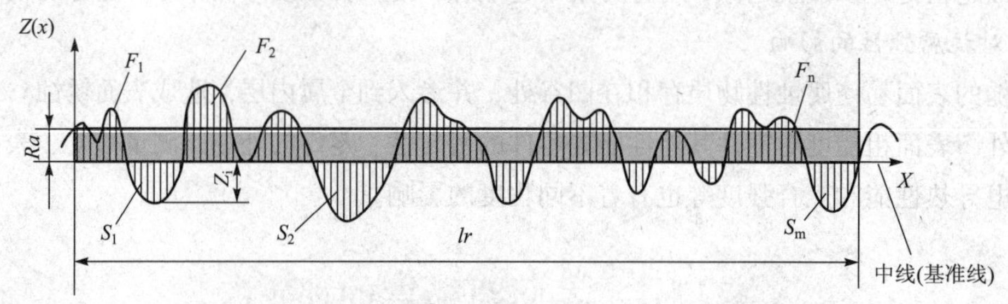

图 5 - 3 轮廓中线

（2）轮廓算术平均中线

轮廓算术平均中线是指在取样长度内，划分实际轮廓为上、下两部分，且使上下两部分面积相等的线，即 $\sum_{i=1}^{n} F_i = \sum_{j=1}^{m} S_j$，如图 5 - 3 所示。

从理论上来讲，最小二乘中线是理想的唯一的基准线，但通常用算术平均中线代替，二者差别很小，实际应用时用目测估计确定算术平均中线。

4. 轮廓滤波器和传输带

（1）轮廓滤波器

零件表面的粗糙度轮廓、波纹度轮廓和形状轮廓各有不同的波长范围，它们又同时叠加在同一表面轮廓上，因此，在测量评定三类轮廓上的参数时，必须先将表面轮廓在特定仪器上进行滤波，以便分离获得所需波长范围的轮廓。这种可将轮廓分成长波和短波成分的仪器称为轮廓滤波器。

（2）传输带

由两个不同截止波长的滤波器分离获得的轮廓波长范围则称为传输带。按滤波器的不同截止波长值，由小到大顺次分为 λs、λc 和 λf 三种，粗糙度轮廓、波纹度轮廓和形状轮廓就是分别应用这些滤波器修正表面轮廓后获得的。应用 λs 滤波器修正后的轮廓称为原始轮廓（P 轮廓），在 P 轮廓上再应用 λc 滤波器修正后形成的轮廓即为粗糙度轮廓（R 轮廓）；对 P 轮廓连续应用 λf 和 λc 滤波器后形成的轮廓则称为波纹度轮廓（W 轮廓）。

5. 极限值判断规则

完工零件的表面按检验规范测得轮廓参数值后，需与图样上给定的极限比较，以判定其是否合格。极限值判断规则有以下两种。

（1）16% 规则

运用本规则时，当被检表面测得的全部参数值中，超过极限值的个数不多于总个数的 16% 时，该表面是合格的。

（2）最大规则

运用本规则时，被检的整个表面上测得的参数值一个也不应超过给定的极限值。

16% 规则是所有表面结构要求标注的默认规则。即当参数代号后未注写“max”字样时，均默认为应用 16% 规则（例如 $Ra1.6$）。反之，则应用最大规则（例如 Ra_{max} 1.6）。

二、评定参数

GB/T3505－2000 从幅度、间距和形状三个方面，规定了相应的评定参数以满足对零件表面不同的功能要求。以下仅介绍粗糙度轮廓的评定参数。

1. 幅度参数

（1）轮廓算术平均偏差 Ra

轮廓算术平均偏差是指在一个取样长度 lr 内，轮廓偏距 $Z(x)$ 绝对值的算术平均值，用 Ra 表示，如图 5－3 所示。用公式表示为

$$Ra = \frac{1}{lr}\int_0^{lr} |Z(x)| \mathrm{d}x \tag{5-1}$$

或近似表示为

$$Ra = \frac{1}{n}\sum_{i=1}^{n} |Z_i| \tag{5-2}$$

Ra 越大则表面越粗糙，但不宜用来评定过于粗糙或过于光滑的表面。

（2）轮廓最大高度 Rz

轮廓最大高度 Rz 是指在一个取样长度 lr 内，轮廓峰顶线和轮廓谷底线之间的距离，如图 5－4 所示，峰高及谷深分别用 Z_p 和 Z_v 表示。

2. 间距参数

轮廓单元的平均宽度 RSm 是指在一个取样长度内轮廓单元宽度 Xs 的平均值。

而一个轮廓峰与相邻的轮廓谷的组合叫轮廓单元，在一个取样长度 lr 范围内，中线与各个轮廓单元相交线段的长度叫轮廓单元宽度，如图 5－5 所示。

轮廓单元的平均宽度 RSm 用公式可表示为

$$RSm = \frac{1}{m}\sum_{i=1}^{m} Xs_i \tag{5-3}$$

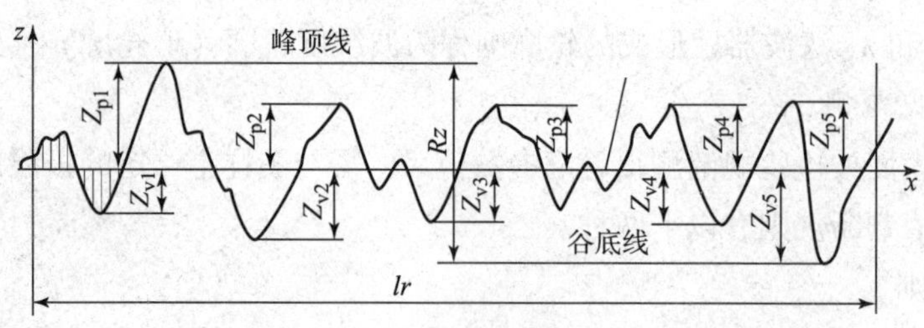

图 5-4 轮廓最大高度

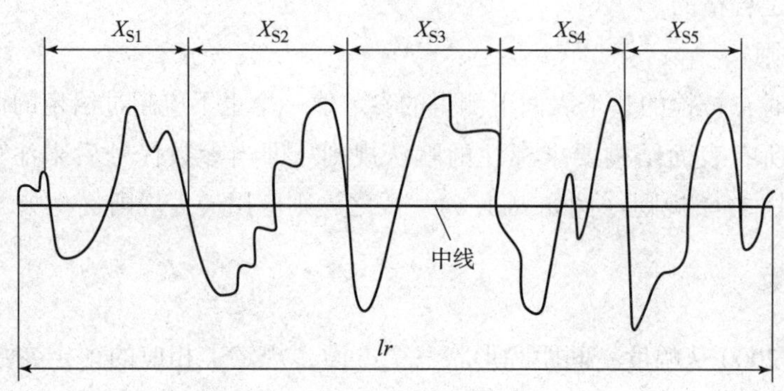

图 5-5 轮廓单元宽度

3. 形状特性参数

轮廓支承长度率 $Rmr(c)$ 是指在给定水平位置 c 上轮廓的实体材料长度 $Ml(c)$ 与评定长度的比率，用公式表示为

$$Rmr(c)=\frac{Ml(c)}{ln} \tag{5-4}$$

而轮廓的实体材料长度 $Ml(c)$ 是指在评定长度内，一平行于 X 轴的直线从峰顶线向下移一水平截距 c 时，与轮廓相截所得的各段截线长度之和，如图 5-6 所示。用公式表示为

$$Ml(c)=\sum_{i=1}^{n}b_i$$

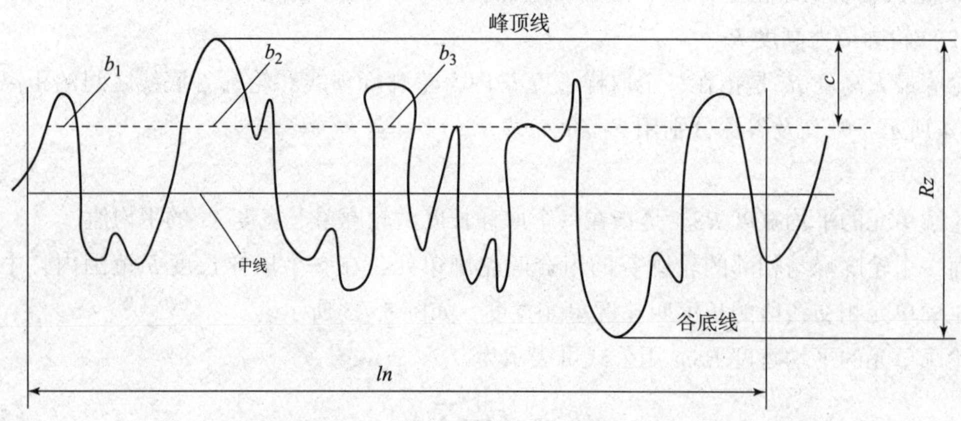

图 5-6 轮廓支承长度率

轮廓的水平截距 c 可用微米或用它占轮廓最大高度 Rz 的百分比表示。$Rmr(c)$ 是表面耐磨性的度量指标。一般情况下，$Rmr(c)$ 值越大，耐磨性越好。

幅度参数 Ra、Rz 是粗糙度评定的基本参数，而间距参数 RSm 和形状特性参数 $Rmr(c)$ 称为附加参数。

国家标准规定了表面粗糙度的 Ra、Rz 参数值系列，见表5-1、表5-2。

表5-1 轮廓算术平均偏差 Ra 的数值（摘自 GB/T1031-2009） （单位：μm）

Ra	0.012	0.2	3.2	
	0.025	0.4	6.3	50
	0.05	0.8	12.5	100
	0.1	1.6	25	

表5-2 轮廓最大高度 Rz 的数值（摘自 GB/T1031-2009） （单位：μm）

Rz	0.025	0.4	6.3	100	1 600
	0.05	0.8	12.5	200	
	0.1	1.6	25	400	
	0.2	3.2	50	800	

第三节 表面粗糙度的选用

表面粗糙度的选用主要包括评定参数的选用和参数值的选用。

一、评定参数的选用

轮廓的幅度参数 Ra 或 Rz 是必须标注的参数，而附加参数 RSm、$Rmr(c)$ 不能作为独立参数使用，只有少数零件的重要表面有特殊使用要求时才选用。

一般情况下，可从幅度参数 Ra 和 Rz 中任选一个。但在常值范围内（Ra 为 0.025～6.3 μm）优先选用 Ra。Ra 用电动轮廓仪或表面粗糙度参数测量仪可以方便的测出，其测量范围为 0.02～8 μm。

Rz 用于测量部位小，峰谷少或有疲劳强度要求的零件表面的评定。Rz 通常用双管显微镜或干涉显微镜测量。粗糙度要求特别高（Ra 小于 0.025 μm）或特别低（Ra 大于 6.3 μm）时选用 Rz。

RSm 主要在对涂漆性能、冲压成形时抗裂纹以及抗振、抗腐蚀、减小流体流动摩擦阻力等有要求时附加选用。

$Rmr(c)$ 主要对耐磨性、接触刚度要求较高的表面附加选用。

二、参数值的选用

表面粗糙度值的选用应考虑功能要求、经济性及工艺的可能性。

在工程实际中，除有特殊要求的表面外，一般采用类比法来选用。用类比法初步确定表面粗糙度数值后，再根据工作条件做适当调整。选用时应注意：

（1）在满足功能要求的前提下，尽量选用大一些的参数值（除 $Rmr(c)$ 外）。

（2）同一零件上，工作表面的 Ra 或 Rz 数值比非工作表面小。

（3）摩擦面、承受高压和交变载荷的工作面的粗糙度数值应小一些。

（4）粗糙度数值应考虑与尺寸公差和形状公差要求相协调。

（5）要求耐腐蚀的零件表面，粗糙度数值应小一些。

（6）一般情况下配合孔、轴中轴的表面粗糙度值应小一些。

（7）有关标准已对表面粗糙度作出规定的，应按相应标准确定表面粗糙度数值。

表5－3、表5－4、表5－5分别列出了表面粗糙度的表面特征、经济加工方法及应用举例；表面粗糙度与尺寸公差、形状公差的关系；轴和孔的表面粗糙度参数推荐值，供选用时参考。

表5－3 表面粗糙度的表面特征、经济加工方法及应用举例

表面微观特性		$Ra/\mu m$	加工方法	应用举例
粗糙表面	微见刀痕	≤20	粗车、粗刨、粗铣、钻、毛锉、锯断	半成品粗加工过的表面，非配合的加工表面，如轴端面、倒角、钻孔、齿轮和皮带轮侧面、键槽底面、垫圈接触面
半光表面	微见加工表面	≤10	车、刨、铣、镗、钻、粗铰	轴上不安装轴承、齿轮处的非配合表面，紧固件的自由装配表面，轴和孔的退刀槽
	微见加工表面	≤5	车、刨、铣、镗、磨、拉、粗刮、滚压	半精加工表面，箱体、支架、盖面、套筒等和其他零件结合而无配合要求的表面，需要发蓝的表面等
	看不清加工痕迹	≤2.5	车、刨、铣、镗、磨、拉、刮、压、铣齿	接近于精加工表面，箱体上安装轴承的镗孔表面，齿轮的工作面
光表面	可辨加工痕迹方向	≤1.25	车、镗、磨、拉、刮、精铰、磨齿、滚压	圆柱销、圆锥销，与滚动轴承配合的表面，普通车床的导轨面，内外花键定心表面
	微辨加工痕迹方向	≤0.63	精铰、精镗、磨、刮、滚压	要求配合性质稳定的配合表面，工作时受交变应力的重要零件，较高精度车床的导轨面
	不可辨加工痕迹方向	≤0.32	精磨、磨、研磨、超精加工	精密机床主轴锥孔、顶尖圆锥面、发动机曲轴、凸轮轴工作表面，高精度齿轮齿面
极光表面	暗光泽面	≤0.16	精磨、研磨、普通抛光	精密机床主轴轴颈表面，一般量规工作表面，气缸套内表面，活塞销表面
	亮光泽面	≤0.08	超精磨、精抛光、镜面磨削	精密机床主轴轴颈表面，滚动轴承的滚珠，高压油泵中柱塞和柱塞套配合表面
	镜状光泽面	≤0.04		
	镜面	≤0.01	镜面磨削、超精研	高精度量仪、量块的工作表面，光学仪器重金属镜面

表 5－4 表面粗糙度与尺寸公差、形状公差的关系

<table>
<tr><th rowspan="2">形状公差 t 占尺寸公差 T 的百分比 $t/T/\%$</th><th colspan="2">表面粗糙度参数值占尺寸公差的百分比</th></tr>
<tr><th>$(Ra/T)/\%$</th><th>$(Rz/T)/\%$</th></tr>
<tr><td>≈60</td><td>≥5</td><td>≥20</td></tr>
<tr><td>≈40</td><td>≥2. 5</td><td>≥10</td></tr>
<tr><td>≈20</td><td>≥1. 2</td><td>≥5</td></tr>
</table>

表 5－5 轴和孔的表面粗糙度参数推荐值

<table>
<tr><th colspan="3">应用场合</th><th colspan="6">$Ra/\mu m$</th></tr>
<tr><th rowspan="2">示例</th><th rowspan="2">公差等级</th><th rowspan="2">表面</th><th colspan="6">基本尺寸（mm）</th></tr>
<tr><th colspan="3">≤50</th><th colspan="3">>50～500</th></tr>
<tr><td rowspan="8">经常装拆零件的配合表面（如挂轮、滚刀等）</td><td rowspan="2">IT5</td><td>轴</td><td colspan="3">≤0. 2</td><td colspan="3">≤0. 4</td></tr>
<tr><td>孔</td><td colspan="3">≤0. 4</td><td colspan="3">≤0. 8</td></tr>
<tr><td rowspan="2">IT6</td><td>轴</td><td colspan="3">≤0. 4</td><td colspan="3">≤0. 8</td></tr>
<tr><td>孔</td><td colspan="3">≤0. 8</td><td colspan="3">≤1. 6</td></tr>
<tr><td rowspan="2">IT7</td><td>轴</td><td colspan="3" rowspan="2">≤0. 8</td><td colspan="3" rowspan="2">≤1. 6</td></tr>
<tr><td>孔</td></tr>
<tr><td rowspan="2">IT8</td><td>轴</td><td colspan="3">≤0. 8</td><td colspan="3">≤1. 6</td></tr>
<tr><td>孔</td><td colspan="3">≤1. 6</td><td colspan="3">≤3. 2</td></tr>
<tr><td rowspan="2">示例</td><td rowspan="2">公差等级</td><td rowspan="2">表面</td><td colspan="6">基本尺寸（mm）</td></tr>
<tr><td colspan="2">≤50</td><td colspan="2">>50～120</td><td colspan="2">>120～500</td></tr>
<tr><td rowspan="8">过盈配合的配合表面
（a）用压力机装配
（b）用热孔法装配</td><td rowspan="2">IT5</td><td>轴</td><td colspan="2">≤0. 2</td><td colspan="2">≤0. 4</td><td colspan="2">≤0. 4</td></tr>
<tr><td>孔</td><td colspan="2">≤0. 4</td><td colspan="2">≤0. 8</td><td colspan="2">≤0. 8</td></tr>
<tr><td>IT6</td><td>轴</td><td colspan="2">≤0. 4</td><td colspan="2">≤0. 8</td><td colspan="2">≤1. 6</td></tr>
<tr><td>IT7</td><td>孔</td><td colspan="2">≤0. 8</td><td colspan="2">≤1. 6</td><td colspan="2">≤1. 6</td></tr>
<tr><td rowspan="2">IT8</td><td>轴</td><td colspan="2">≤0. 8</td><td colspan="2">≤1. 6</td><td colspan="2">≤3. 2</td></tr>
<tr><td>孔</td><td colspan="2">≤1. 6</td><td colspan="2">≤3. 2</td><td colspan="2">≤3. 2</td></tr>
<tr><td rowspan="2">IT9</td><td>轴</td><td colspan="2">≤1. 6</td><td colspan="2">≤3. 2</td><td colspan="2">≤3. 2</td></tr>
<tr><td>孔</td><td colspan="2">≤3. 2</td><td colspan="2">≤3. 2</td><td colspan="2">≤3. 2</td></tr>
<tr><td rowspan="4">滑动轴承的配合表面</td><td rowspan="2">IT6～IT9</td><td>轴</td><td colspan="6">≤0. 8</td></tr>
<tr><td>孔</td><td colspan="6">≤1. 6</td></tr>
<tr><td rowspan="2">IT10～IT12</td><td>轴</td><td colspan="6">≤3. 2</td></tr>
<tr><td>孔</td><td colspan="6">≤3. 2</td></tr>
<tr><td rowspan="5">精密定心零件的配合表面</td><td rowspan="3">公差等级</td><td rowspan="3">表面</td><td colspan="6">径向跳动（μm）</td></tr>
<tr><td colspan="6">基本尺寸/mm</td></tr>
<tr><td>2. 5</td><td>4</td><td>6</td><td>10</td><td>16</td><td>25</td></tr>
<tr><td rowspan="2">IT5～IT8</td><td>轴</td><td>≤0. 05</td><td>≤0. 1</td><td>≤0. 1</td><td>≤0. 2</td><td>≤0. 4</td><td>≤0. 8</td></tr>
<tr><td>孔</td><td>≤0. 1</td><td>≤0. 2</td><td>≤0. 2</td><td>≤0. 4</td><td>≤0. 8</td><td>≤1. 6</td></tr>
</table>

第四节　表面粗糙度的符号、代号及标注

GB/T131－2006 规定了表面结构的符号、代号及标注。

一、表面结构的图形符号

表面结构的图形符号及意义见表 5－6。

表 5－6　表面结构符号及意义

符号名称	符号	含义
基本图形符号	√	未指定工艺方法的表面，当通过一个注释时可单独使用
扩展图形符号		用去除材料方法获得的表面；仅当其含义是“被加工表面”时可单独使用
		不去除材料的表面，也可用于表示保持上道工序形成的表面，不管这种状况是通过去除或不去除材料形成的
完整图形符号		在以上各种符号的长边上加一横线，以便注写对表面结构的各种要求

当在图样某个视图上构成封闭轮廓的各表面有相同的表面结构要求时，在完整图形符号上加一圆圈，标注在图样中工件的封闭轮廓线上，如图 5－7 所示。

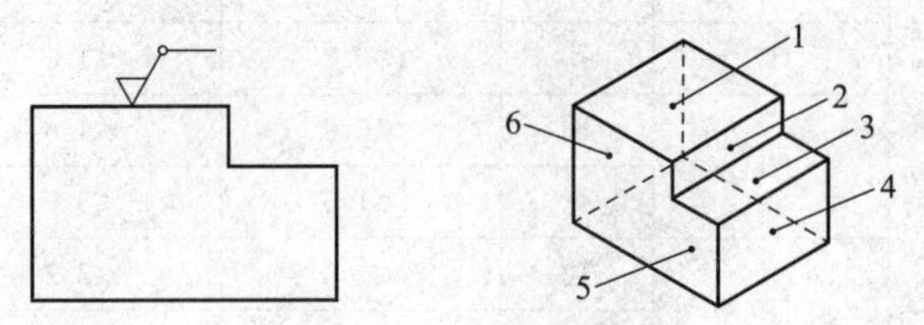

图 5－7　对周边各面有相同的表面结构要求的注法

图示的表面结构符号是指对图形中封闭轮廓的六个面的共同要求（不包括前后面）。

二、表面粗糙度代号

表面粗糙度的参数值和补充要求注写在表面粗糙度符号中，则形成表面粗糙度代号，如图 5－8 所示。

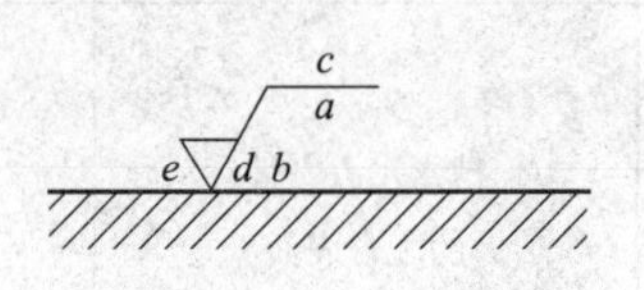

图 5－8　表面粗糙度代号

（1）位置 a 注写表面结构的单一要求。

（2）位置 a 和位置 b 注写两个或多个表面结构要求，位置 a 注写第一表面结构要求，位置 b 注写第二表面结构要求。

（3）位置 c 注写加工方法、表面处理、涂层或其他加工工艺要求等，如“车”、“磨”、“镀”等。

（4）位置 d 注写表面纹理方向，如“=”“×”“M”。表面结构所要求的与图样相应的纹理及其方向见表 5－7。

表 5－7 表面纹理的标注

符号	图例与说明	符号	图例与说明
=	 纹理沿平行方向	C	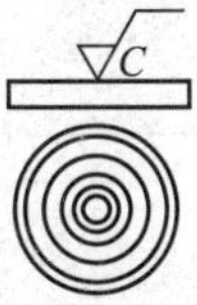 纹理近似为以表面的中心为圆心的同心圆
⊥	 纹理沿垂直方向	R	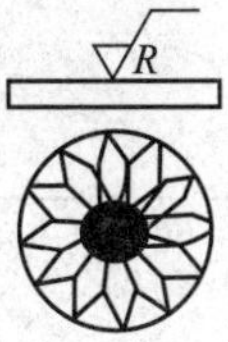 纹理近似为通过表面中心的辐线
×	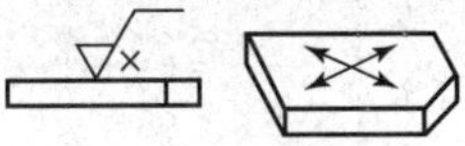 纹理沿交叉方向		
M	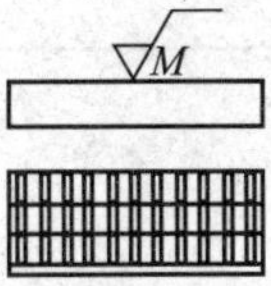 纹理呈多方向	P	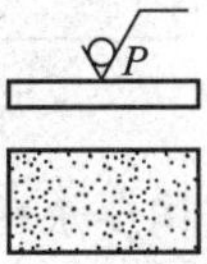 纹理无方向或呈凸起的细粒状

（5）位置 e 注写加工余量，以毫米为单位给出数值。

表面结构代号的示例及含义见表 5－8。

表 5－8 表面结构代号示例

No.	代号示例	含义/解释	补充说明
1	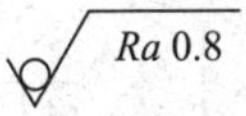 Ra 0.8	表示不允许去除材料，单向上限值，默认传输带，R 轮廓，算术平均偏差 0.8 μm，评定长度为 5 个取样长度（默认），“16% 规则”（默认）	参数代号与极限值之间应留空格（下同），本例未标注传输带，应理解为默认传输带，此时取样长度可由 GB/T10610 和 GB/T6062 中查取
2	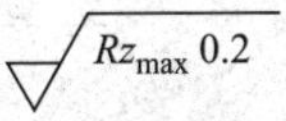 Rz_{max} 0.2	表示去除材料，单向上限值，默认传输带，R 轮廓，粗糙度最大高度的最大值 0.2 μm，评定长度为 5 个取样长度（默认），“最大规则”	示例 No. 1 ~ No. 4 均为单向极限要求，且均为单向上限值，则均不可不加“U”，若为单向下限值，则应加注“L”

续表

No.	代号示例	含义/解释	补充说明
3	0.008-0.8/Ra 3.2	表示去除材料，单向上限值，传输带0.008～0.8 mm，R轮廓，算术平均偏差3.2 μm，评定长度为5个取样长度（默认），“16%规则”（默认）	传输带“0.008－0.8”中的前后数值分别为短波和长波滤波器的截止波长（$\lambda s-\lambda c$），以示波长范围。此时取样长度等于λc，即$lr=0.8$ mm
4	-0.8/Ra3 3.2	表示去除材料，单向上限值，传输带：根据GB/T6062，取样长度0.8 mm（λs默认0.002 5 mm），R轮廓，算术平均偏差3.2 μm，评定长度包含3个取样长度，“16%规则”（默认）	传输带仅标注出一个截止波长值（本例0.8表示λc值）时，另一截止波长值λs应理解为默认值，由GB/T6062中查知$\lambda s=0.002\ 5$ mm
5	U Ra_{max} 3.2 L Ra 0.8	表示不允许去除材料，双向极限值，两极限值均使用默认传输带，R轮廓，上限值：算术平均偏差3.2 μm，评定长度为5个取样长度（默认），“最大规则”，下限值：算术平均偏差0.8 μm，评定长度为5个取样长度（默认），“16%规则”（默认）	本例为双向极限要求，用“U”和“L”分别表示上限值和下限值。在不致引起歧义时，可不加注“U”、“L”。

三、表面结构要求在图样中的标注

表面结构要求在机械图样中标注时应注意：

（1）表面结构要求对每一表面一般只标注一次，并尽可能注在相应的尺寸及其公差的同一视图上。除非另有说明，所标注的表面结构要求是对完工零件表面的要求。

（2）表面结构要求的注写和读取方向与尺寸的注写和读取方向一致，如图5－9所示。

（3）表面结构要求可标注在轮廓线上，其符号应从材料外指向并接触表面。必要时，表面结构符号也可用带箭头或黑点的指引线引出标注，如图5－10、图5－11所示。

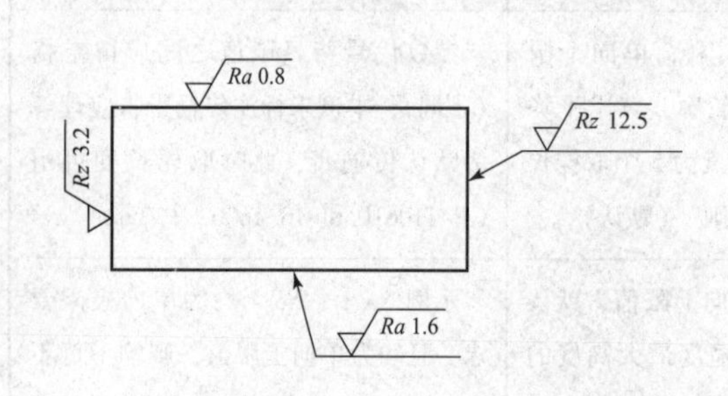

图5－9 表面结构要求的注写方向

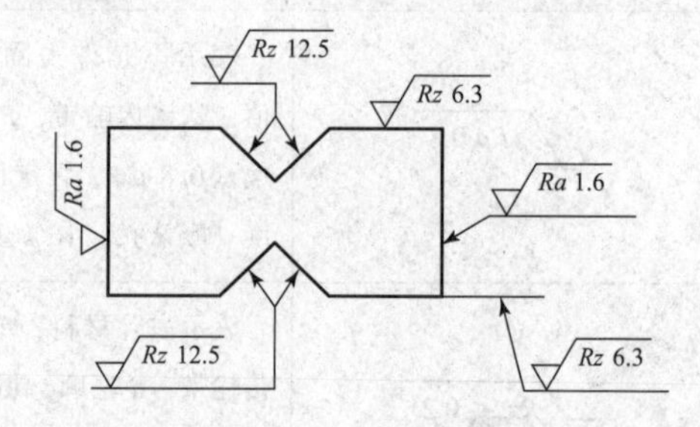

图5－10 表面结构要求在轮廓线上的标注

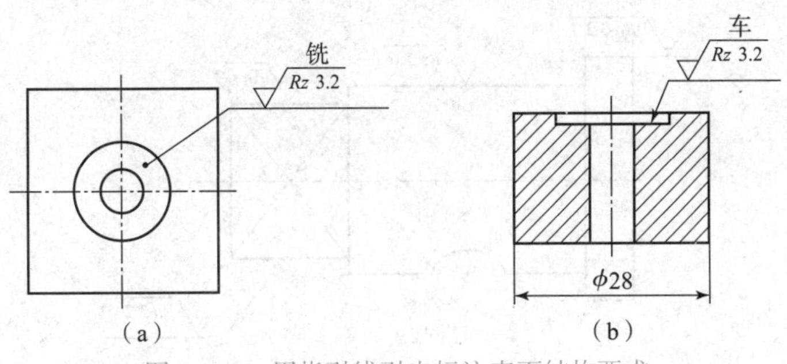

图 5-11 用指引线引出标注表面结构要求

(4) 在不致引起误解时，表面结构要求可以标注在给定的尺寸线上，如图 5-12 所示。

(5) 表面结构要求可标注在几何公差框格的上方，如图 5-13 (a) 和图 5-13 (b) 所示。

(6) 圆柱和棱柱表面的表面结构要求只标注一次，如图 5-14 所示。如果每个棱柱表面有不同的表面结构要求，则应分别单独标注，如图 5-15 所示。

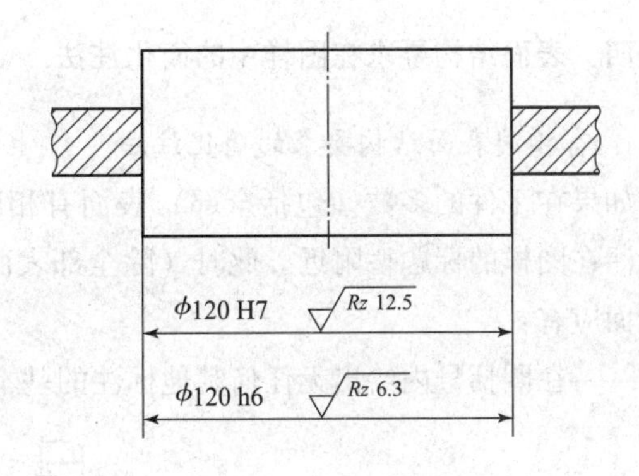

图 5-12 表面结构要求标注在尺寸线上

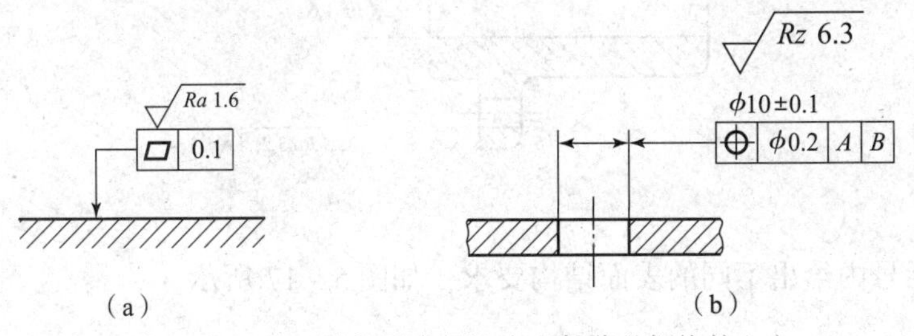

图 5-13 表面结构要求标注在几何公差框格的上方

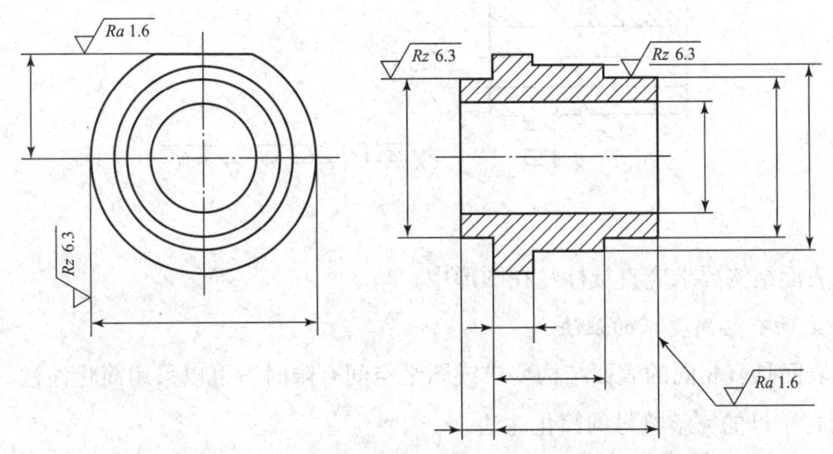

图 5-14 表面结构要求标注在圆柱特征的延长线上

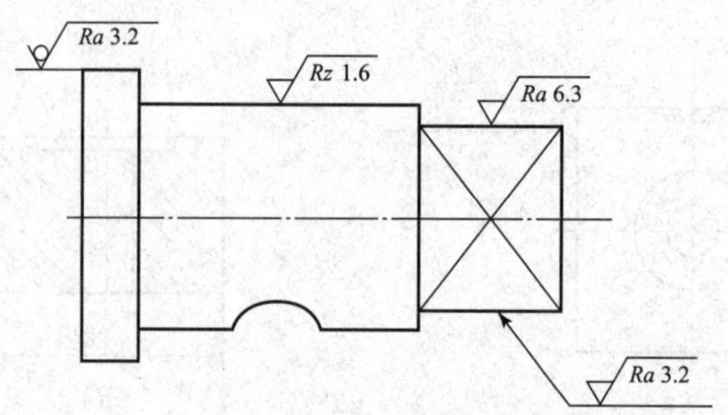

图 5－15　圆柱和棱柱的表面结构要求的注法

四、表面结构要求在图样中的简化注法

1. 有相同表面结构要求的简化注法

如果在工件的多数（包括全部）表面有相同的表面结构要求，则其表面结构要求可统一标注在图样的标题栏附近。此时（除全部表面有相同要求的情况外），表面结构要求的符号后面应有：

——在圆括号内给出无任何其他标注的基本符号，如图 5－16 所示；

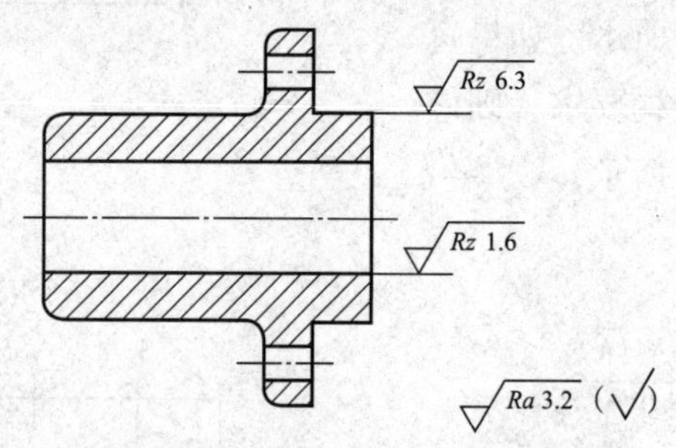

图 5－16　大多数表面有相同表面结构要求的简化注法（一）

——在圆括号内给出不同的表面结构要求，如图 5－17 所示。

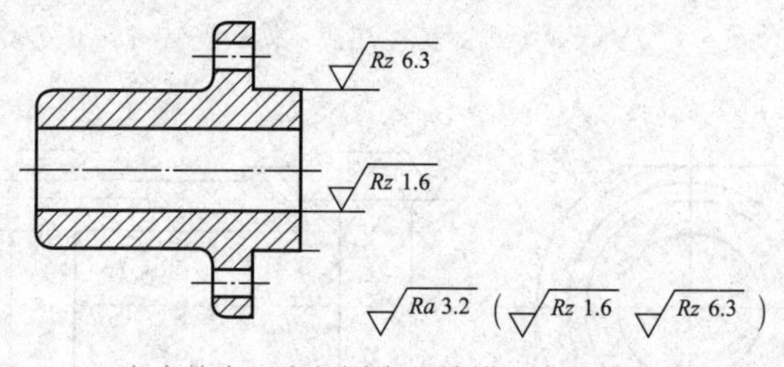

图 5－17　大多数表面有相同表面结构要求的简化注法（二）

不同的表面结构要求应直接标注在图形中。

2. 多个表面有共同要求的注法

当多个表面具有相同的表面结构要求或图纸空间有限时，可以采用简化注法。

（1）用带字母的完整符号的简化注法

可用带字母的完整符号，以等式的形式，在图形或标题栏附近，对有相同表面结构要求的表面进行简化标注，如图 5－18 所示。

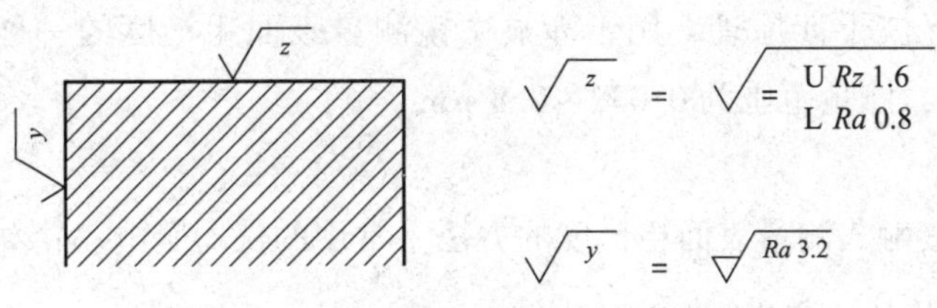

图 5－18 在图纸空间有限时的简化注法

（2）只用表面结构符号的简化注法

可用表面结构符号，以等式的形式给出对多个表面共同的表面结构要求，如图 5－19 所示。

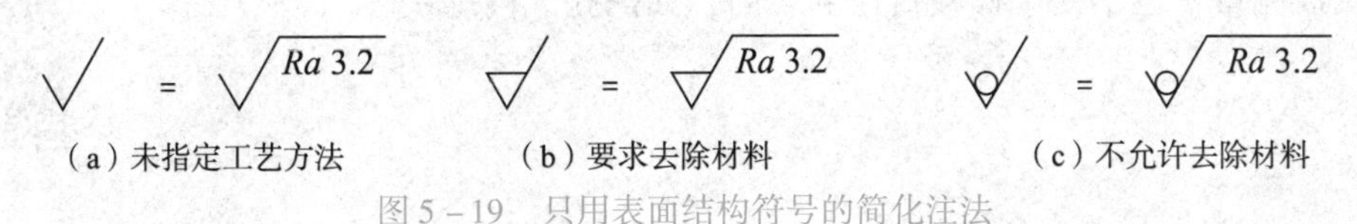

图 5－19 只用表面结构符号的简化注法

3. 两种或多种工艺获得的同一表面的注法

由几种不同的工艺方法获得的同一表面，当需要明确每种工艺方法的表面结构要求时，可按图 5－20 所示进行标注。图中 Fe 表示基体材料为钢，Ep 表示加工工艺为电镀。

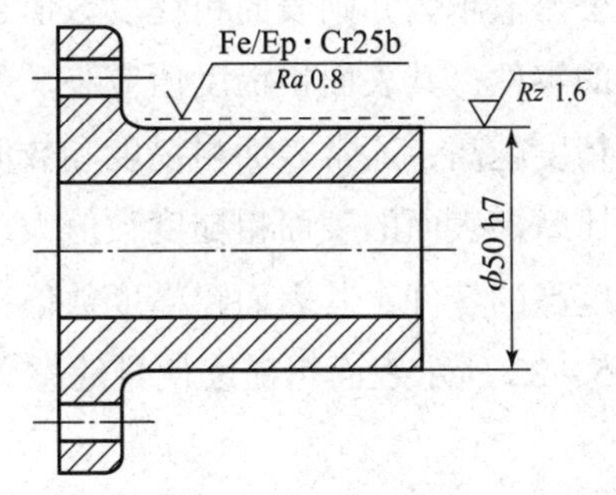

图 5－20 同时给出镀覆前后的表面结构要求的注法

第五节 表面粗糙度的检测

表面粗糙度常用的测量方法有比较法、光切法、干涉法、针描法和印模法。

（1）比较法

比较法就是将被测表面与表面粗糙度样板直接进行比较，通过视觉、触觉估计出被测表面粗糙度的一种测量方法。比较法不能精确得出被测表面的粗糙度数值，但由于器具简单、使用方便，多用于生产现场。

粗糙度检测比较法

（2）光切法

光切法是利用光切原理，用双管显微镜测量表面粗糙度的一种测量方法。常用于测量 Rz，测量范围为 0.5～60 μm。

粗糙度检测光切法

(3) 干涉法

粗糙度检测干涉法

干涉法是利用光波干涉原理，用干涉显微镜测量表面粗糙度的一种方法。主要用于测量 Rz 值，测量范围为 0.032 ~ 0.8 μm。

(4) 针描法

针描法是一种接触式测量表面粗糙度的方法，常用的仪器是电动轮廓仪，它可直接显示 Ra 值，测量范围为 0.02 ~ 5 μm。

粗糙度检测针描法

(5) 印模法

印模法是指利用石蜡、低熔点合金或其他印模材料，压印在被测零件表面，放在显微镜下间接地测量被测表面粗糙度的方法。印模法适用于某些不能使用仪器测量，也不便于样板对比的表面，如深孔、内螺纹等。

粗糙度检测印模法

课后练习五

5－1　判断下列说法是否正确：

(　　) (1) 评定表面轮廓粗糙度所必需的一段长度称取样长度，它可以包含 5 个评定长度。

(　　) (2) 零件的几何公差值越大，则表面粗糙度数值越大。

(　　) (3) 受交变载荷的零件，其表面粗糙度值应小。

(　　) (4) 零件的尺寸精度越高，通常表面粗糙度参数值相应取得越小。

(　　) (5) 非摩擦表面比摩擦表面的表面粗糙度数值大。

(　　) (6) 要求配合精度高的零件，其表面粗糙度数值应大。

5－2　解释图 5－21、图 5－22 所示表面粗糙度代号的意义。

(1)

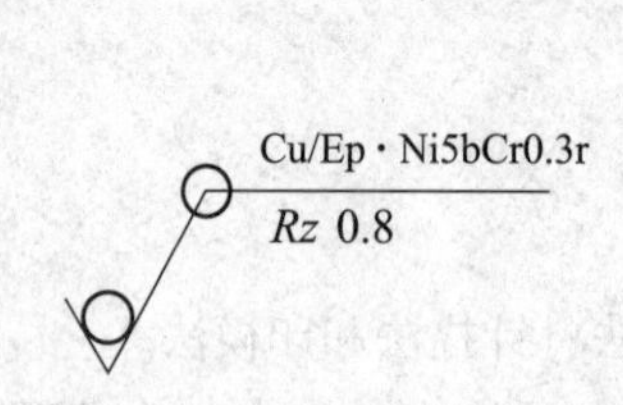

图 5－21　习题 5－2 图一

(2)

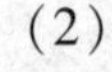
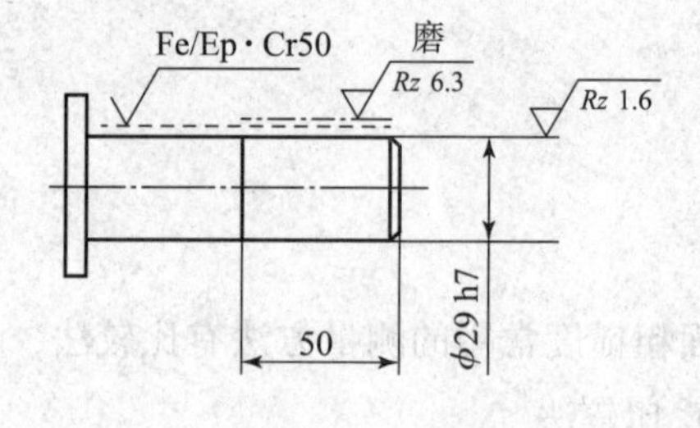

图 5－22　习题 5－2 图二

5－3　按要求在图 5－23 上标注。

(1) 用去除材料的方法获得表面 K 和 ϕ40H7 孔，要求 Ra 上限为 1.6 μm。

(2) 用任何办法加工 ϕ100h8 表面，要求 Rz 上限为 6.3 μm，下限为 3.2 μm。

(3) 用去除材料的方法加工 F 面，要求 Ra 上限为 6.3 μm。

(4) 其余表面不加工。

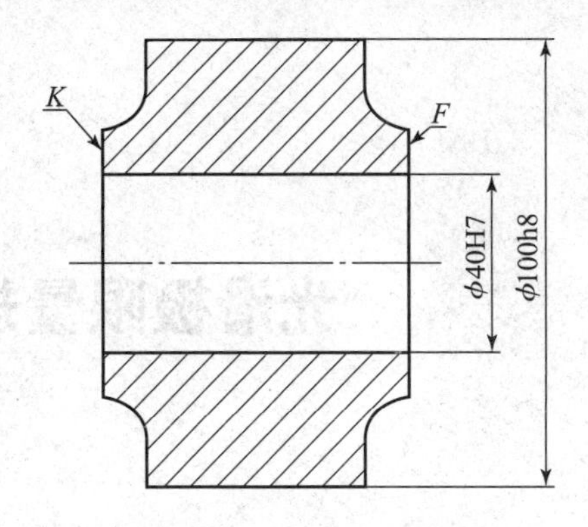

图 5 - 23　习题 5 - 3 图

光滑极限量规

第一节　概　述

光滑极限量规是指被检验工件为光滑孔或光滑轴所用的专用量规的总称，简称量规。量规结构简单、使用方便、省时可靠，并能保证互换性。因此，在机械制造大批量生产中得到广泛应用。

一、量规的作用

量规是一种无刻度定值专用量具，用它来检验工件时，只能判断工件是否在允许的极限尺寸范围内，而不能测出工件的实际尺寸。检验孔用的量规称塞规，如图 6－1（a）所示；检验轴用的量规称卡规（或环规），如图 6－1（b）所示。

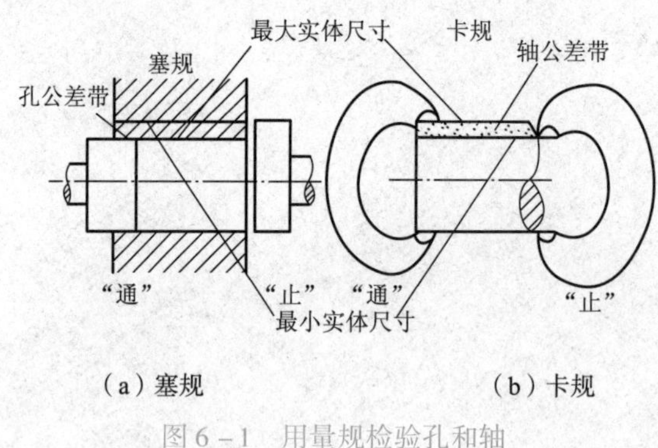

图 6－1　用量规检验孔和轴

孔用塞规和轴用卡规均由通端量规（通规）和止端量规（止规）成对组成，以分别检验孔和轴的体外作用尺寸是否在极限尺寸的范围内。检验工件时，只要通规能通过且止规不能通过，即可判断工件合格，否则就不合格。

二、量规的种类

量规按其用途不同分为工作量规、验收量规和校对量规。

1. 工作量规

工作量规是生产过程中操作者检验工件时所使用的量规。通规用代号“T”表示，止规

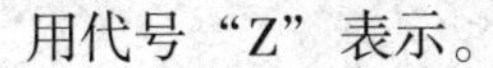

用代号“Z”表示。

2. 验收量规

验收量规是验收工件时检验人员或用户代表所使用的量规。验收量规一般不需要另行制造，它是从磨损较多，但未超过磨损极限的工作量规中挑选出来的，验收量规的止规应接近工件的最小实体尺寸。这样，操作者用工作量规自检合格的工件，当检验员用验收量规验收时也一定合格。

3. 校对量规

校对量规是检验工作量规的量规。因为孔用工作量规便于用精密量仪测量，故国标未规定校对量规，只对轴用量规规定了校对量规。

第三节　量规设计

一、量规的设计原理

设计量规应遵守泰勒原则（极限尺寸判断原则），泰勒原则是指，遵守包容要求的单一要素孔或轴的实际尺寸和形状误差综合形成的体外作用尺寸不允许超越最大实体尺寸，在孔或轴的任何位置上的实际尺寸不允许超越最小实体尺寸。

符合泰勒原则的量规要求如下：

1. 量规尺寸要求

通规按最大实体尺寸制造，止规按最小实体尺寸制造。

2. 量规形状要求

通规用来控制工件的作用尺寸，它的测量面应是与孔或轴形状相对应的完整表面（即全形量规），且测量长度等于配合长度。止规用来控制工件的实际尺寸，它的测量面应是点状的（即不全形量规），且测量长度可以短些，止规表面与被测件是点接触。

用符合泰勒原则的量规检验工件时，若通规能通过而止规不能通过，则表示工件合格；反之，则表示工件不合格。

在量规的实际应用中，由于量规制造和使用方面的原因，要求量规形状完全符合泰勒原则会有困难，有时甚至不能实现，因而允许量规型式在一定条件下偏离泰勒原则。例如：为了采用标准量规，允许通规的长度短于工件的配合长度；检验曲轴轴颈的通规无法用全形的环规，而用卡规代替；对于尺寸大于 100 mm 的孔，全形塞规不便使用，允许用不全形塞规等。

但必须指出，在实际生产中，工件总存在形状误差，当量规型式不符合极限尺寸判断原则时，有可能将不合格的工件判为合格品，因此，应在保证被检验的孔、轴的形状误差不致影响配合性质的条件下，才允许使用偏离极限尺寸判断原则的量规。

二、量规公差带

量规虽然是一种精密的检验工具，它的制造精度要求比被检验工件高，但在制造时也不可避免地会产生误差，因此对量规也必须规定制造公差。

通规在使用过程中会经常通过工件而逐渐磨损，为了使通规具有一定的使用寿命，应留出适当的磨损储量，因此对通规应规定磨损极限，即将通规公差带从最大实体尺寸向工件公差带内缩一个距离；而止规通常不通过工件，所以不需要留磨损储量，故将止规公差带放在工件公差带内，紧靠最小实体尺寸处。校对量规也不需要留磨损储量。

1. 工作量规的公差带

国家标准 GB/T1957－2006 规定量规的公差带不得超越工件的公差带，这样有利于防止误收，保证产品的质量与互换性。但有时会把一些合格的工件检验成不合格，实质上缩小了工件公差范围，提高了工件的制造精度。即国标规定允许误废，不允许误收。工作量规的公差带分布如图 6－2 所示。图中 T_1 为量规制造公差，Z_1 为位置要素（即通规制造公差带中心到工件最大实体尺寸之间的距离），T_1、Z_1 值取决于工件公差的大小。

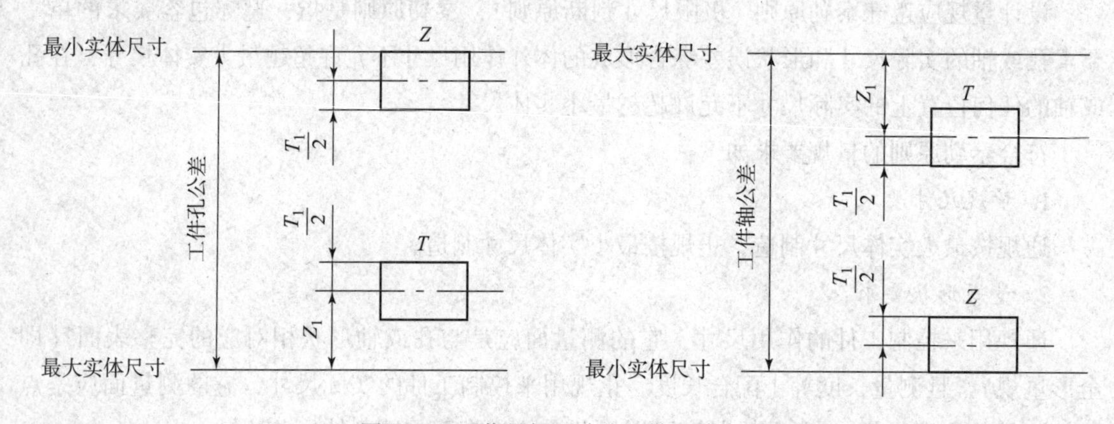

图 6－2 工作量规尺寸公差带及其位置

国标规定的 T_1 值和 Z_1 值见表 6－1，通规的磨损极限尺寸等于工件的最大实体尺寸。

2. 验收量规的公差带

国家标准中没有单独规定验收量规的公差带，但规定了检验部门应使用磨损较多的通规，用户代表应使用接近工件最大实体尺寸的通规，以及接近工件最小实体尺寸的止规。

3. 校对量规的公差带

GB/T1957－2006 的附录中对校对量规的公差带作了规定，但由于校对量规精度高，制造困难，目前的测量技术在不断提高，因此在实际应用中逐步用量块来代替校对量规，在此不作介绍。

表 6－1 工作量规制造公差及其通端位置要素值 （摘自 GB/T1957—2006）

工件孔或轴的基本尺寸/mm		工件孔和轴的公差等级								
		IT6			IT7			IT8		
		孔和轴的公差值	T_1	Z_1	孔和轴的公差值	T_1	Z_1	孔和轴的公差值	T_1	Z_1
大于	至	μm								
—	3	6	1.0	1.0	10	1.2	1.6	14	1.6	2.0
3	6	8	1.2	1.4	12	1.4	2.0	38	2.0	2.5
6	10	9	1.4	1.6	15	1.8	2.4	22	2.4	3.2
10	18	11	1.6	2.0	18	2.0	2.8	27	2.8	4.0
18	30	13	2.0	2.4	21	2.4	3.4	33	3.4	5.0
30	50	16	2.4	2.8	25	3.0	4.0	39	4.0	6.0
50	80	19	2.8	3.4	30	3.6	4.6	46	4.6	7.0
80	120	22	3.2	3.8	35	4.2	6.4	54	5.4	8.0
120	180	25	3.8	4.4	40	4.8	6.0	53	6.0	9.0
180	250	29	4.4	5.0	46	5.4	7.0	72	7.0	10.0
250	315	32	4.8	5.6	52	6.0	8.0	81	8.0	11.0
315	400	35	5.4	6.2	57	7.0	9.0	89	9.0	12.0
400	500	40	6.0	7.0	63	9.0	10.0	97	10.0	14.0
工件孔或轴的基本尺寸/mm		工件孔和轴的公差等级								
		IT9			IT10			IT11		
		孔和轴的公差值	T_1	Z_1	孔和轴的公差值	T_1	Z_1	孔和轴的公差值	T_1	Z_1
大于	至	μm								
—	3	25	2.0	3	40	2.4	4	50	3	6
3	6	30	2.4	4	48	3.0	5	75	4	8
6	10	36	2.8	5	58	3.5	6	90	8	9
10	18	43	3.4	6	70	4.0	8	110	6	11
18	30	52	4.0	7	84	5.0	9	130	7	13
30	50	62	5.0	8	100	5.0	11	160	8	16
50	80	74	6.0	9	120	7.0	13	190	9	10
80	120	87	7.0	10	140	8.0	15	220	10	22
120	180	100	8.0	12	160	9.0	18	250	12	25
180	250	115	9.0	14	185	10.0	20	290	14	29
250	315	130	10.0	16	210	12.0	22	320	16	32
315	400	140	11.0	18	230	14.0	25	360	18	36
400	500	155	12.0	20	250	16.0	28	400	20	40

三、工作量规设计

工作量规的设计就是根据工件图样上的要求，设计出能够把工件尺寸控制在允许公差范围内的适用量规。

1. 工作量规型式的选择

选用量规结构型式时，必须考虑工件结构、大小、产量和检验效率等。量规型式及应用尺寸范围，GB/T1957－2006 对此做了规定，见表 6－2。量规结构可参阅 GB10920－2008 中的规定。

表 6－2　量规型式及应用尺寸范围

<table>
<tr><th rowspan="2">用途</th><th rowspan="2">推荐顺序</th><th colspan="4">量规的工作尺寸/mm</th></tr>
<tr><th>~18</th><th>大于 18～100</th><th>大于 100～315</th><th>大于 315～500</th></tr>
<tr><td rowspan="2">工件孔用的通端量规型式</td><td>1</td><td colspan="2">全形塞规</td><td>不全形塞规</td><td>球端杆规</td></tr>
<tr><td>2</td><td>—</td><td>不全形塞规或片形塞规</td><td>片形塞规</td><td>—</td></tr>
<tr><td rowspan="2">工件孔用的止端量规型式</td><td>1</td><td>全形塞规</td><td colspan="2">全形或片形塞规</td><td>球端杆规</td></tr>
<tr><td>2</td><td>—</td><td colspan="2">不全形塞规</td><td>—</td></tr>
<tr><td rowspan="2">工件轴用的通端量规型式</td><td>1</td><td colspan="2">环规</td><td colspan="2">卡规</td></tr>
<tr><td>2</td><td colspan="2">卡规</td><td colspan="2">—</td></tr>
<tr><td rowspan="2">工件轴用的止端量规型式</td><td>1</td><td colspan="4">卡规</td></tr>
<tr><td>2</td><td>环规</td><td colspan="3">—</td></tr>
</table>

2. 量规工作尺寸的计算

（1）查出被检验工件的极限偏差。

（2）查出工作量规的制造公差 T_1 和位置要素 Z_1 值，并确定量规的几何公差。

（3）画出工件和量规的公差带图。

（4）计算量规的极限偏差。

3. 量规的技术要求

（1）量规材料。通常使用合金工具钢（如 CrMn、CrMnW、CrMoV），碳素工具钢（如 T10A、T12A）、渗碳钢（如 15 钢、20 钢）及其他耐磨材料（如硬质合金）。钢制量规测量面硬度不小于 700HV（或 60HRC），并经过稳定性处理。

（2）表面粗糙度。量规表面不应有锈迹、毛刺、黑斑、划痕等明显影响外观和使用质量的缺陷，测量表面的表面粗糙度参数值不应大于表 6－3 的规定。

（3）几何公差。国标规定量规工作部位的几何公差不大于尺寸公差的 50%，当量规的尺寸公差小于 0.002 mm 时，由于制造和测量都比较困难，其形状和位置公差为 0.001 mm。

表 6－3　量规测量表面的表面粗糙度参数（摘自 GB/T1957－2006）

工作量规	工作量规的基本尺寸/mm		
	小于或等于 120	大于 120、小于或等于 315	大于 315、小于或等于 500
	工作量规的表面粗糙度 *Ra* 值/μm		
IT6 级孔用工作塞规	0.05	0.10	0.20
IT7 级～IT9 级孔用工作塞规	0.10	0.20	0.40
IT10 级～IT12 级孔用工作塞规	0.20	0.40	0.80
IT13 级～IT16 级孔用工作塞规	0.40	0.80	
IT6 级～IT9 级轴用工作环规	0.10	0.20	0.40

（4）其他要求。在塞规和卡规的规定部位作尺寸标记，如“ϕ40H7”或“ϕ40f6”，并在通端标“T”，止端标“Z”。塞规的测头与手柄的连接应牢固可靠，在使用过程中不应松动。

练一练

6－1

例：设计检验 ϕ40H7/f6 配合中孔和轴用的工作量规。

解：（1）由第三章中查出孔与轴的极限偏差为：

ϕ40H7　ES＝＋0.025 mm，EI＝0；

ϕ40f6　es＝－0.025 mm，ei＝－0.041。

（2）由表 6－2 查出工作量规制造公差 T_1 和位置要素 Z_1 值，并确定几何公差。

塞规：制造公差 $T_1=3$ μm，位置要素 $Z_1=4$ μm，几何公差值 $=T_1/2=0.0015$ mm

卡规：制造公差 $T_1=2.4$ μm，位置要素 $Z_1=2.8$ μm，几何公差值 $=T_1/2=0.0012$ mm

（3）画出工件和量规的公差带图，如图 6－3所示。

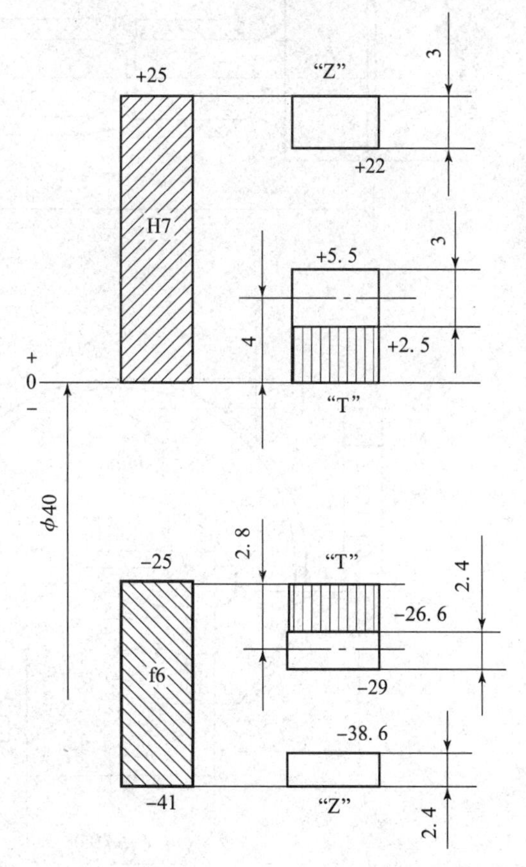

图 6－3　ϕ40H7/f6 孔、轴用量规公差带图

（4）计算量规的极限偏差：

①ϕ40H7 孔用塞规

通规（T）　上偏差 $=EI+Z_1+T_1/2=0+0.004+0.0015=0.0055$（mm）

下偏差 = $EI + Z_1 - T_1/2 = 0 + 0.004 - 0.0015 = 0.0025$（mm）

磨损极限 = $EI = 0$

止规（Z）：上偏差 = $ES = +0.025$

下偏差 = $ES - T_1 = 0.025 - 0.003 = 0.022$（mm）

②$\phi40f7$ 轴用卡规

通规（T）：上偏差 = $es - Z_1 + T_1/2 = -0.025 - 0.0028 + 0.0012 = -0.0266$（mm）

下偏差 = $es - Z_1 - T_1/2 = -0.025 - 0.0028 - 0.0012 = -0.029$（mm）

磨损极限 = $es = -0.025$ mm

止规（Z）：上偏差 = $ei + T_1 = -0.041 + 0.0024 = -0.0386$（mm）

下偏差 = $ei = -0.041$ mm

（5）塞规工作图如图 6－4 所示，卡规工作图如图 6－5 所示。

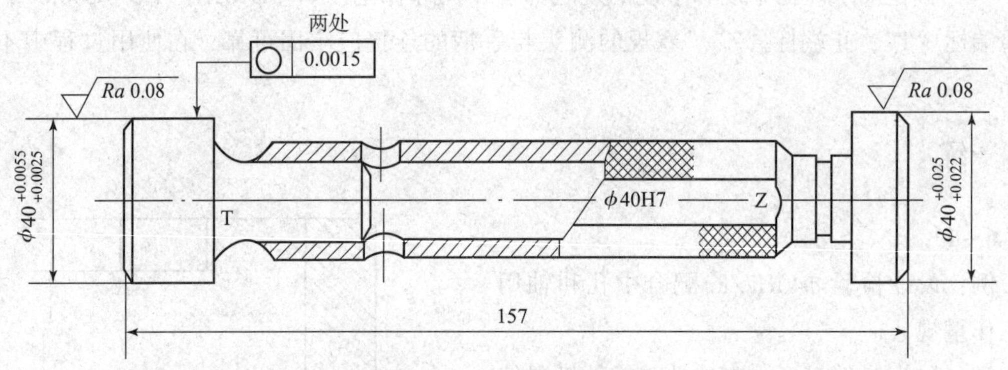

图 6－4　塞规工作图

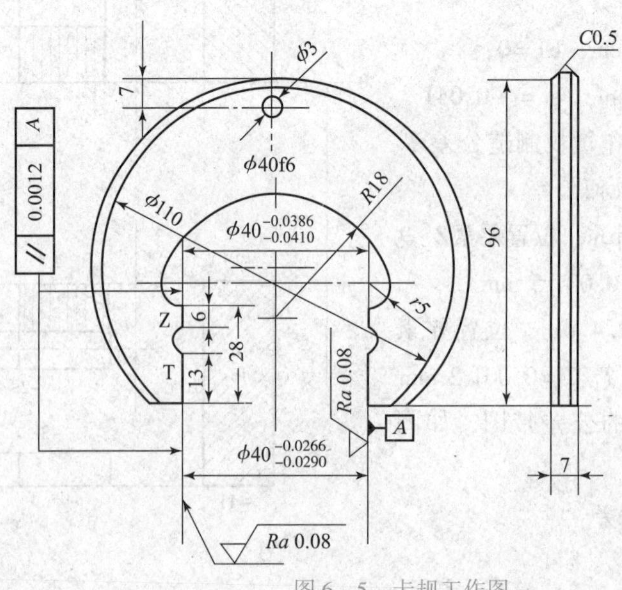

图 6－5　卡规工作图

课后练习六

6－1　欲检验工件 $\phi35f8$，试计算光滑极限量规的工作尺寸和磨损极限尺寸，并绘制公差带图。

6－2　设计检验 $\phi30F7/h6$ 配合中孔和轴用的工作量规。

第七章　滚动轴承的互换性

滚动轴承是一种支承轴的部件，具有结构紧凑，摩擦力小等优点，是在机器中被广泛采用的标准件，一般由外（上）圈、内（下）圈、滚动体和保持架组成，如图 7－1 所示。滚动轴承工作时，要求运转平稳、旋转精度高、噪声小。为了保证工作性能，除了轴承本身的制造精度外，还要正确选择轴和外壳孔与轴承的配合、尺寸精度、几何公差和表面粗糙度等。

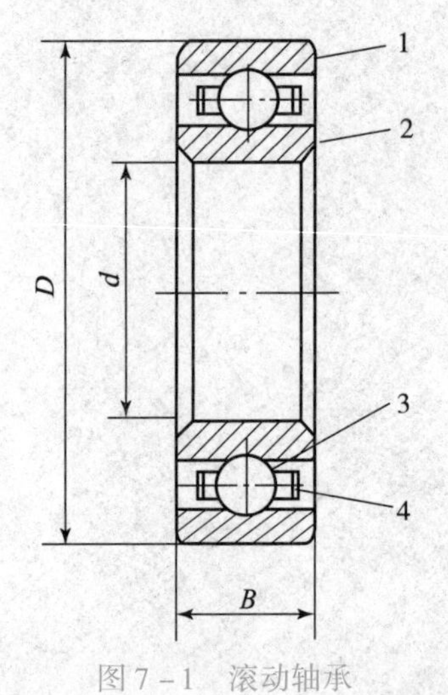

图 7－1　滚动轴承

1—外圈；2—内圈；3—滚动体；4—保持架

第一节　滚动轴承的公差等级

GB/T307.3－2005 规定轴承按尺寸公差与旋转精度分级。公差等级依次由低到高排列，向心轴承（圆锥滚子轴承除外）分为 0、6、5、4、2 五级，圆锥滚子轴承分为 0、6X、5、4、2 五级，推力轴承分为 0、6、5、4 四级。尺寸公差是指成套轴承的内、外径和宽度的尺寸公差；旋转精度主要是指轴承内、外圈的径向跳动、端面对滚道的跳动和端面对内孔的跳动等。

滚动轴承的各精度级的应用大致如下：

0 级（普通级）轴承用在中等精度、中等转速和旋转精度要求不高的一般机构中，它在机械产品中应用十分广泛。如用于普通机床中的变速机构、进给机构、水泵、压缩机等一般通用机器的旋转机构中等。

6级（中等级）轴承用于旋转精度和转速较高的旋转机构中。如普通机床的主轴后轴承、精密机床传动轴使用的轴承。

5、4级（精密级）轴承应用于旋转精度和转速高的旋转机构中。如精密机床的主轴轴承、精密仪器和机械使用的轴承。普通机床主轴的前轴承精度等级通常比主轴后轴承高一级，即一般为5级。

2级（超精级）轴承应用于旋转精度和转速很高的旋转机构中。如坐标镗床的主轴轴承、高精度仪器和高转速机构中使用的轴承。

第二节 滚动轴承内外径及相配合轴径、外壳孔的公差带

一、滚动轴承内、外径的公差带

滚动轴承的内圈和外圈都是薄壁零件，在制造和保管过程中容易变形，但当轴承内圈与轴、外圈与外壳孔装配后，这种微量的变形又能得到一定的矫正。因此，国家标准对轴承内径和外径尺寸公差做了两种规定：(1) 规定了内、外径尺寸的最大值和最小值所允许的极限，即单一内、外径偏差，主要目的是限制自由状态下的变形量。(2) 规定内、外径实际量得的最大值和最小值的平均值偏差，即单一平面平均内、外径偏差，目的是控制配合状态下的变形量。

轴承内、外径尺寸公差的特点是采用单向制，所有公差等级的公差带都单向配置在零线下侧，即上偏差为零，下偏差为负值，如图7－2所示。

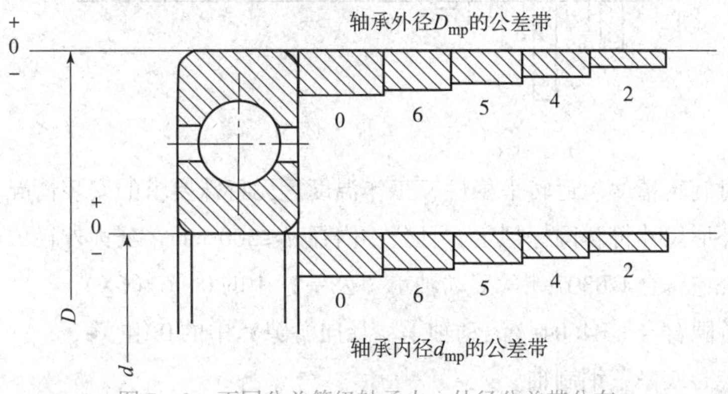

图7－2 不同公差等级轴承内、外径公差带分布

滚动轴承是标准件，为了便于互换，轴承内圈与轴采用基孔制，外圈与孔采用基轴制配合。在国家标准《极限与配合》中，基准孔的公差带在零线之上，而轴承内孔虽然也是基准孔，但其所有公差等级的公差带都在零线之下。因此，轴承内圈与轴配合，比国家标准《极限与配合》中基孔制同名配合要紧一些。轴承外径与外壳孔配合采用基轴制，轴承外径

的公差带与《极限与配合》基轴制的基准的公差带虽然都在零线下侧，都是上偏差为零，下偏差为负值，但两者的公差数值不同。因此，轴承外圈与外壳孔配合与《极限与配合》圆柱基轴制同名配合相比，配合性质不完全相同。

二、与滚动轴承配合的轴、孔公差带

GB/T275－1993 规定，滚动轴承与轴颈、外壳孔配合的常用公差带图如图 7－3 所示。其适用范围如下：

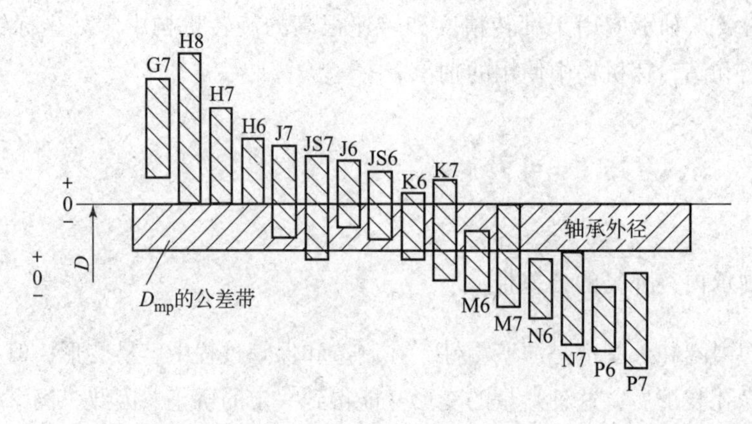

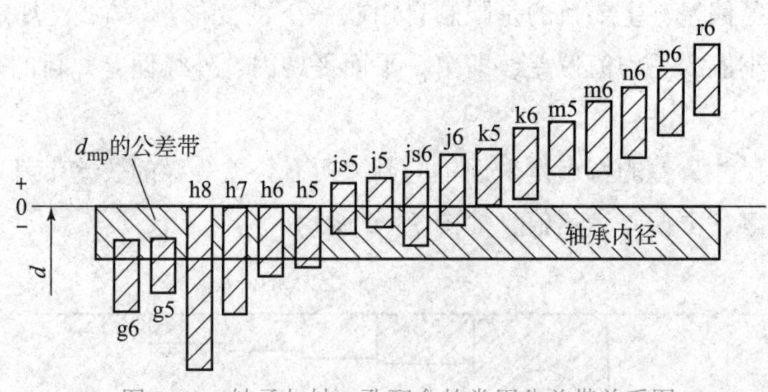

图 7－3　轴承与轴、孔配合的常用公差带关系图

（1）主机对旋转精度、运转平稳性、工作温度等无特殊要求的安装情况。

（2）轴承外形尺寸符合国标规定，且公称内径 $d \leqslant 500$ mm，公称外径 $D \leqslant 500$ mm。

（3）轴承公差符合 GB307.1《滚动轴承　公差》中的 0、6（6X）。

（4）轴承游隙符合 GB4604《滚动轴承　径向游隙》中的 0 组。

（5）轴为实心或厚壁钢制轴。

（6）外壳为铸钢或铸铁制件。

第三节　滚动轴承与轴和外壳孔的配合及选择

正确合理地选用滚动轴承与轴颈和外壳孔的配合，对保证机器正常运转、延长轴承的使

用寿命、发挥其承载能力有很大关系。因此，选用轴与外壳孔公差带时，主要考虑以下因素：

1. 负荷类型

对各种工作情况下的滚动轴承进行受力分析，可知轴承套圈（内、外圈统称）承受三种类型负荷。如图7－4所示。

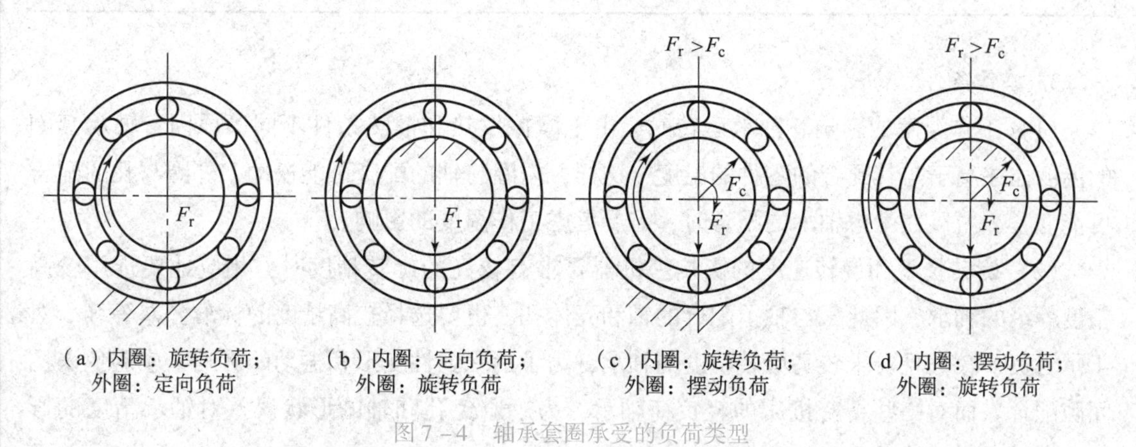

图7－4 轴承套圈承受的负荷类型

（1）定向负荷。轴承运转时，作用于轴承上的合成径向负荷向量与套圈相对静止，方向不变地作用在该套圈的局部滚道上，如一般机械固定套圈承受的负荷。

（2）旋转负荷。作用于轴承上的合成径向负荷与套圈相对旋转，并顺次作用在该套圈的整个圆周滚道上，如一般机械上与旋转件结合的套圈所承受的负荷。

（3）摆动负荷。在轴承套圈上同时作用着一个方向与大小不变的合成径向负荷与数值较小的旋转径向负荷所组成的合力称为摆动负荷，如振动筛与振动料斗使用的轴承。

当套圈受定向负荷时，配合一般应选得松些，甚至可有不大的间隙，以便在滚动体摩擦力矩的作用下，使套圈有可能产生少许转动，从而改变受力状态，使滚道磨损均匀，延长轴承的使用寿命。一般选用过渡配合或具有极小间隙的间隙配合。

当套圈受旋转负荷时，为了防止套圈在轴颈上或外壳孔的配合表面上打滑，引起配合表面发热、磨损，配合应选得紧些，可选过盈量较小的过盈配合或过盈量较大的过渡配合。

当套圈受摆动负荷时，一般与受旋转负荷的配合相同或稍松些。

2. 负荷大小

滚动轴承套圈与轴或外壳孔的最小过盈量取决于负荷的大小。当受冲击负荷或重负荷时，一般应选择比正常、轻负荷更紧密的配合。国标对向心轴承负荷的大小用径向当量动负荷 P_r 与径向额定动负荷 C_r 的比值区分。具体见表7－1。

表 7-1　滚动轴承负荷大小

负荷大小	P_r/C_r
轻负荷	≤0.07
正常负荷	>0.07~0.15
重负荷	>0.15

3. 工作条件

（1）工作温度的影响。轴承运转时，由于摩擦发热和散热条件不同等原因，轴承套圈的温度往往高于与其配合的零件的温度，这样，内圈与轴的配合可能松动，外圈与孔的配合可能变紧，所以在考虑轴承的配合时，需要考虑工作温度的影响。

（2）旋转精度和旋转速度的影响。机器要求有较高的旋转精度时，相应地要选用较高精度等级的轴承，因此，与轴承配合的轴和壳体孔，也要选择较高精度的标准公差等级。对于承受负荷较大且要求较高旋转精度的轴承，为了消除弹性变形和振动的影响，应避免采用间隙配合。而对一些精密机床的轻负荷轴承，为了避免孔和轴的形状误差对轴承精度的影响，常采用有间隙的配合。

4. 轴和外壳孔的结构与材料

为了装卸方便，可选用剖分式外壳，如果剖分式外壳与外圈采用的配合较紧，会使外圈产生椭圆变形，因此宜采用较松配合。当轴承安装在薄壁外壳、轻合金外壳或薄壁的空心轴上时，为了保证轴承工作有足够的支承刚度和强度，所采用的配合应比装在厚壁外壳、铸铁外壳或实心轴上时紧一些。

5. 安装和拆卸轴承的条件

考虑到轴承安装和拆卸的方便，宜采用较松的配合，这点在重型机械上使用的大型或特大型轴承尤为重要。如果既要求装拆方便，又需紧配合时，可采用分离型轴承，或采用内圈带锥孔、带紧定套和退卸套的轴承。

第四节　与滚动轴承配合的轴径和外壳孔的精度确定

一、与滚动轴承配合的孔、轴尺寸公差带

影响滚动轴承配合选用的因素较多，在实际生产中常用类比法确定。GB/T275-1993 规定的向心轴承与轴颈、外壳孔配合的公差带见表 7-2 和表 7-3。

二、配合表面的其他要求

GB/T275-1993 规定了与轴承配合的轴颈和外壳孔表面的圆柱度公差、轴肩及外壳孔端面的端面跳动公差、各表面的粗糙度要求等，见表 7-4 和表 7-5。

表 7-2 向心轴承和轴的配合 轴公差带代号（摘自 GB/T275-1993）

圆柱孔轴承						
运转状态		负荷状态	深沟球轴承、调心球轴承和角接触球轴承	圆柱滚子轴承和圆锥滚子轴承	调心滚子轴承	公差带
说明	举例	轴承公称内径/mm				
旋转的内圈负荷及摆动负荷	一般通用机械、电动机、机床主轴、泵、内燃机、直齿轮传动装置、铁路机车车辆油箱、破碎机等	轻负荷	≤18 >18~100 >100~200 —	— ≤40 >40~140 >140~200	— ≤40 >40~100 >100~200	h5 j6① k6① m6①
		正常负荷	≤18 >18~100 >100~140 >140~200 >200~280 — —	— ≤40 >40~100 >100~140 >140~200 >200~400 —	— ≤40 >40~65 >65~100 >100~140 >140~280 >280~500	j5 js5 k5② m5② m6 n6 p6 r6
		重负荷		>50~140 >140~200 >200 —	>50~100 >100~140 >140~200 >200	n6 p6③ r6 r7
固定的内圈负荷	静止轴上的各种轮子、张紧轮、振动筛、惯性振动器	所有负荷	所有尺寸			f6 g6① h6 j6
仅有轴向负荷		所有尺寸				j6 js6
圆锥孔轴承						
所有负荷	铁路机车车辆轴箱	装在退卸套上的所有尺寸				h8（IT6）⑤④
	一般机械传动	装在紧定套上的所有尺寸				h9（IT7）⑤④

注：①凡对精度有较高要求的场合，应用 j5、j6 代替 j6、k6，…。

②圆锥滚子轴承、角接触球轴承配合对游隙影响不大，可用 k6、m6 代替 k5、m5。

③重负荷下轴承游隙应选大于 0 组。

④凡有较高精度或转速要求的场合，应选用 h7（IT5）代替 h8（IT6）等。

⑤IT6、IT7 表示圆柱度公差数值。

表 7-3　向心轴承和外壳孔的配合　孔公差带代号（摘自 GB/T275-1993）

运转状态		负荷状态	其他状态	公差带①	
说明	举例			球轴承	滚子轴承
固定的外圈负荷	一般机械、铁路机车车辆轴箱、电动机、泵、曲轴主轴承	轻、正常重	轴向易移动，可采用剖分式外壳	H7、G7②	
		冲击	轴向能移动，可采用整体或剖分式外壳	J7、JS7	
摆动负荷		轻、正常			
		正常、重	轴向不移动，采用整体式外壳	K7	
		冲击		M7	
旋转的外圈负荷	张紧滑轮、轮毂轴承	轻		J7	K7
		正常		K7、M7	M7、N7
		重		—	N7、P7

注：①并列公差带随尺寸的增大从左至右选择，对旋转精度有较高要求时，可相应提高一个公差等级。

②不适用于剖分式外壳。

表 7-4　轴和外壳的几何公差（摘自 GB/T275-1993）

基本尺寸/mm		圆柱度 t				端面圆跳动 t_1			
		轴颈		外壳孔		轴肩		外壳孔肩	
		轴承公差等级							
		0	6（6X）	0	6（6X）	0	6（6X）	0	6（6X）
大于	至	公差值/μm							
	6	2.5	1.5	4	2.5	5	3	8	5
6	10	2.5	1.5	4	2.5	6	4	10	6
10	18	3.0	2.0	5	3.0	8	5	12	8
18	30	4.0	2.5	6	4.0	10	6	15	10
30	50	4.0	2.5	7	4.0	12	8	20	12
50	80	5.0	3.0	8	5.0	15	10	25	15
80	120	6.0	4.0	10	6.0	15	10	25	15
120	180	8.0	5.0	12	8.0	20	12	30	20
180	250	10.0	7.0	14	10.0	20	12	30	20
250	315	12.0	8.0	16	12.0	25	15	40	25
315	400	13.0	9.0	18	13.0	25	15	40	25
400	500	15.0	10.0	20	15.0	25	15	40	25

表 7－5 配合面的表面粗糙度（摘自 GB/T275－1993）

轴或轴承座直径/mm		轴或外壳配合表面直径公差等级								
		IT7			IT6			IT5		
		表面粗糙度/μm								
大于	至	Rz	Ra		Rz	Ra		Rz	Ra	
			磨	车		磨	车		磨	车
	80	10	1.6	3.2	6.3	0.8	1.6	4	0.4	0.8
80	500	16	1.6	3.2	10	1.6	3.2	6.3	0.8	1.6
端面		25	3.2	6.3	25	3.2	6.3	10	1.6	3.2

练一练

已知减速器的功率为 5 kW，从动轴转速为 83 r/min，其两端的轴承为 6211 深沟球轴承（$d=55$ mm，$D=100$ mm），轴上安装齿轮的模数为 3，齿数为 79。试确定轴颈和外壳孔的公差带、几何公差值和表面粗糙度值，并标注在图样上。（已知 $P_r/C_r=0.01$）

解：（1）减速器属于一般机械，转速不高，应选用 0 级轴承。

（2）齿轮传动时，轴承内圈与轴一起旋转，因承受旋转负荷，应选较紧的配合，外圈相对于载荷方向静止，因承受定向负荷，应选较松配合。由表 7－1 可知，$P_r/C_r=0.01$，小于 0.07，所以轴承属于轻负荷。查表 7－2、表 7－3，选轴颈公差带为 j6，外壳公差带为 H7。

（3）几何公差查表 7－4，轴颈圆柱度公差为 0.005，轴肩端面圆跳动公差为 0.015，外壳孔圆柱度公差为 0.01，外壳孔肩端面圆跳动公差为 0.025。

（4）表面粗糙度值查表 7－5，轴取 $Ra\leqslant0.8$，轴肩端面 $Ra\leqslant3.2$，外壳孔 $Ra\leqslant1.6$，外壳孔肩 $Ra\leqslant3.2$。

（5）标注如图 7－5 所示，滚动轴承是标准件，装配图上只需注出轴颈和外壳孔的公差带代号。

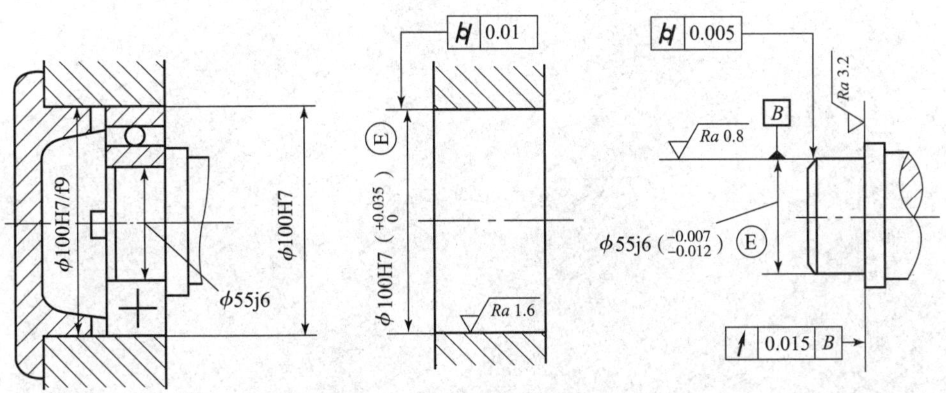

图 7－5 滚动轴承配合选用图

课后练习七

7-1　判断下列说法是否正确：

（　　）（1）滚动轴承的精度等级是根据内、外径的制造精度来划分的。

（　　）（2）内径为 $\phi30$ 的滚动轴承与 $\phi30m6$ 的轴相配合，其配合性质是间隙配合。

（　　）（3）外径为 $\phi50$ 的滚动轴承与 $\phi50H6$ 的孔相配合，其配合性质是间隙配合。

（　　）（4）滚动轴承内圈与轴颈形成的配合比一般基孔制配合的松紧程度要松。

（　　）（5）承受旋转负荷的滚动轴承的套圈应该选择较松的过渡配合。

（　　）（6）0 级轴承应用于转速较高和旋转精度也较高的机械中。

7-2　某单级直齿圆柱齿轮减速器输入轴上安装两个 0 级 6208 深沟球轴承（内径为 40 mm，外径为 80 mm），其径向额定动负荷为 22 800 N，工作时内圈旋转，外圈固定，承受的径向当量动负荷为 1 800 N，试确定：

（1）与内圈和外圈分别配合的轴径和外壳孔的公差带代号。

（2）轴径和外壳孔的极限偏差、几何公差值和表面粗糙度参数值。

第八章 键与花键的互换性及检测

键和花键连接广泛用于轴和轴上传动件如齿轮、皮带轮、手轮和联轴节等之间的可拆连接，用于传递扭矩；也可用作轴上传动件的导向，如变速箱中变速齿轮花键孔与花键轴的连接。

单键通常称键，分为平键、半圆键和楔键等几种，平键分为普通平键与导向平键，前者用于固定连接，后者用于可移动的连接。花键分为矩形花键和渐开线花键两种。其中普通平键和矩形花键应用比较广泛。

第一节 普通平键连接的公差与检测

一、普通平键连接的几何参数

普通平键连接是通过键和键槽的侧面来传递扭矩，键的上表面和轮毂键槽间留有一定的间隙，结构如图 8－1 所示。因此，键和键槽宽度 b 是平键连接的主要配合尺寸。在设计平键连接时，轴径 d 确定后，平键的规格参数根据轴径 d 而确定。

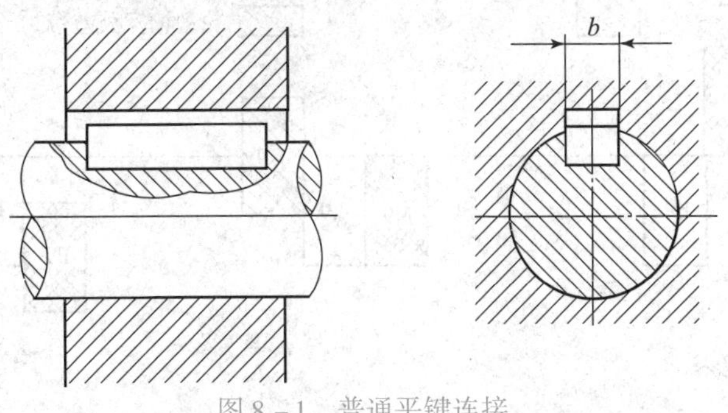

图 8－1 普通平键连接

键和键槽的断面尺寸及普通平键的型式尺寸在 GB/T1095－2003 及 GB/T1096－2003 中做了规定，如图 8－2 所示。

二、普通平键连接的尺寸公差与配合

键是标准件，相当于极限配合中的轴。因此，键宽和键槽宽采用基轴制配合。国家标准对键宽规定一种公差带，对轴和轮毂的键槽宽各规定三种公差带，构成三组配合，以满足各

种不同用途的需要。平键连接的三种配合及应用见表 8－1。

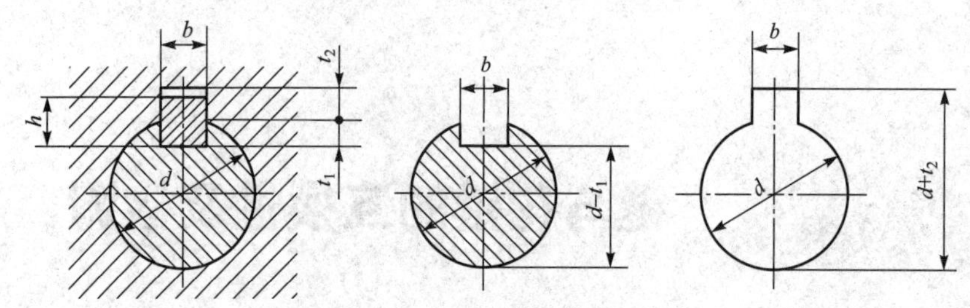

图 8－2　键和键槽断面尺寸

表 8－1　平键连接的三种配合及应用

配合种类	尺寸 b 的公差			配合性质及应用
	键	轴槽	轮毂槽	
较松连接	h9	H9	D10	键在轴上及轮毂上均匀滑动。主要用于导向平键，轮毂可在轴上作轴向移动
一般连接		N9	Js9	键在轴上及轮毂上均固定。用于载荷不大的场合
较紧连接		P9	P9	键在轴上及轮毂上均固定，而比上一种配合更紧。主要用于载荷较大，载荷具有冲击性，以及双向传递转矩的场合

图 8－3 所示为键宽、键槽宽、轮毂槽宽 b 的公差带图。平键键槽断面尺寸及公差见表8－2。

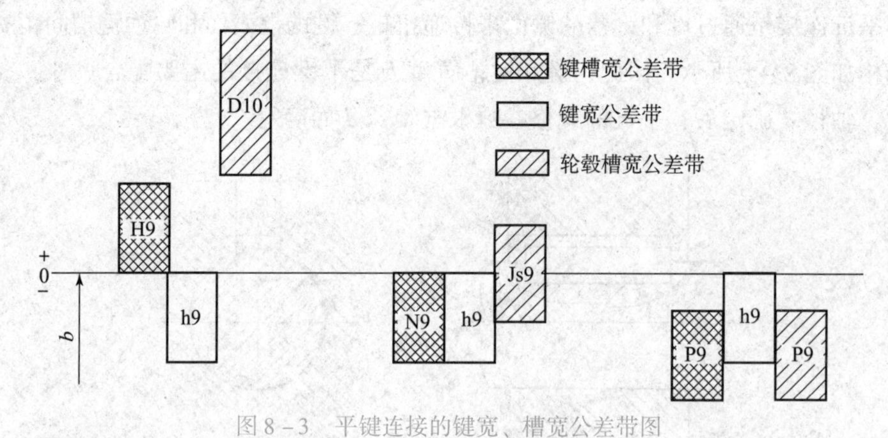

图 8－3　平键连接的键宽、槽宽公差带图

三、平键连接的几何公差与表面粗糙度

选用平键连接时，还应考虑其配合表面的几何公差和表面粗糙度的影响。

（1）为保证键侧与键槽侧面之间有足够的接触面积和避免装配困难，应分别规定轴槽和轮毂槽的对称度公差。对称度公差按 GB/T1184－1996《形状和位置公差　未注公差值》确定，一般取 7～9 级。键槽的对称度公差的公称尺寸是指键宽 b。

表 8－2 普通平键键槽的尺寸与公差（摘自 GB1095－2003） （单位：mm）

轴	键	键槽									
公称直径 d	公称尺寸 $b\times h$	宽度 b						深度			
		公称尺寸 b	偏差					轴 t_1		毂 t_2	
			松连接		正常连接		紧密连接				
			轴 H9	毂 D10	轴 N9	毂 JS9	轴和毂 P9	公称	偏差	公称	偏差
>10～12	4×4	4	+0.030 0	+0.078 +0.030	0 －0.030	±0.015	－0.012 －0.042	2.5	+0.1 0	1.8	+0.1 0
>12～17	5×5	5						3.0		2.3	
>17～22	6×6	6						3.5		2.8	
>22～30	8×7	8	+0.036 0	+0.098 +0.040	0 －0.036	±0.018	－0.015 －0.051	4.0	+0.2 0	3.3	+0.2 0
>30～38	10×8	10						5.0		3.3	
>38～44	12×8	12	+0.043 0	+0.120 +0.050	0 －0.043	±0.0215	－0.018 －0.061	5.0		3.3	
>44～50	14×9	14						5.5		3.8	
>50～58	16×10	16						6.0		4.3	
>58～65	18×11	18						7.0		4.4	
>65～75	20×12	20	+0.052 0	+0.149 +0.065	0 －0.052	±0.026	－0.022 －0.074	7.5		4.9	
>75～85	22×14	22						9.0		5.4	
>85～95	25×14	25						9.0		5.4	
>95～110	28×16	28						10.0		6.4	

当键长 L 与键宽 b 之比大于或等于 8 时，应对键宽 b 的两工作侧面在长度方向上规定平行度公差，平行度公差按 GB/T1184－1996《形状和位置公差　未注公差值》选取。当 $b\leqslant 6$ 时，平行度公差选 7 级；当 $b\geqslant 6\sim 36$ 时，平行度公差选 6 级；当 $b\geqslant 37$ 时，平行度公差选 5 级。

（2）键槽和轮毂槽两侧面即键槽配合表面的表面粗糙度参数 Ra 值一般取 1.6～3.2 μm，底面即非配合表面的粗糙度参数 Ra 取 6.3 μm。

四、键槽的检测

单件、小批量生产时，键槽深度和宽度一般用游标卡尺、千分尺等通用量具测量；大批大量生产时，则用如图 8－4 所示专用量具检验。

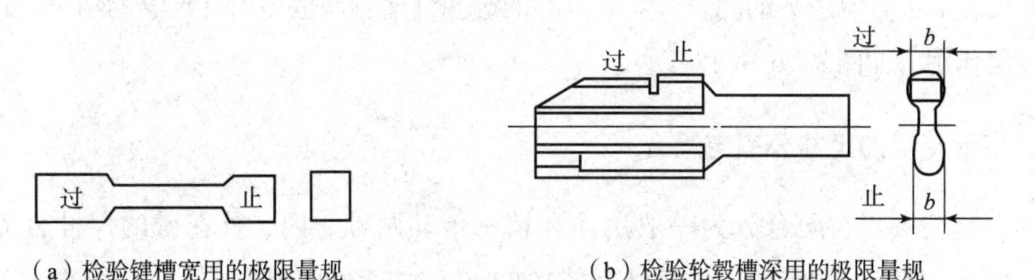

（a）检验键槽宽用的极限量规　（b）检验轮毂槽深用的极限量规

图 8－4 检验键槽的量规

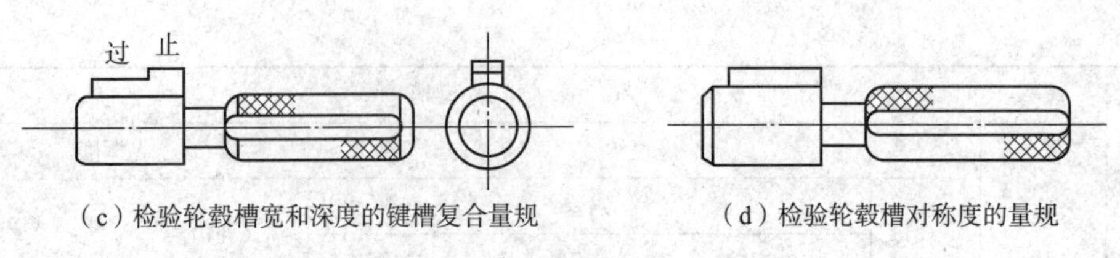

（c）检验轮毂槽宽和深度的键槽复合量规　　（d）检验轮毂槽对称度的量规

图 8－4　检验键槽的量规（续）

第二节　矩形花键连接的公差与检测

一、矩形花键连接的几何参数和定心方式

（1）矩形花键连接的几何参数有大径 D、小径 d、键数 N、键槽宽 B，如图 8－5 所示。国家标准规定了矩形花键连接的尺寸系列见表 8－3。为了便于加工和测量，矩形花键的键数 N 为偶数，有 6、8、10 三种。按承载能力的大小，矩形花键分为中、轻两个系列。

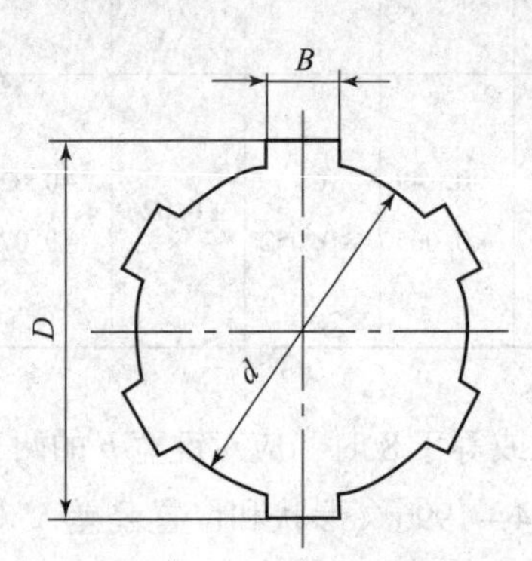

图 8－5　矩形花键的主要参数

（2）花键连接的主要使用要求是保证内、外花键的同轴度及键侧面与键槽侧面接触均匀性，保证传递一定的扭矩。花键连接有三个结合面，即大径、小径和键侧面，要保证三个结合面同时达到高精度的配合是很困难的，也缺乏必要性。确定配合性质的结合面称为定心表面，因为小径能用磨削的方法消除热处理变形，可提高定心直径的制造精度，GB/T1144－2001 中规定普通机械中矩形花键以小径的结合面为定心表面。对小径 d 有较高的精度要求，对大径 D 的精度要求较低，且有较大的间隙。对非定心的键和键槽侧面也要求有足够的精度，以传递扭矩和起导向作用，如图 8－6 所示。

二、矩形花键的尺寸公差与配合

矩形花键的极限与配合分为一般用途和精密传动两种。内、外花键的尺寸公差带见表 8－4。表中公差带及其极限偏差数值与《GB/T1800.3－1998 极限与偏差　标准公差和基本偏差数值表》的规定一致，而且采用基孔制配合。

表 8－3 矩形花键基本尺寸系列（摘自 GB/T1144－2001） （单位：mm）

小径 d	轻系列				中系列			
	规格 $N \times d \times D \times B$	键数 N	大径 D	键宽 B	规格 $N \times d \times D \times B$	键数 N	大径 D	键宽 B
11	—	—	—	—	6×11×14×3	6	14	3
13					6×13×16×3.5		16	3.5
16					6×16×20×4		20	4
18					6×18×22×5		22	5
21					6×21×25×5		25	
23	6×23×26×6	6	26	6	6×23×28×6		28	6
26	6×26×30×6		30		6×26×32×6		32	
28	6×28×32×7		32	7	6×28×34×7		34	7
32	6×32×36×6		36	6	8×32×38×6	8	38	6
36	8×36×40×7	8	40	7	8×36×42×7		42	7
42	8×42×46×8		46	8	8×42×48×8		48	8
46	8×46×50×9		50	9	8×46×54×9		54	9
52	8×52×58×10		58	10	8×52×60×10		60	10
56	8×56×62×10		62		8×56×65×10		65	
62	8×62×68×12		68	12	8×62×72×12		72	12
72	10×72×78×12	10	78		10×72×82×12	10	82	
82	10×82×88×12		88		10×82×92×12		92	
92	10×92×98×14		98	14	10×92×102×14		102	14
102	10×102×108×16		108	16	10×102×112×16		112	16
112	10×112×120×18		120	18	10×112×125×18		125	18

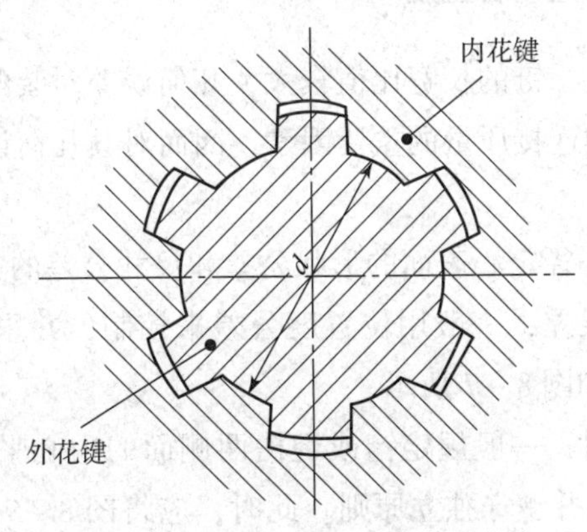

图 8－6 矩形花键的小径定心方式

表 8－4　矩形内、外花键的尺寸公差带（摘自 GB/T1144－2001）

内花键				外花键			装配型式
d	*D*	*B*		*d*	*D*	*B*	
		拉削后不热处理	拉削后热处理				
一般用							
H7	H10	H9	H11	f7	a11	d10	滑动
				g7		f9	紧滑动
				h7		h10	固定
精密传动用							
H5	H10	H7、H9		f5	a11	d8	滑动
				g5		f7	紧滑动
				h5		h8	固定
H6				f6		d8	滑动
				g6		f7	紧滑动
				h6		h8	固定

一般传动用花键孔拉削后再进行热处理时，键槽侧面的变形不易修正，需要降低公差等级，由 H9 降为 H11。对于精密传动用花键孔，当连接要求控制键侧配合间隙时，槽宽公差带选用 H7，一般情况选用 H9。考虑到小径定心，使加工难度由内花键转为外花键，定心直径 *d* 的公差带在一般情况下，内外花键取相同的公差等级，不同于普通光滑孔、轴配合（孔比轴低一级）。在有些情况下，内花键可以与高一级的外花键配合，这主要是考虑矩形花键常用来作为齿轮的基准孔，在贯彻齿轮标准过程中，有可能出现外花键的定心直径公差等级高于内花键定心直径公差等级的情况。

三、矩形花键的形位公差与粗糙度

矩形花键连接表面复杂，键的长宽比值较大，几何误差对装配性能、传递扭矩以及运动性能影响很大，是影响花键连接质量的重要因素，因而对其几何误差要加以控制，选用时考虑以下五点：

（1）矩形内、外花键小径定心表面的形状公差和尺寸公差的关系遵守包容要求。

（2）对于花键的分度误差，一般用位置度公差来控制，并采用最大实体原则。位置度公差规定见表 8－5。标注如图 8－7 所示。

（3）在单件小批生产时，一般规定键或键槽两侧面的中心平面对定心表面轴线的对称度公差和花键等分度公差，并遵守独立原则。此时，应将图 8－7 中的位置度公差改成对称度公差，对称度公差值见表 8－6，等分度公差值等于其对称度公差值。键槽宽或键宽的对称度公差标注如图 8－8 所示。

表 8 - 5 矩形花键位置度公差（摘自 GB/T1144 - 2001） （单位：mm）

键槽宽或键宽 B			3	3.5 ~ 6	7 ~ 10	12 ~ 18
t_1	键槽宽		0.010	0.015	0.020	0.025
	键宽	滑动、固定	0.010	0.015	0.020	0.025
		紧滑动	0.006	0.010	0.013	0.016

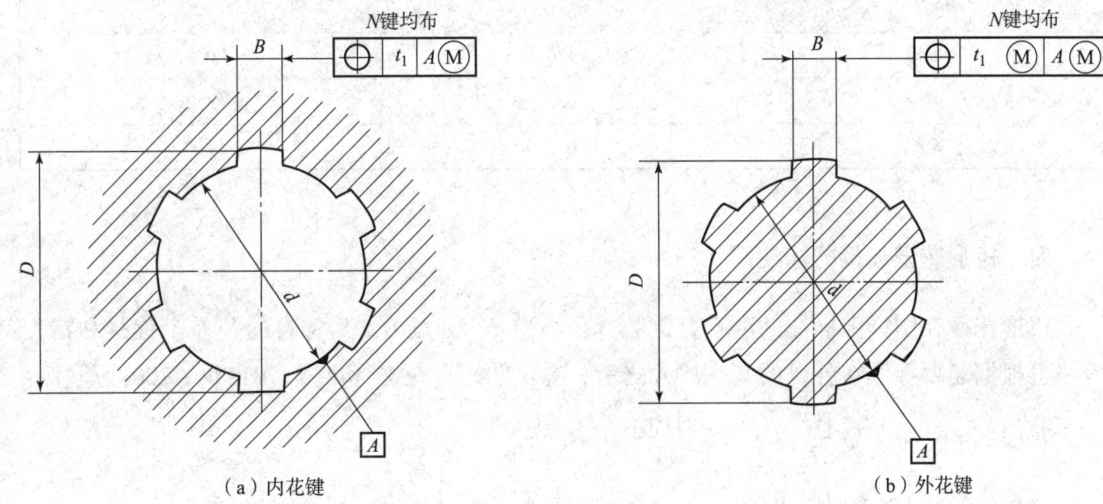

图 8 - 7 矩形花键位置度公差标注

表 8 - 6 矩形花键对称度公差（摘自 GB/T1144 - 2001） （单位：mm）

键槽宽或键宽 B		3	3.5 ~ 6	7 ~ 10	12 ~ 18
t_2	一般用	0.010	0.012	0.015	0.018
	精密传动用	0.006	0.008	0.009	0.011

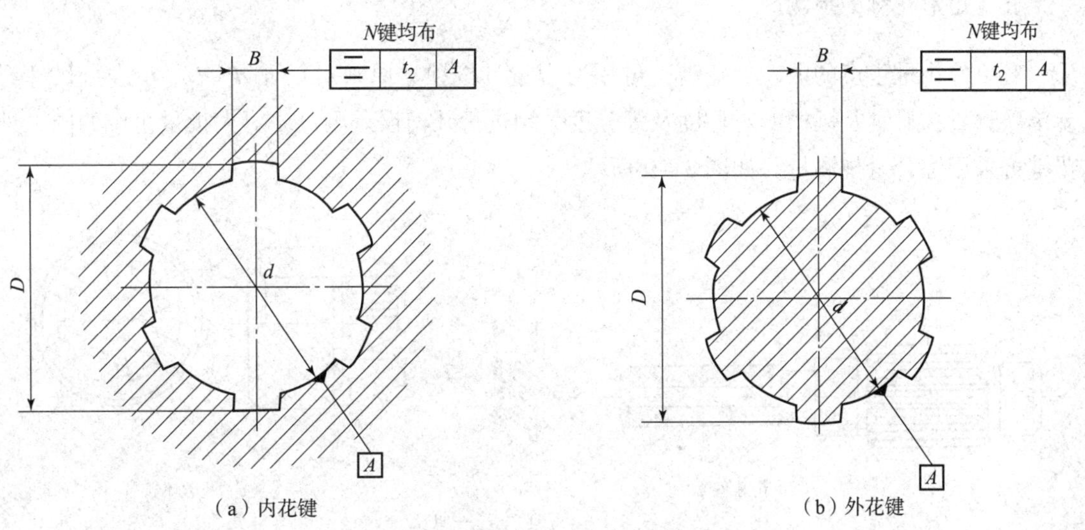

图 8 - 8 矩形花键对称度公差标注

（4）对于较长的花键，应规定内、外花键各键槽侧面对定心表面轴线的平行度公差，公差值根据产品性能自行确定。

（5）矩形花键表面粗糙度数值见表 8－7。

表 8－7　矩形花键表面粗糙度推荐值　（单位：μm）

加工表面	内花键	外花键
	Ra 不大于	
小径	1.6	0.8
大径	6.3	3.2
键侧	6.3	1.6

四、矩形花键连接的标注

矩形花键在图样上标注的内容有键数 N、小径 d、键宽 B，其各自的公差带代号和精度等级可根据需要标注在各自的基本尺寸之后，并注明矩形花键标准号 GB1144－2001。示例：

花键 $N=6$；$d=23\frac{H7}{f7}$；$D=26\frac{H10}{a11}$；$B=6\frac{H11}{d10}$

花键规格：$N\times d\times D\times B$

$6\times23\times26\times6$

花键副：$6\times23\frac{H7}{f7}\times26\frac{H10}{a11}\times6\frac{H11}{d10}$　GB/T1144－2001

内花键：$6\times23\ H7\times26\ H10\times6\ H11$　GB/T1144－2001

外花键：$6\times23\ f7\times26\ a11\times6\ d10$　GB/T1144－2001

五、矩形花键的检测

对单件小批生产的内、外花键，可用通用量具按独立原则对尺寸 d、D、B 进行尺寸误差单项测量；对键及键槽的对称度及等分度分别进行几何误差测量。对大批量生产的内、外花键可采用综合量规测量。如图 8－9 所示。

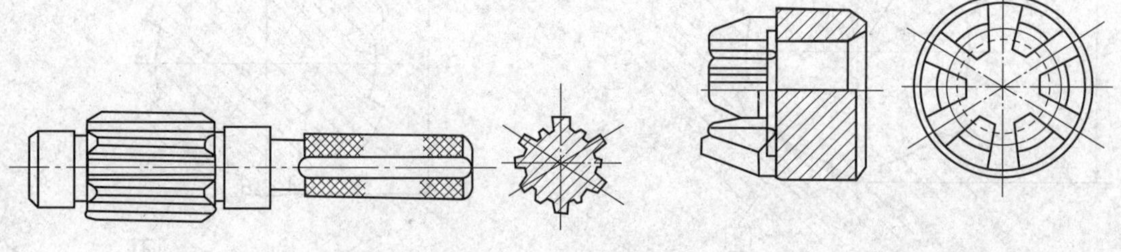

（a）花键塞规　　（b）花键环规

图 8－9　花键综合量规

课后练习八

8－1 判断下列说法是否正确：

（ ）（1）平键连接中，键宽与键槽宽的配合采用基孔制。

（ ）（2）矩形花键连接采用小径定心的目的是因为小径能用磨削的方法消除热处理变形，可提高定心直径的制造精度。

（ ）（3）平键连接中，键宽与键槽宽的配合采用基轴制。

（ ）（4）平键结合的工作面分别是上、下两个平面。

8－2 计算题

（1）某齿轮与轴的配合为 $\phi 45H5/m6$，采用平键连接传递转矩，负荷为中等。试查表确定轴、孔的极限偏差，轴键槽和轮毂键槽的断面尺寸及极限偏差，轴键槽和轮毂键槽的对称度公差及表面粗糙度。

（2）某机床变速箱中有 6 级精度齿轮的花键孔与花键轴连接，花键规格 $6\times26\times30\times6$，花键孔长 30 mm，花键轴长 75 mm，齿轮花键孔经常需要相对花键轴做轴向移动，要求定心精度较高，试确定齿轮花键孔和花键轴的公差带代号，计算小径、大径、键（键槽）宽的极限尺寸，分别写出在装配图上和零件图上的标记。

第九章 普通螺纹的互换性与检测

第一节 概 述

一、螺纹的种类和使用要求

螺纹在机器制造中应用广泛，按用途不同，分为机械紧固螺纹和传动螺纹两大类。普通螺纹是最常用的紧固螺纹，分为粗牙和细牙两种，用于可拆卸连接，如螺栓连接、螺钉连接等。对这类螺纹要求有良好的可旋入性和连接的可靠性。

二、普通螺纹的基本几何参数

GB/T192－2003 规定普通螺纹的基本牙型是指在螺纹轴向剖面内，截去等边三角形的顶部和底部而形成的螺纹牙型，如图 9－1 所示。

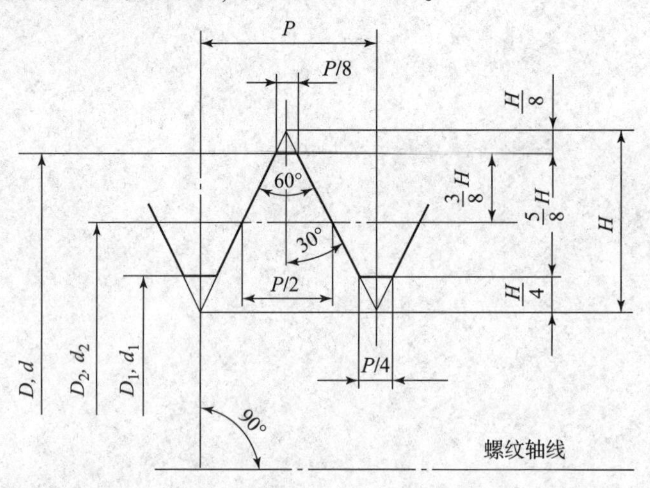

图 9－1 普通螺纹的基本牙型

1. 大径 d、D

与外螺纹牙顶或内螺纹牙底相重合的假想圆柱体的直径，是螺纹的最大直径。外螺纹大径为 d，内螺纹大径为 D。国标规定大径的基本尺寸作为螺纹的公称直径。具体见表9－1。

表 9-1 普通螺纹的基本尺寸（摘自 GB/T196-2003） （单位：mm）

公称直径 D、d	螺距 P	中径 D_2 或 d_2	小径 D_1 或 d_1	公称直径 D、d	螺距 P	中径 D_2 或 d_2	小径 D_1 或 d_1
20	2.5	18.376	17.294	30	3.5	27.727	26.211
	2	18.701	17.835		2	28.701	27.835
	1.5	19.026	18.376		1.5	29.026	28.376
	1	19.350	18.917		1	29.350	28.917
24	3	22.051	20.752	36	4	33.402	31.670
	2	22.701	21.835		3	34.051	32.752
	1.5	23.026	22.376		2	34.701	33.835
	1	23.350	22.917		1.5	35.026	34.376

2. 小径 d_1、D_1

与外螺纹牙底或内螺纹牙顶相重合的假想圆柱体的直径，是螺纹的最小直径。外螺纹小径为 d_1，内螺纹小径为 D_1。

3. 中径 d_2、D_2

一个假想圆柱的直径，圆柱母线通过牙型上沟槽和凸起宽度相等的地方，外螺纹中径为 d_2，内螺纹中径为 D_2。

4. 单一中径 d_{2a}、D_{2a}

一个假想圆柱的直径，该圆柱的母线通过牙型上沟槽宽度等于基本螺距一半的地方。当螺距无误差时，中径就是单一中径，当螺距有误差时，两者不相等。单一中径用三针法测量，通常近似看作螺纹实际中径尺寸。

5. 螺距 P 和导程 L

螺距是指螺纹相邻两牙在中径线上对应两点间的轴向距离。导程是指同一条螺旋线上相邻两牙在中径线上对应两点间的轴向距离。$L=nP$，n 是螺纹的线数，螺距应按 GB/T193-2003 规定的系列选取，见表 9-2，普通螺纹按螺距分为粗牙和细牙两种。

表 9-2 普通螺纹的公称直径和螺距（摘自 GB/T193-2003） （单位：mm）

公称直径 D、d			螺距 P					
第一系列	第二系列	第三系列	粗牙	细牙				
10			1.5	1.25	1	0.75	(0.5)	
		11	(1.5)		1	0.75	(0.5)	
12			1.75	1.5	1.25	1	(0.75)	(0.5)
	14		2	1.5	1.25	1	(0.75)	(0.5)
		15		1.5		(1)		
16			2	1.5		1	(0.75)	(0.5)
		17		1.5		(1)		

续表

公称直径 D、d			螺距 P					
第一系列	第二系列	第三系列	粗牙	细牙				
	18		2.5	2	1.5	1	(0.75)	(0.5)
20			2.5	2	1.5	1	(0.75)	(0.5)
	22		2.5	2	1.5	1	(0.75)	(0.5)
24			3	2	1.5	1	(0.75)	
	27		3	2	1.5	1	(0.75)	
30			3.5	(3)	2	1.5	1	(0.75)
注：优先选用第一系列，括号内螺距尽量不用。								

6. 牙型角 α 和牙型半角 $\alpha/2$

牙型角是指在螺纹牙型上相邻两牙侧间的夹角，牙型半角是某一牙侧与螺纹轴线的垂线之间的夹角，也称为牙侧角。对于米制普通螺纹 $\alpha=60°$，$\alpha/2=30°$。

7. 原始三角形高度 H

原始等边三角形顶点到底边的垂直距离。

8. 螺纹旋合长度

两个相配合螺纹沿螺纹轴线方向相互旋合部分的长度。

第二节　普通螺纹几何参数误差对互换性的影响

螺纹连接的互换性是指相同规格的内、外螺纹装配过程的可旋合性及使用过程中连接的可靠性。影响螺纹互换性的几何参数有五个：大径、中径、小径、螺距和牙型半角。由于标准规定螺纹的大径及小径处均留有一定的间隙，因此影响螺纹互换性的主要参数是螺距、中径和牙型半角。为保证有足够的连接强度，对顶径也提出了一定的精度要求。

一、螺距误差对互换性的影响

螺距误差包括与旋合长度有关的累积误差和与旋合长度无关的局部误差（单个螺距的实际尺寸与基本尺寸的代数差），其中累积误差是主要影响因素。

螺距误差使内、外螺纹结合发生干涉，影响旋合性，并在螺纹旋合长度内使实际接触的牙数减少，影响可靠性。但对螺距很难逐个分别检验，因此对普通螺纹不采用规定螺距公差的办法，而是采取将外螺纹中径减小或内螺纹中径增大，以保证达到旋合的目的。用螺距误差换算成中径的补偿值称为螺距误差的中径当量，用 f_P 表示。

如图 9-2 所示，假定内螺纹具有理想牙型，内、外螺纹的中径与牙型半角分别相同，外螺纹的螺距有误差，设在旋合长度内，螺距的累积误差为 ΔP_{Σ}。这种情况下，螺纹产生干涉无法旋合。为了使有螺距误差的外螺纹旋入具有理想牙型的内螺纹，把外螺纹的中径减小一个数值f_P。

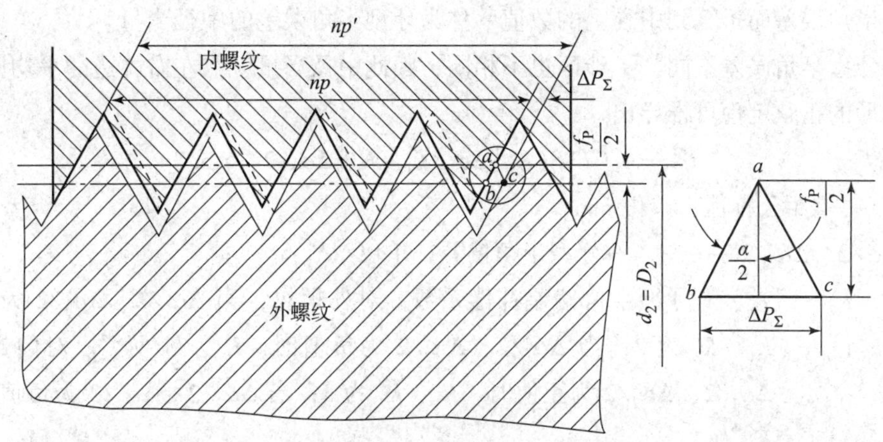

图9-2 螺距误差对互换性的影响

同理，当内螺纹有螺距误差时，为了保证可旋合性，应把内螺纹的中径加大一个数值f_P。

从Δabc中可知

$$f_P = |\Delta P_\Sigma| \cot (\alpha/2) \quad (9-1)$$

对于普通螺纹$\alpha/2=30°$，则

$$f_P = 1.732 |\Delta P_\Sigma| \quad (9-2)$$

二、中径误差对互换性的影响

在制造螺纹时，中径不可避免地会出现误差。当外螺纹的中径大于内螺纹的中径时，会影响旋合性，反之，若外螺纹中径过小，则配合太松，牙侧接触不好，影响连接的可靠性。因此，对螺纹中径应加以限制。

三、牙型半角误差对互换性的影响

牙型半角误差是由于牙型角有误差，或者是由于牙型角位置误差造成牙型角的平分线不垂直于螺纹轴线所引起，也可能是两个因素共同造成的。

牙型半角误差可使内、外螺纹结合时发生干涉，影响旋合性，并使螺纹接触面积减少，磨损加快，降低连接的可靠性，应加以限制。

如图9-3所示，假定内螺纹是理想牙型，外螺纹仅有牙型半角误差，在小径或大径牙侧处会产生干涉不能旋合。为了消除干

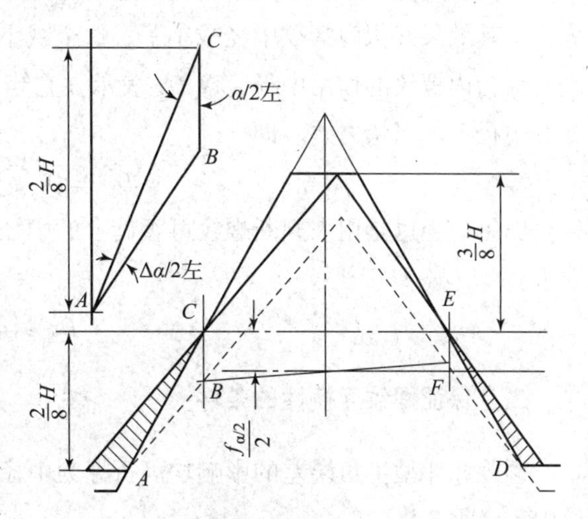

图9-3 牙型半角误差对互换性的影响

涉区，可将外螺纹中径减少一个数值$f_{\alpha/2}$或将内螺纹中径加大一个数值$f_{\alpha/2}$，这个$f_{\alpha/2}$就是为补偿牙型半角误差而折算到中径上的数值，称为牙型半角误差的中径当量。

左右牙型半角误差不同，干涉区也不相同，因此中径当量应取左右两边的平均值。根据任意三角形的正弦定理可推导出

$$f_{\alpha/2}=0.073P(K_1|\Delta\alpha_1/2|+K_2|\Delta\alpha_2/2|)\ \mu m \quad (9-3)$$

式中 P——螺距公称值，单位 mm；

$\Delta\alpha_1/2$、$\Delta\alpha_2/2$——左、右牙型半角偏差，单位“′”；

K_1、K_2——左、右牙型半角偏差补偿系数。对外螺纹，当$\Delta\alpha_1/2$、$\Delta\alpha_2/2$为正值时，K_1、K_2为2；当$\Delta\alpha_1/2$、$\Delta\alpha_2/2$为负值时，K_1、K_2为3。对内螺纹，当$\Delta\alpha_1/2$、$\Delta\alpha_2/2$为正值时，K_1、K_2为3；当$\Delta\alpha_1/2$、$\Delta\alpha_2/2$为负值时，K_1、K_2为2。

上述的f_P与$f_{\alpha/2}$值的计算是从理论上推导出来的，内外螺纹结合实际情况是比较复杂的，彼此间的真实关系有待于进一步研究。

第三节　保证普通螺纹互换性的条件

一、作用中径的概念

作用中径是指螺纹配合中实际起作用的中径。当有螺距、牙型半角等误差的外螺纹与具有理想牙型的内螺纹旋合时，旋合变紧，其效果好像外螺纹的中径增大了，这个增大了的假想中径是与内螺纹旋合时起作用的中径，称为外螺纹的作用中径，以d_{2m}表示，它等于外螺纹的单一中径与螺距、牙型半角等误差在中径上的当量之和。即

$$d_{2m}=d_{2a}+f_P+f_{\alpha/2} \quad (9-4)$$

同理，当有螺距和牙型半角等误差的内螺纹与具有理想牙型的外螺纹旋合时，旋合也变紧了，其效果好像内螺纹中径减小了。这个减小了的假想中径是与外螺纹旋合时起作用的中径，称为内螺纹的作用中径，以D_{2m}表示，它等于内螺纹的单一中径与螺距、牙型半角等误差在中径上的当量之差。即

$$D_{2m}=D_{2a}-f_P-f_{\alpha/2} \quad (9-5)$$

作用中径也是用来判断螺纹可否旋合的中径，若要保证内、外螺纹的旋合性，必须满足要求：

$$D_{2m}\geqslant d_{2m} \quad (9-6)$$

二、保证螺纹互换性的条件

螺距和牙型半角误差的影响均可折算为中径当量值，因此要实现螺纹结合的互换性，螺纹中径必须合格。

判断螺纹中径是否合格应遵循泰勒原则，即一方面螺纹作用中径不能大于最大极限中

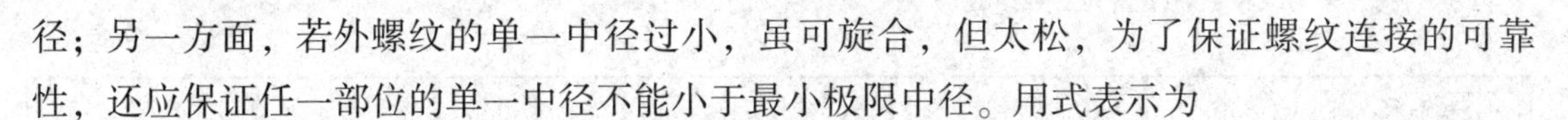

径；另一方面，若外螺纹的单一中径过小，虽可旋合，但太松，为了保证螺纹连接的可靠性，还应保证任一部位的单一中径不能小于最小极限中径。用式表示为

对外螺纹 $$d_{2m} \leqslant d_{2max}，d_{2a} \geqslant d_{min} \tag{9-7}$$

对内螺纹 $$D_{2m} \geqslant D_{2min}，D_{2a} \leqslant D_{2max} \tag{9-8}$$

第四节 普通螺纹的公差与配合

一、普通螺纹的公差带

GB/T197－2003 对普通螺纹的公差等级和基本偏差做了规定。

1. 公差等级

公差等级见表 9－3。其中 3 级精度最高，6 级为基本级，9 级精度最低。各级公差值见表 9－4 和表 9－5。

表 9－3 普通螺纹公差等级（摘自 GB/T197－2003）

螺纹直径	公差等级
外螺纹中径 d_2	3，4，5，6，7，8，9
外螺纹大径 d	4，6，8
内螺纹中径 D_2	4，5，6，7，8
内螺纹小径 D_1	4，5，6，7，8

表 9－4 普通螺纹中径公差（摘自 GB/T197－2003） （μm）

公称直径 $D(d)$/mm		螺距	内螺纹中径公差 T_{D2}					外螺纹中径公差 T_{d2}						
>	≤	P/mm	公差等级					公差等级						
			4	5	6	7	8	3	4	5	6	7	8	9
5.6	11.2	0.75	85	106	132	170	—	50	63	80	100	120	—	—
		1	95	118	150	190	236	56	71	95	112	140	180	224
		1.25	100	125	160	200	250	60	75	95	118	150	190	236
		1.5	112	140	180	224	280	67	85	106	132	170	212	265
11.2	22.4	1	100	125	160	200	250	60	75	95	118	150	190	236
		1.25	112	140	180	224	280	67	85	106	132	170	212	265
		1.5	118	150	190	236	300	71	90	112	140	180	224	280
		1.75	125	160	200	250	315	75	95	118	150	190	236	300
		2	132	170	212	—	63	80	100	125	160	200	250	315
		2.5	140	180	224	280	355	85	106	132	170	212	265	335

续表

公称直径 $D(d)$/mm		螺距	内螺纹中径公差 T_{D2}					外螺纹中径公差 T_{d2}						
>	≤	P/mm	公差等级					公差等级						
			4	5	6	7	8	3	4	5	6	7	8	9
22.4	45	1	106	132	170	212	—	63	80	100	125	160	200	250
		1.5	125	160	200	250	315	75	95	118	150	190	236	300
		2	140	180	224	280	355	85	106	132	170	212	265	335
		3	170	212	265	335	425	100	125	160	200	250	315	400
		3.5	180	224	280	355	450	106	132	170	212	265	335	425
		4	190	236	300	375	475	112	140	180	224	280	355	450
		4.5	200	250	315	400	500	118	150	190	236	300	375	475

表 9－5　普通螺纹基本偏差和顶径公差（摘自 GB/T197－2003）　（单位：μm）

螺距 P/mm	内螺纹的基本偏差 EI		外螺纹的基本偏差 es				内螺纹小径公差 T_{D1} 公差等级					外螺纹大径公差 T_d 公差等级		
	G	H	e	f	g	h	4	5	6	7	8	4	6	8
0.75	+22		-56	-38	-22		118	150	190	236	—	90	140	—
0.8	+24		-60	-38	-24		125	160	200	250	315	95	150	236
1	+26		-60	-40	-26		150	190	236	300	375	112	180	280
1.25	+28		-63	-42	-28		170	212	265	335	425	132	212	335
1.5	+32		-67	-45	-32		190	236	300	375	475	150	236	375
1.75	+34	0	-71	-48	-34	0	212	265	335	425	530	170	265	425
2	+38		-71	-52	-38		236	300	375	475	600	180	280	450
2.5	+42		-80	-58	-42		280	355	450	560	710	212	335	530
3	+48		-85	-63	-48		315	400	500	630	800	236	375	600
3.5	+53		-90	-70	-53		355	450	560	710	900	265	425	670
4	+60		-95	-75	-60		375	475	600	750	950	300	475	750

2. 基本偏差

国标对内螺纹规定了两种基本偏差，其代号为 G、H，如图 9－4 所示。对外螺纹规定了四种基本偏差，其代号为 e、f、g、h，如图 9－5 所示。基本偏差值见表 9－5。

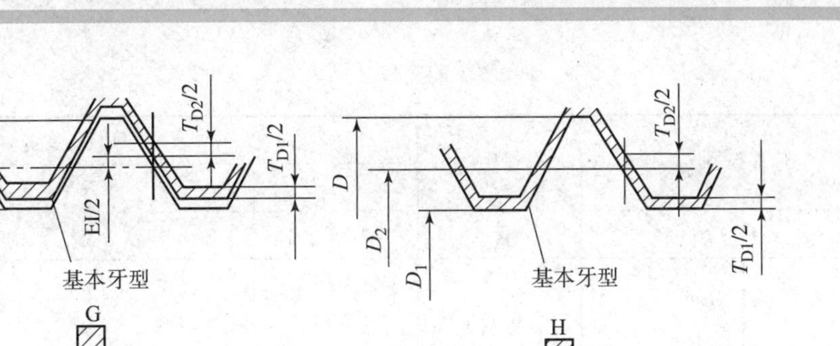

图 9-4 内螺纹的基本偏差

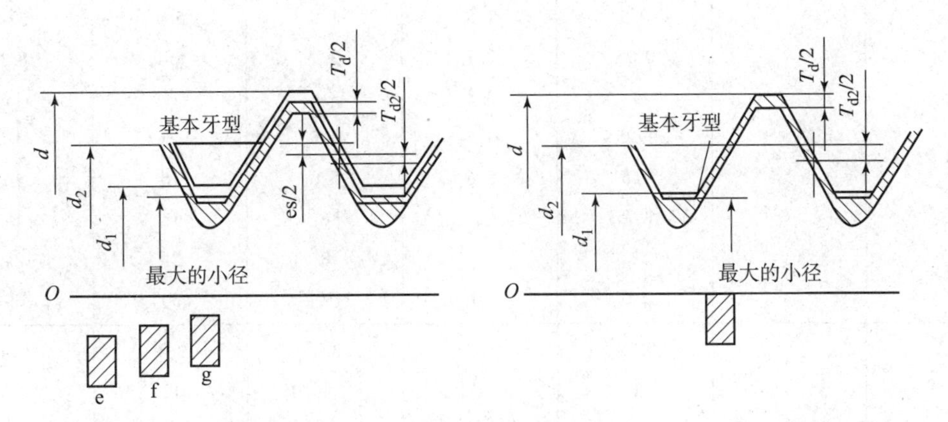

图 9-5 外螺纹的基本偏差

二、螺纹的旋合长度和精度等级

螺纹的配合精度不仅与公差等级有关，而且与旋合长度有关。

1. 旋合长度

GB/T197-2003 按螺纹的公称直径和螺距将其对应的旋合长度分为三种，分别称为短旋合长度 S、中等旋合长度 N、长旋合长度 L，具体见表 9-6。长旋合长度旋合后稳定性好，且有足够的连接强度，但加工精度难以保证，当螺纹误差较大时，会出现难以旋合的现象，多用于软金属制件，如铝合金件的连接。短旋合长度，加工容易保证，但旋合后稳定性较差，通常用于低压电器及防护罩等连接强度要求不高的场合。一般情况下采用中等旋合长度。

2. 精度等级

国标将螺纹精度分为精密、中等和粗糙三级。精密级精度用于要求配合性质变动小的地方，中等精度用于一般机械，粗糙级精度用于精度要求不高或加工比较困难的螺纹。螺纹的精度与公差等级在概念上是不同的。同一公差等级的螺纹，若旋合长度不同，则螺纹的精度就不同。在同一螺纹精度下，对不同旋合长度组的螺纹应采用不同的公差等级。一般情况下，S 组比 N 组高一个公差等级，L 组比 N 组低一个公差等级。

表 9－6　螺纹的旋合长度（摘自 GB/T197－2003）　　（单位：mm）

公称直径 D、d		螺距 P	旋合长度			
			S	N		L
>	≤		≤	>	≤	>
5.6	11.2	0.5	1.6	1.6	4.7	4.7
		0.75	2.4	2.4	7.1	7.1
		1	3	3	9	9
		1.25	4	4	12	12
		1.5	5	5	15	15
11.2	22.4	0.5	1.8	1.8	5.4	5.4
		0.75	2.7	2.7	8.1	8.1
		1	3.8	3.8	11	11
		1.25	4.5	4.5	13	13
		1.5	5.6	5.6	16	16
		1.75	6	6	18	18
		2	8	8	24	24
		2.5	10	10	30	30
22.4	45	0.75	3.1	3.1	9.4	9.4
		1	4	4	12	12
		1.5	6.3	6.3	19	19
		2	8.5	8.5	25	25
		3	12	12	36	36
		3.5	15	15	45	45
		4	18	18	53	53
		4.5	21	21	63	63

三、螺纹公差带与配合的选用

各个公差等级的公差和基本偏差可以组成内、外螺纹的各种公差带。公差带代号与光滑的轴、孔不同，公差等级在前，基本偏差字母在后，如 7H、6e 等。在生产实践中，为了减少量具、刃具的数量，GB/T197－2003 规定了内、外螺纹的选用公差带，见表 9－7 及表 9－8。

表 9－7　内螺纹选用公差带（摘自 GB/T197－2003）

精度	公差带位置 G			公差带位置 H		
	S	N	L	S	N	L
精密				4H	5H	6H
中等	(5G)	*6G	(7G)	*5H	*6H	*7H
粗糙		(7G)	(8G)		7H	8H

表 9-8 外螺纹选用公差带（摘自 GB/T197-2003）

精度	公差带位置 e			公差带位置 f			公差带位置 g			公差带位置 h		
	S	N	L	S	N	L	S	N	L	S	N	L
精密								(4g)	(5g4g)	(3h4h)	*4h	(5h4h)
中等		*6e	(7e6e)		*6f		(5g6g)	[*6g]	(7g6g)	(5h6h)	*6h	(7h6h)
粗糙		(8e)	(9e8e)					8g	(9g8g)			

注：1. 大量生产的精制紧固件螺纹，推荐采用带方框的公差带；
2. 带 * 的公差带应优先选用，不带 * 的公差带其次，加括号的公差带尽可能不用。

表中带 * 的公差带应优先选用，加括号的尽量不用。表中有两个公差带代号如 5H6H，前者表示中径公差带代号，后者表示顶径公差带代号。表中只有一个公差带代号如 5H，表示中径和顶径公差带相同。为了保证足够的接触高度，完工后螺纹最好组成 H/h、H/g、G/h 的配合。对于需要涂镀的外螺纹，镀层厚度为 10 μm 时可采用 g，镀层厚度为 20 μm 时采用 f，镀层厚度为 30 μm 时采用 e。当内、外螺纹均需要涂镀时，则采用 G/e 或 G/f 的配合。

四、螺纹在图样上的标注

螺纹的完整标注由螺纹代号、螺纹公差带代号和旋合长度代号三部分组成。各部分用“—”隔开。

在螺纹代号中包括螺纹牙型代号、公称直径（大径）、螺距和旋向。对粗牙螺纹，不注出螺距值，细牙螺纹要注出螺距值。右旋螺纹不标注旋向，而左旋螺纹应注出“LH”。

螺纹公差带代号包括中径公差带代号和顶径公差带代号。若中径和顶径公差带代号相同，则只标注一个。

在旋合长度代号中，中等旋合长度不标注，而长、短旋合长度要注出“L”或“S”。

1. 零件图上标注示例

M24-5g6g-S

表示公称直径为 24 的普通粗牙外螺纹，中径公差带代号为 5g，顶径公差带代号为 6g，短旋合长度。

M24×2LH—6H

表示公称直径为 24 的普通细牙左旋内螺纹，螺距为 2，中径和顶径公差带代号为 6H，中等旋合长度。

2. 装配图上标注示例

M20-6H/5g6g

表示互相配合的普通粗牙内、外螺纹，公称直径为 20，内螺纹的中径和顶径公差带代号均为 6H，外螺纹中径公差带代号为 5g，顶径公差带代号为 6g。

练一练

螺纹 M24—6h 的测量结果为：$d_{2a}=21.95$ mm，$\Delta P_{\Sigma}=-50$ μm，$\Delta\alpha_1/2=-80'$，$\Delta\alpha_2/2=+60'$。试求该外螺纹的作用中径，问此外螺纹是否合格，能否旋入具有基本牙型的内螺纹中。

解：查表 9－1 得 $d_2=22.051$ mm。

查表 9－5 得，中径上偏差 es＝0。查表 9－4 得，$T_{d2}=200$ μm。

中径的极限尺寸 $d_{2\max}=22.051$ mm，$d_{2\min}=21.851$ mm

该外螺纹的作用中径 $d_{2m}=d_{2a}+f_P+f_{\alpha/2}$，

其中，$f_P=1.732|\Delta P_{\Sigma}|=1.732\times 50\ \mu m=86.6\ \mu m=0.0866$ mm。

因为 $\Delta\alpha_1/2<0$，$\Delta\alpha_2/2>0$，牙型半角误差补偿系数 $K_1=3$，$K_2=2$。

$$\begin{aligned}f_{\alpha/2}&=0.073P(K_1|\Delta\alpha_1/2|+K_2|\Delta\alpha_2/2|)\\&=0.073\times 3(3\times 80+2\times 60)=78.8(\mu m)\\&=0.0788\ \text{mm}\end{aligned}$$

$$d_{2m}=d_{2a}+f_P+f_{\alpha/2}=21.95+0.0866+0.0788=22.115\ \text{mm}$$

$d_{2m}>d_{2\max}$，即螺纹的作用中径大于最大极限中径，所以该外螺纹不合格，不能旋入具有基本牙型的内螺纹中。公差带图如图 9－6 所示。

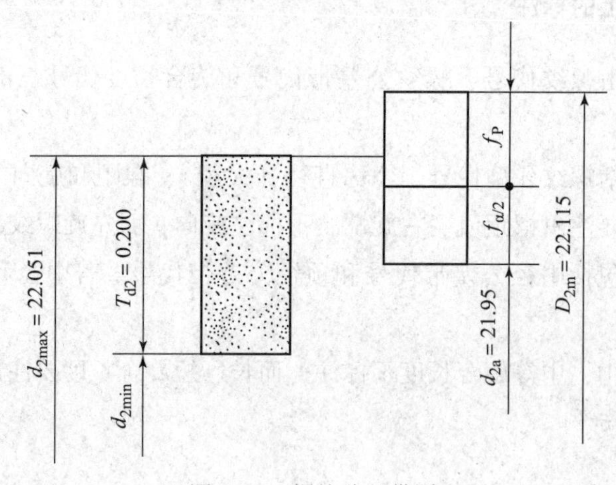

图 9－6　螺纹公差带图

第五节　普通螺纹的检测

普通螺纹的测量方法分为综合检验和单项测量。

一、单项测量

分别测量螺纹的各个几何参数，常用于螺纹工件的工艺分析、螺纹量规、螺纹刀具及精密螺纹的检测。常用的方法有：

1. 三针法测量外螺纹单一中径

将三根直径相同的量针，如图 9－7 所示放在螺纹牙型沟槽中间，用指示量仪测出三根量针外母线之间的跨距 M，根据已知的螺距 P，牙型半角 $\alpha/2$ 及量针直径 d_0 的数值算出被测螺纹的单一中径 d_{2a}。计算公式如下：

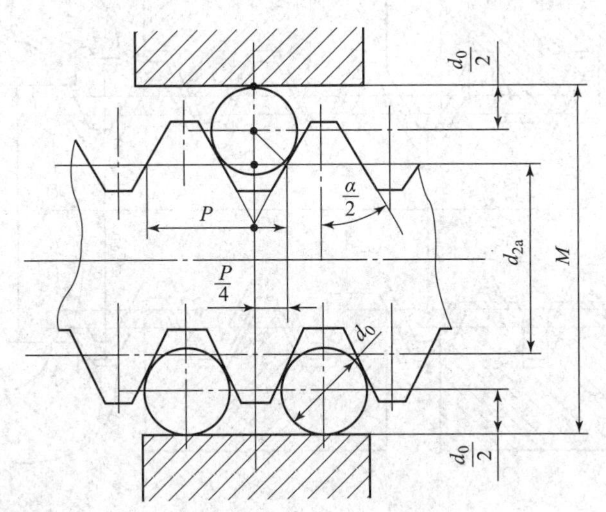

图 9－7 三针法测量螺纹单一中径

$$d_{2a} = M - d_0\left(1 + \frac{1}{\sin(\alpha/2)}\right) + \frac{P}{2}\cot(\alpha/2) \quad (9-9)$$

对于米制普通螺纹，$\alpha = 60°$，则

$$d_{2a} = M - 3d_0 + 0.866P \quad (9-10)$$

从上述公式可知，用三针法的测量精度，除所选量仪的示值误差和量针本身的误差外，还与被测螺纹的螺距误差和牙型半角误差有关。

为了消除牙型半角误差对测量结果的影响，应选最佳量针直径，使它与螺纹牙型侧面的接触点，恰好在中径线上，如图 9－8 所示。

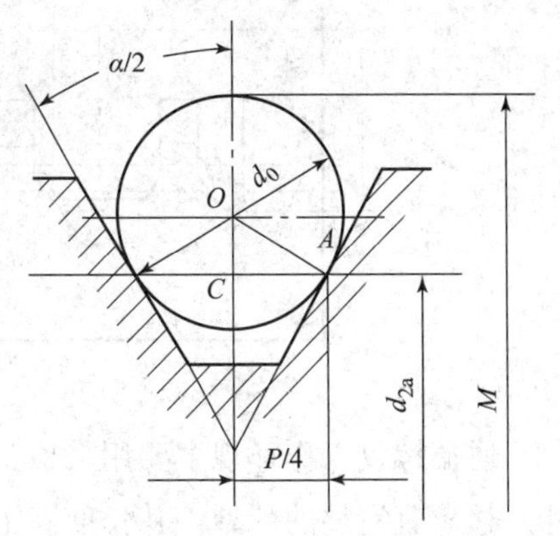

图 9－8 最佳量针

此时最佳量针直径为

$$d_{0最佳} = \frac{P}{2\cos(\alpha/2)} \quad (9-11)$$

2. 影像法测量螺纹各参数

用工具显微镜将被测螺纹的牙型轮廓放大成像，按影像测量其螺距、牙型半角和中径，是一种在实际生产中应用普遍的测量方法。

二、综合测量

采用按照泰勒原则设计的螺纹极限量规来检验内、外螺纹的合格性。这种方法不能测出螺纹参数的具体数值，但检验效率高，适用于批量生产的中等精度的螺纹。

螺纹量规分为塞规和卡规，用环规（卡规）检验外螺纹如图 9 - 9 所示，用塞规检验内螺纹如图 9 - 10 所示。检验外螺纹大径用光滑卡规和螺纹环规，这些量规又有通规和止规。

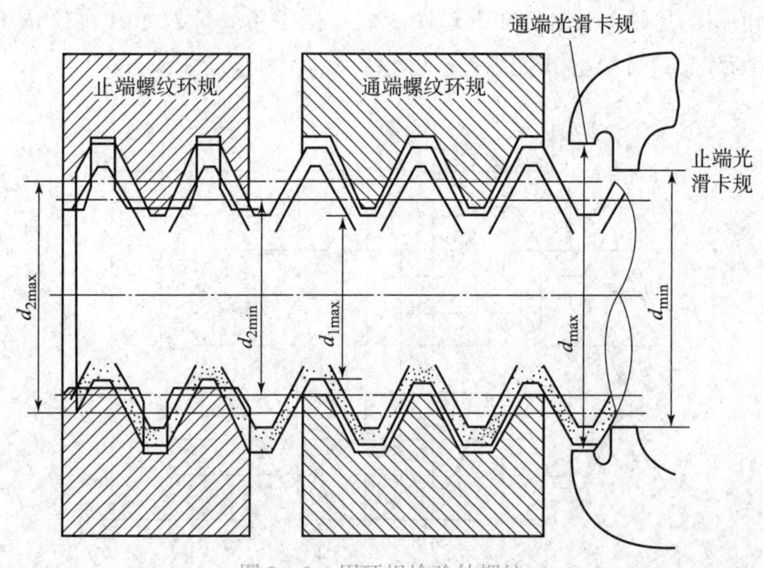

图 9 - 9　用环规检验外螺纹

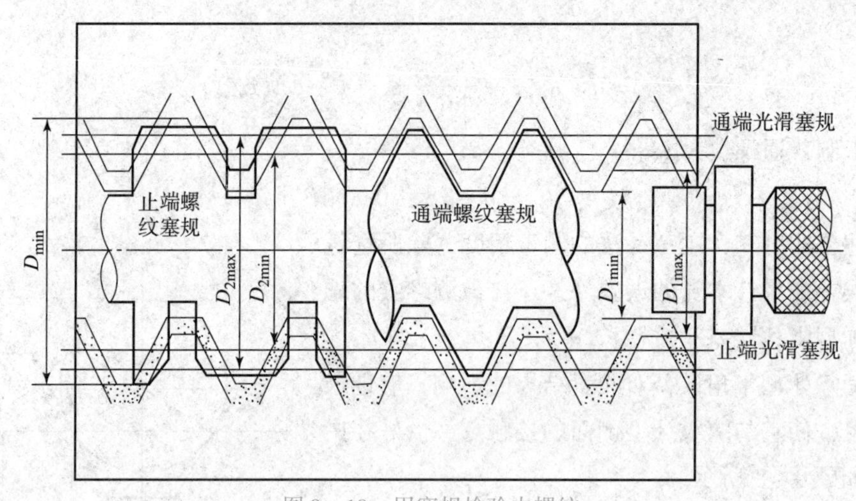

图 9 - 10　用塞规检验内螺纹

通端螺纹工作环规主要用来检验外螺纹作用中径，其次是控制外螺纹小径的最大极限尺寸。它应有完整的牙型，其长度等于被检验螺纹的旋合长度，合格的外螺纹应被通端螺纹工作环规顺利地旋入。止端螺纹工作环规用来检验外螺纹的单一中径。为了尽量减少螺距误差和牙型半角误差的影响，必须使它的中径部位与被检验的外螺纹接触，因此止端螺纹工作环规的牙型做成截短的不完整的牙型，并将止端螺纹工作环规的长度缩短到 2 ~ 3. 5 牙。合格的外螺纹不应完全通过止端螺纹工作环规，但仍允许旋合一部分。光滑极限卡规用来检验外螺纹的大径尺寸。

通端螺纹工作塞规、止端螺纹工作塞规及光滑极限塞规用来检验内螺纹。分别检验被测内螺纹的作用中径和底径（大径）、实际中径、顶径（小径）。

课后练习九

9-1 判断题：

(　　)(1) 螺纹中径是指大径和小径的平均值。

(　　)(2) 螺纹的牙型半角就是牙型角的一半。

(　　)(3) 普通螺纹的中径公差，既包含半角的公差，又包含螺距公差。

(　　)(4) 用三针法测量螺纹中径属于间接测量。

(　　)(5) 螺距误差和牙型半角误差，总是使外螺纹的作用中径增大，使内螺纹的作用中径减小。

(　　)(6) 普通螺纹公差标准中，除了规定中径的公差和基本偏差外，还规定了螺距和牙型半角的公差。

(　　)(7) 对一般的紧固螺纹来说，螺栓的作用中径应小于或等于螺母的作用中径。

(　　)(8) 普通螺纹的中径公差，可以同时限制中径、螺距、牙型半角三个参数的误差。

9-2 解释下列螺纹代号。

(1) M20-5H

(2) M36×2-5g6g-20

(3) M30×1-6H/5g6g

(4) M10-LH-7H-L

9-3 一对螺纹的配合代号为M16-6H/6g，试查表确定：内、外螺纹的基本中径、大径和小径的基本尺寸和极限偏差，并计算内、外螺纹的基本中径、大径和小径的极限尺寸，把答案填写在下面表1和表2中。

表1 螺纹参数

螺距 P	大径 D (d)	中径 $D2$ ($d2$)	小径 $D1$ ($d1$)

表2 螺纹副极限尺寸

	最大极限尺寸	最小极限尺寸
内螺纹大径		
内螺纹中径		
内螺纹小径		
外螺纹大径		
外螺纹中径		
外螺纹小径		

9－7　有一内螺纹 M20－7H，测得其实际中径单一中径 $d_{2a}=18.61$ mm，螺距累积误差差为 $\Delta P_{\Sigma}=40$ μm，实际牙型半角 $\alpha/2$(左)＝$-29°10'$，$\alpha/2$(右)＝$30°30'$。试计算该内螺纹的作用中径，并判断此内螺纹是否合格？并说明理由。

9－8　在工具显微镜上测得 M16－5h 螺栓的实际中径 $d_{2a}=14.6$ mm（公称螺距 $P=2$，中径基本尺寸 $d_2=14.701$ mm，中径 T 公差 $T_{d2}=125$ μm），牙型半角误差的中径当量 $f_{\alpha/2}=0.035$ mm，经计算螺距误差的中径当量 $f_P=0.069$ mm，试问此螺是否合格，能否旋入具有基本牙型的螺母，并绘制公差带图。

第十章　渐开线圆柱齿轮的互换性与检测

在各种机器和仪器的传动装置中，齿轮是使用较多的传动件，尤其是渐开线圆柱齿轮的应用甚广。渐开线圆柱齿轮的精度在一定程度上影响着整台机器和仪器的精度，其质量直接影响机器和仪器的工作性能和使用寿命。为了保证渐开线圆柱齿轮传动的精度和互换性，2008 年我国发布了有关齿轮精度的新国标 GB/T 10095. 1 - 2008 及 GB/T 10095. 2 - 2008。本章内容采用新标准介绍渐开线圆柱齿轮的传动公差及检测。

第一节　齿轮传动的使用要求

渐开线齿轮传动可分为传递运动和传递动力两大类。从传递运动出发，应保证传递运动准确、平稳；从传递动力出发，应保证传动可靠（承载能力高）。因此，对渐开线圆柱齿轮传动提出以下四个方面的使用要求：

1. 传递运动的准确性

由于齿轮存在加工误差和安装误差，齿轮传动中，传动比不可能是恒定的，因而使得从动轮的实际转角产生了转角误差。传递运动准确性就是要求齿轮在一转范围内，传动比的变化应尽量小，不超过一定的限度。它可以用一转过程中产生的最大转角误差来表示。以保证主、从动齿轮的运动协调。

2. 传动的平稳性

齿轮在传动过程中，任一瞬时传动比的变化，都会使从动轮转速发生变化，从而产生瞬时速度的变化和冲击力，引起齿轮传动中的撞击、震动和噪声。传递运动平稳性就是要求齿轮在一齿转角内（转一齿距角 $360°/Z$），瞬时传动比的变化应尽量小，不超过一定的限度。它可以用齿轮每转一齿过程中产生的最大转角误差来表示。以保证齿轮传递运动过程中的平稳性。

3. 载荷分布的均匀性

齿轮在传递载荷时，若齿面上的载荷分布不均匀，将会因载荷集中于齿面局部，而导致齿面的磨损加剧、点蚀。载荷分布均匀性就是要求一对齿轮啮合时，工作齿面接触良好、保证一定的接触面积、避免载荷集中于局部、以使轮齿均匀承载，从而提高齿轮的承载能力和使用寿命。该要求可用在齿长和齿高方向上保证一定的接触区域来表示。

4. 合理的齿轮副侧隙

齿轮传动装置装配后，主、从动齿轮传动中，两个相配齿轮的工作齿面相接触时，在两个非工作齿面之间所形成的适当的齿侧间隙，简称侧隙。侧隙是在齿轮装配后自然形成的，用以储存润滑油、补偿受力变形和受热变形，以及容纳齿轮的制造和安装所产生的误差，保证传动过程不出现卡死和齿面烧伤的现象。

对于不同用途和不同工作条件的齿轮，对上述四方面的要求程度也有所侧重。

对于分度齿轮和读数齿轮，要求分度准确和示值精确。因此，要求齿轮具有较高的传递运动准确性，而其他方面精度可相应低些。

对高速重载的齿轮，如汽轮机减速器，特点是转速很高，传动功率也较大。因此，要求传递运动的准确性、传动的平稳性和载荷分布均匀性都很高。

对于低速、重载的传力齿轮，如轧钢机、矿山机械、起重机械中用的齿轮，特点是传动功率很大，速度比较低，主要的要求是齿面接触均匀，承载能力高。而对传递运动的准确性、传动平稳性要求均可低些。

对于齿轮副的侧隙，无论任何齿轮，为保证其转动灵活，都必须留有合理的侧隙。

第二节　齿轮加工误差的来源

齿轮加工通常采用展成法，即用滚刀或插齿刀在滚齿机、插齿机上加工渐开线齿廓，高精度齿轮还需进行剃齿或磨齿等精加工工序。

现以滚齿为例，分析产生误差的主要因素。图 10－1 表示滚齿时的加工误差主要来源于机床—刀具—工件系统的周期性误差。主要有以下几方面。

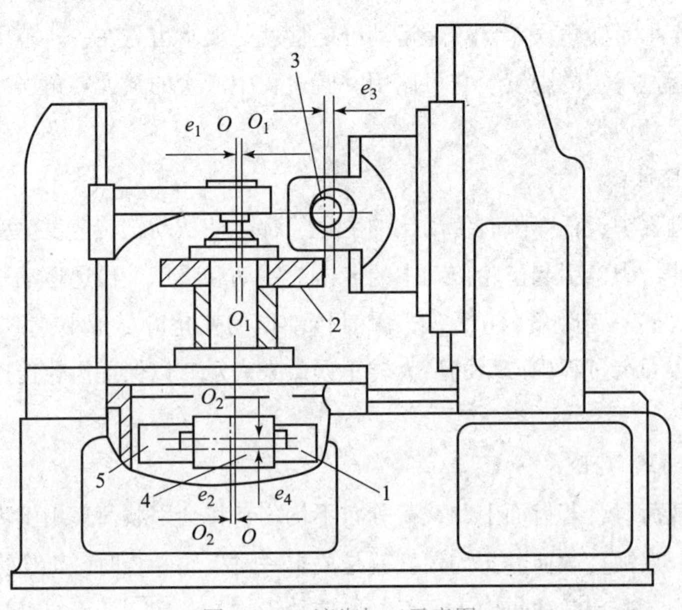

图 10－1　滚齿加工示意图

1—分度蜗杆；2—齿坯；3—滚刀；4—蜗杆；5—蜗轮

1. 几何偏心

齿轮毛坯呈间隙配合安装在滚齿机工作台的定位心轴上，齿轮毛坯孔的几何中心 O_1-O_1 与工作台定位心轴的中心 $O-O$，两者不重合存在偏心距 e_1，e_1 称为几何偏心。齿轮加工过程中存在的几何偏心，使齿轮一转内产生齿圈径向跳动，并且使齿距和齿厚也产生周期性变化，属于径向误差。加工出来的齿轮如图 10－2 所示。

2. 运动偏心

工作台分度蜗轮中心 O_2-O_2 与工作台定位心轴中心 $O-O$，两者不重合存在偏心距 e_2，e_2 称为运动偏心。齿轮加工过程中存在的运动偏心，使滚齿加工时分度蜗轮与蜗杆的啮合半径发生变化，导致滚齿机工作台周期性地忽快忽慢旋转，造成齿轮的齿距和公法线长度在局部上变长或变短，产生切向误差。加工出来的齿轮如图 10－3 所示。

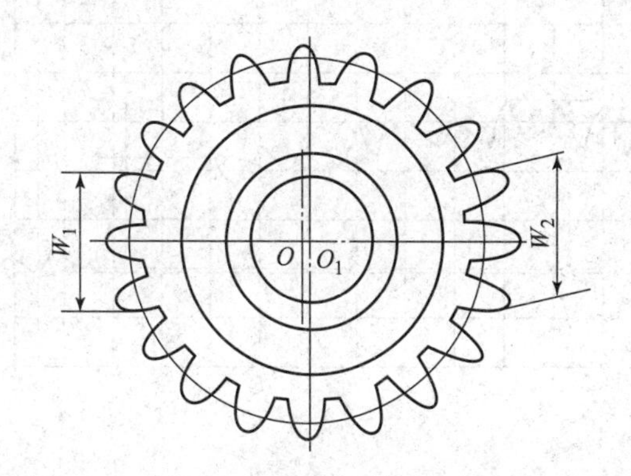

图 10－2　具有几何偏心的齿轮

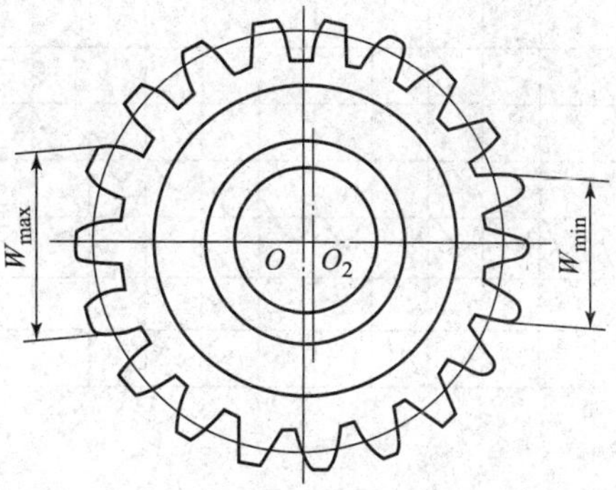

图 10－3　具有运动偏心的齿轮

可见，无论是几何偏心还是运动偏心，引起的误差都是以齿坯一转为一个周期，称为长周期误差。

3. 滚刀的安装偏心

滚刀有安装偏心 e_3，轴线倾斜及轴向跳动，都会反映到被加工的轮齿上，产生齿廓偏差。该误差是在齿轮一转中多次重复出现，称为短周期误差。

4. 机床分度蜗杆有安装偏心

机床分度蜗杆有安装偏心 e_4 和轴向窜动，使分度涡轮转速不均匀，造成齿轮的齿距偏差和齿廓偏差。

分度蜗杆每转一转，跳动重复一次，误差出现的频率将等于分度涡轮的齿数，为短周期误差。

第三节　渐开线圆柱齿轮误差项目及检测

为了保证齿轮传动的工作质量，必须控制单个齿轮的偏差。齿轮标准中，用相应的齿轮总公差项目来控制齿轮偏差项目，且公差与偏差共用一个符号表示。现将齿轮国家标准 GB/

T 10095.1－2008 和 GB/T 10095.2－2008 介绍如下。

一、影响齿轮传递运动准确性的偏差项目及检测

1. 齿轮传递运动准确性的评定指标

（1）切向综合总偏差 F_i'

切向综合总偏差 F_i' 是指被测齿轮与测量齿轮单面啮合检验时，被测齿轮转一转内，齿轮分度圆上实际圆周位移与理论圆周位移的最大差值，如图 10－4 所示。测量齿轮允许用精确齿条、精确蜗杆、精确测头等测量元件代替。

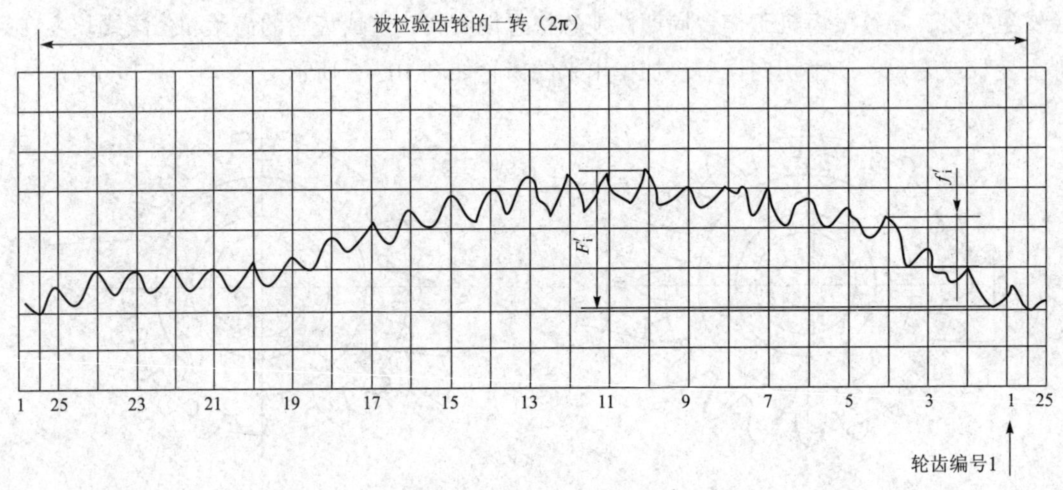

图 10－4 切向综合偏差曲线

F_i' 曲线通常是在齿轮单面啮合综合检查仪（单啮仪）上测得的，在检测过程中，只有同侧齿面单面接触，测量结果可用直角坐标表示出来。

图 10－5 为单啮仪测量原理图。被测齿轮 1 与测量齿轮 2 在公称中心距 a 下形成单面啮合齿轮副，圆盘 4 和 3 分别为按这两个齿轮分度圆直径经精密加工的摩擦盘，由它们提供同步的标准传动。若被测齿轮没有误差，则轴 5 和圆盘 4 的角位移相等。如果被测齿轮存在误差，则转动过程中的角位移差值由传感器 6 拾取，经放大器 7 由记录器 8 录下误差曲线。

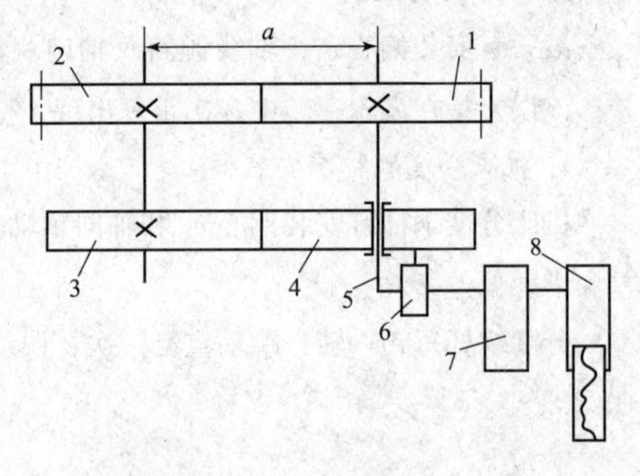

图 10－5 单啮仪测量原理图

F_i' 曲线反映了齿轮一周的转角总误差，它是几何偏心、运动偏心以及齿廓偏差等的综合结果，而且是在近似于齿轮工作状态下测得的，所以 F_i' 曲线能较全面而真实地反映齿轮工作时的误差情况，是评定齿轮传递运动准确性较为完善的综合指标。

（2）齿距累积总偏差 F_p 与 k 个齿距累积偏差 F_{pk}

齿距累积总偏差 F_p 与齿距累积偏差 F_{pk} 是建立在单个齿距偏差 f_{pt} 的基础上的。这里，先建立单个齿距偏差 f_{pt} 的概念。

单个齿距偏差 f_{pt} 是指，在端平面上，在接近齿高中部的一个与齿轮轴线同心的圆上，实际齿距与理论齿距的代数差，如图 10－6 所示，该图中 $F_{pk}=F_{p3}$。

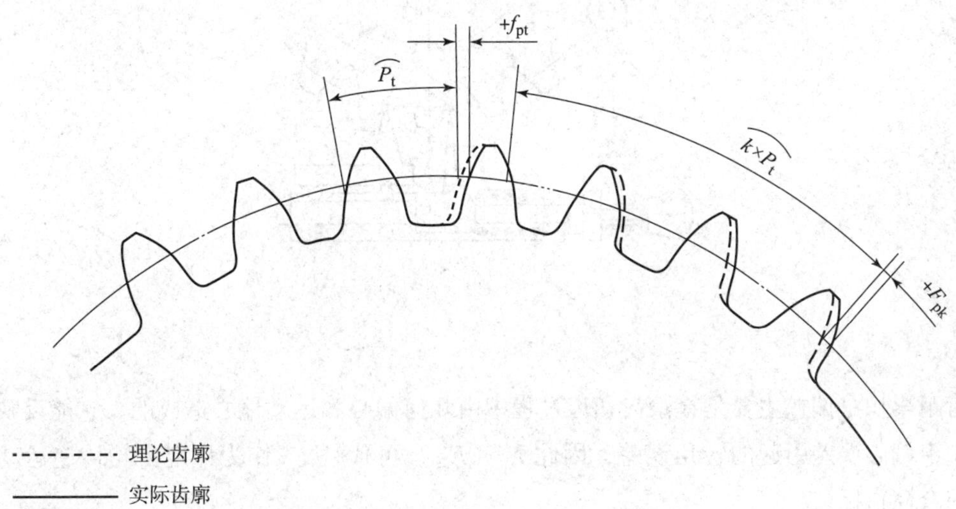

图 10－6　齿距偏差与齿距累积偏差

齿距累积总偏差 F_p 是指齿轮同侧齿面任意弧段（$k=1$ 至 $k=z$）内的最大齿距累积偏差。它表现为齿距累积偏差曲线的总幅值。如图 10－7 所示。

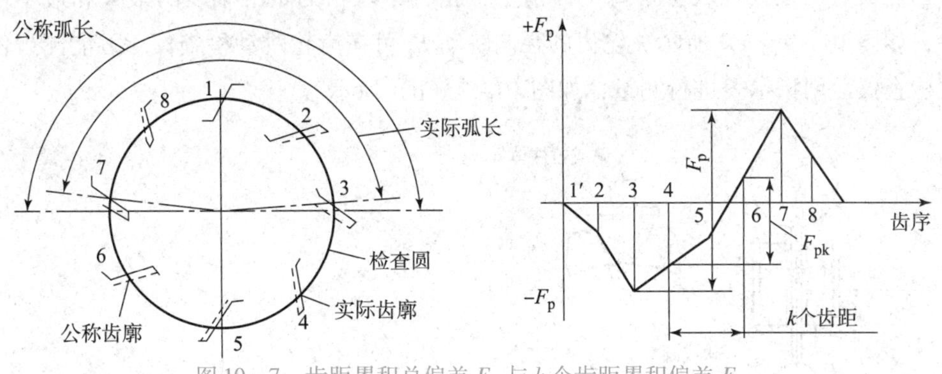

图 10－7　齿距累积总偏差 F_p 与 k 个齿距累积偏差 F_{pk}

对于某些齿数较多或精度要求高的齿轮，还要求控制齿轮局部范围内的齿距累积偏差，即 k 个齿的齿距积累偏差 F_{pk}。F_{pk} 是指在分度圆上任意 k 个齿的齿距的实际弧长与公称弧长的代数差，通常 k 为 2 到小于 $z/2$ 的整数（z 为齿轮的齿数）。理论上，F_{pk} 等于这 k 个齿距的各单个齿距偏差的代数和。

齿距累积总偏差必须逐齿测量齿距，并经过数据处理才能得到结果，而 F_i' 是在连续运转中测得的，它更全面。由于 F_p 的测量可使用较普及的齿距仪、万能测齿仪等仪器，因此它是目前工厂中常用的一种齿轮运动精度的评定指标。

图 10－8 为万能测齿仪测量齿距的简图，首先以被测齿轮上任一实际齿距作为基准，将

仪器指示表调零，然后沿整个齿圈依次测出其实际齿距与作为基准的齿距的差值即为相对齿距偏差，经过数据处理求出 F_p（同时也可求得单个齿距偏差 f_{pt}）。

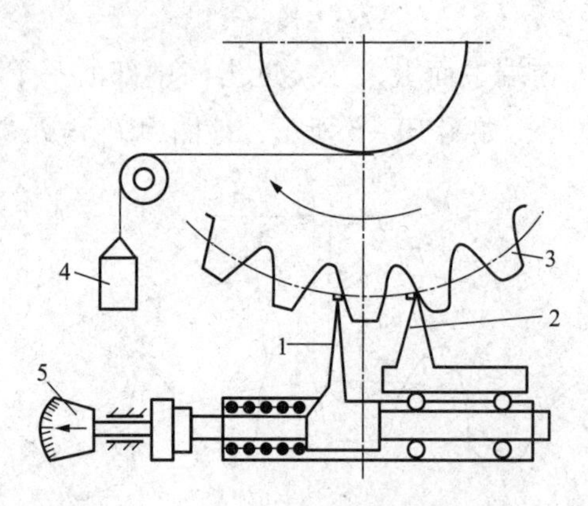

图 10－8　万能测齿仪测量齿距

1—活动测头；2—固定测头；3—被测齿轮；4—重锤；5—指示表

齿距累积总偏差主要是在滚齿切齿过程中由几何偏心和运动偏心造成的。它能反映齿轮一转中由偏心误差引起的转角误差，因此 F_p（F_{pk}）可代替 F_i' 作为评定齿轮传递运动准确性的综合性指标。

（3）轮齿的径向跳动 F_r

轮齿的径向跳动 F_r 是指齿轮在一转范围内，一个适当的测头（球、砧、圆柱或棱柱体）在齿轮旋转时逐齿地放置于每个齿槽中，相对于齿轮的基准轴线的最大和最小径向位置之差，如图 10－9（a）所示。轮齿的径向跳动 F_r 可在齿轮跳动检查仪、万能测齿仪或普通偏摆检查仪上用指示表进行测量，如图 10－9（b）所示。

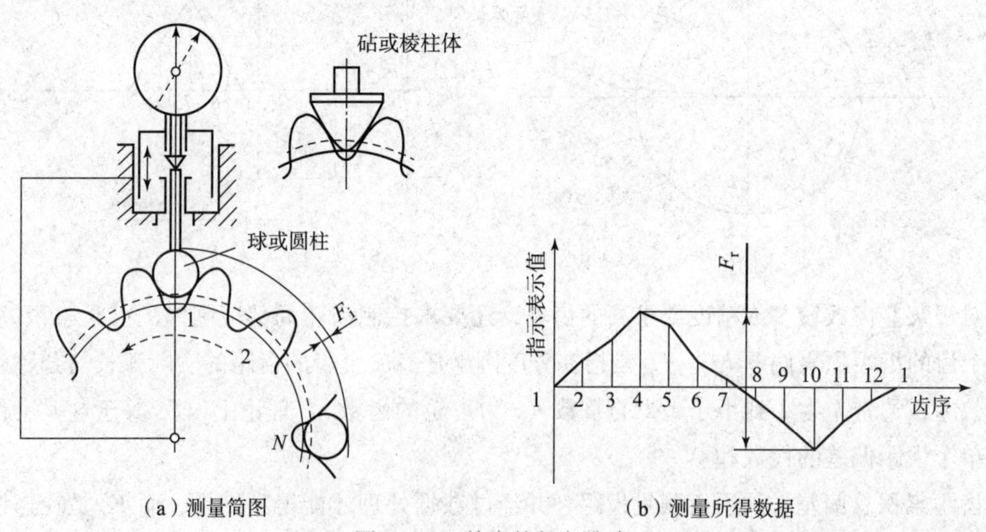

图 10－9　轮齿的径向跳动

F_r 主要是由几何偏心引起的，它可以反映齿距累积总偏差中的径向误差，但不能反映由运动偏心引起的切向误差，故不能全面评价传递运动的准确性，只能作为齿轮检测的单项

指标。它以齿轮转一周为周期出现，属于长周期径向齿轮误差，必须与能揭示切向齿轮误差的单项指标组合，才能全面评定齿轮传递运动的准确性。

(4) 径向综合总偏差 F_i''

径向综合总偏差 F_i'' 是指在径向（双面）综合检验时，产品齿轮的左右齿面同时与测量齿轮接触，并转过一整圈时出现的中心距最大值和最小值之差，如图 10－10（b）所示。其中双啮中心距是指产品齿轮与精确测量齿轮紧密啮合时的中心距。F_i'' 是在齿轮双面啮合综合检查仪（双啮仪）上测得的。

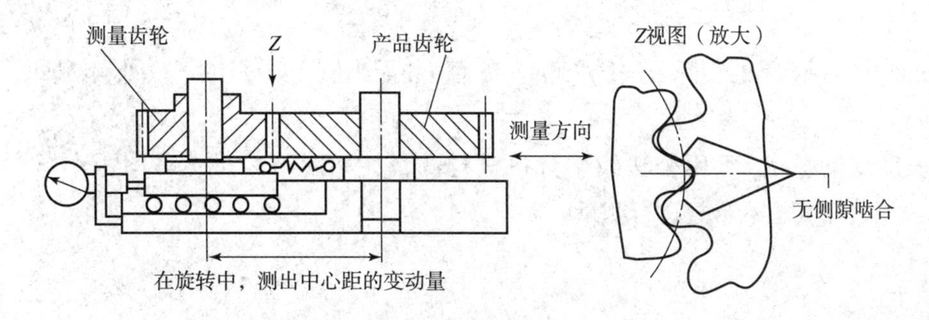

（a）测量径向综合偏差的原理

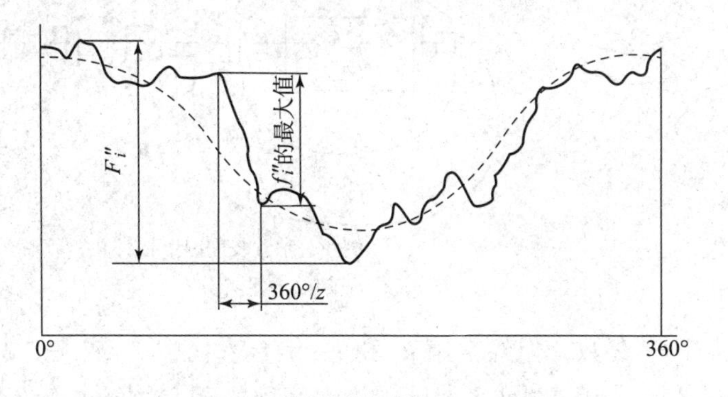

（b）径向综合偏差曲线图

图 10－10 用齿轮双啮仪测径向综合总偏差

径向综合总偏差检验时，所用的装置上能安放一对齿轮，其中一个齿轮装在固定的轴上，另一个齿轮则装在带有滑道的轴上，该滑道带一弹簧装置，从而使两个齿轮在径向能紧密地啮合，如图 10－10（a）所示。在旋转过程中测量出中心距的变动量，也可将中心距变动曲线图展现出来。

对于大多数检测目的，要用一个测量齿轮对产品齿轮作此项检测。测量齿轮需要做得非常精确，以达到其对径向综合总偏差的影响可忽略不计，在此情况下，当一个产品齿轮旋转一整周后，就能展现出一个可接受的记录。

被检测齿轮径向综合总偏差 F_i'' 等于齿轮旋转一整周中最大的中心距变动量，它可以从记录下来的线图上确定，一齿径向综合偏差 f_i'' 等于齿轮转过一个齿距角时其中心距的变动量，如图 10－10（b）所示。

F_i'' 主要反映径向误差，由于 F_i'' 的测量操作方便、效率高、所用仪器结构比较简单，因此在成批生产时普遍应用。但由于测量时被测齿轮的齿面是与理想精确测量齿轮双面啮合，与工作状态不完全符合，所以 F_i'' 只能反映齿轮的径向误差，而不能反映切向误差，即 F_i'' 并不能确切和充分地用来评定齿轮传递运动的准确性。

（5）公法线长度变动量 F_w

公法线长度是指跨 k 个齿的异侧齿廓间的公法线长度。公法线长度变动量 F_w 是指被测齿轮转一周范围内，实际公法线长度的最大值与最小值之差。即

$$F_w = W_{max} - W_{min} \tag{10-1}$$

式中　W_{max}、W_{min}——测得的实际公法线长度的最大值和最小值。如图 10－11（a）所示。

公法线千分尺的读数

公法线长度变动量 F_w 可用公法线千分尺进行测量，如图 10－11（b）所示，或用公法线指示卡规进行测量。

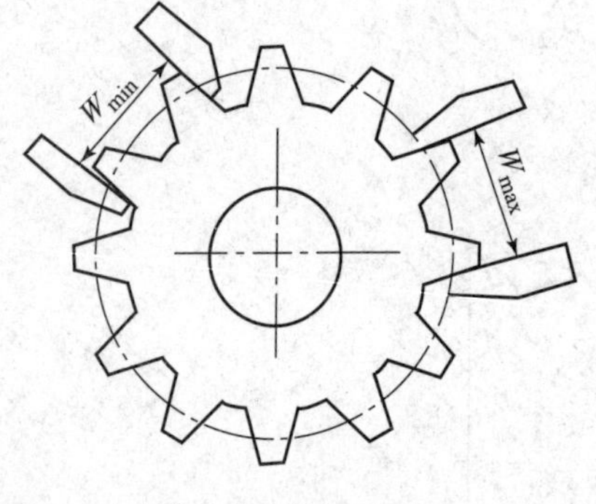

（a）公法线长度变动量

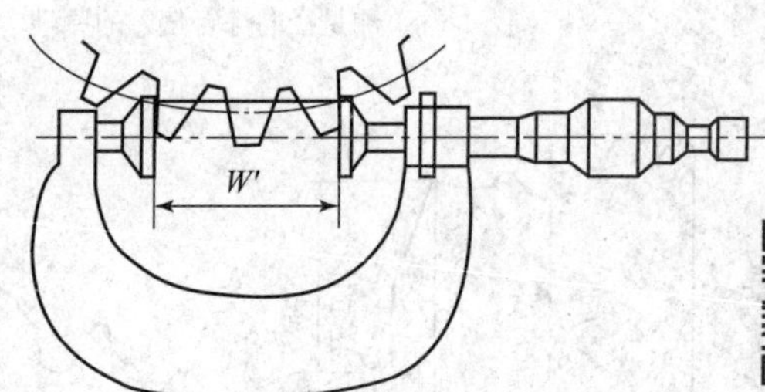

（b）公法线长度测量简图

图 10－11　公法线长度变动量及测量

公法线长度的测量

在齿轮新标准中没有 F_w 参数，但经常用 F_r 和 F_w 组合来代替 F_p 或 F_i'，故在此保留供参考。F_w 反映的是由运动偏心引起的使各实际齿廓在圆周位置上的分布不均匀，该误差使公法线长度在轮齿转一周范围内呈周期性变化，它只能反映切向误差，不能反映径向误差。

公法线千分尺的测量实例

2. 齿轮传递运动准确性的精度验收

对于上述评定指标，并非在一个齿轮精度设计中全部给出，而是根据生产规模、齿轮精度要求和测量条件等的不同，分别选择下列评定指标之一：

（1）切向综合总偏差 F_i'。

（2）齿距累积总偏差 F_p。

（3）齿圈径向跳动 F_r 与公法线长度变动量 F_w。

（4）径向综合总偏差 F_i'' 与公法线长度变动量 F_w。

（5）径向跳动 F_r（用于 10～12 级精度）。

具体应用时可根据生产条件和工作要求选用上述指标中的一组来评定齿轮传递运动准确性。

二、影响齿轮传动平稳性的偏差项目及检测

1. 齿轮传递运动平稳性的评定指标

（1）一齿切向综合偏差 f'_i

一齿切向综合偏差 f'_i 是指被测齿轮与产品齿轮单面啮合检验时，在被测齿轮一齿距角内的切向综合偏差值，如图 10－4 所示。在一个齿距角内，过误差曲线的最高、最低点作与横坐标平行的两条直线，此平行线间的距离即为 f'_i。

f'_i 与切向综合总偏差一样，用单啮仪进行测量。

f'_i 反映齿轮一齿距角内的转角误差，在齿轮一转中多次重复出现，是一项齿轮传动平稳性较理想的综合评定指标。主要反应由刀具制造和安装误差及机床分度蜗杆安装、制造误差所造成的齿轮短周期综合误差。

（2）一齿径向综合偏差 f''_i

一齿径向综合偏差 f''_i 是当产品齿轮啮合一整圈时，对应一个齿距（360°/z）的径向综合偏差值。产品齿轮所有轮齿的 f''_i 的最大值不应超过规定的允许值，如图 10－10（b）所示。

如图 10－10（a）所示，f''_i 采用双啮仪测量。f''_i 主要反映由刀具制造和安装误差（如齿距、齿形误差及偏心等）所造成的径向短周期误差，由于仪器结构简单，操作方便，所以在成批生产中广泛使用。

（3）齿廓总偏差 F_a

齿廓总偏差 F_a 是指在计值范围 L_a 内，包容实际齿廓迹线的两条设计齿廓迹线间的距离，如图 10－12 所示。过齿廓迹线的最高、最低点，作与设计齿廓迹线平行的两条平行直线之间的距离。图中沿啮合线方向 AF 的长度叫做可用长度，表示只有对应 AF 这一段的齿廓才是渐开线，可用长度用 L_{AF} 表示。图中 AE 长度叫有效长度，用 L_{AE} 表示，因为齿轮只在 AE 段啮合，所以这一段才有效。齿廓总偏差 F_a 主要影响齿轮传递运动的平稳性，因为存在有 F_a 的齿轮，其齿廓不是标准正确的渐开线，无法保证齿轮副的瞬时传动比为常数，容易产生振动与噪声。

齿廓总偏差测量也叫齿形测量，通常是在渐开线检查仪上进行测量。图 10－13 为单盘渐开线检查仪原理图。被测齿轮 14 与一直径等于该齿轮基圆直径的基圆盘 3 同轴安装。转动手轮 7，丝杠使纵滑板 8 移动，直尺 9 与基圆盘在一定的接触压力下作纯滚动。杠杆 1 一端为侧头与齿面接触，另一端与指示盘 10 相连。直尺 9 与基圆盘 3 接触点在其切平面上。滚动时，测量头与齿廓相对运动的轨迹应是正确的渐开线。若被测齿廓不是理想渐开线，则侧头摆动经杠杆 1 在指示盘 10 上读出 F_a。

（4）单个齿距偏差 f_{pt} 与单个齿距极限偏差 $\pm f_{pt}$

单个齿距偏差 f_{pt} 是指在端平面内，在接近齿高中部的一个与齿轮轴线同心的圆周上，实际齿距与理论齿距的代数差，如图 10－6 所示。单个齿距偏差 f_{pt} 应在其对应的齿距极限偏差值 $\pm f_{pt}$ 范围内。

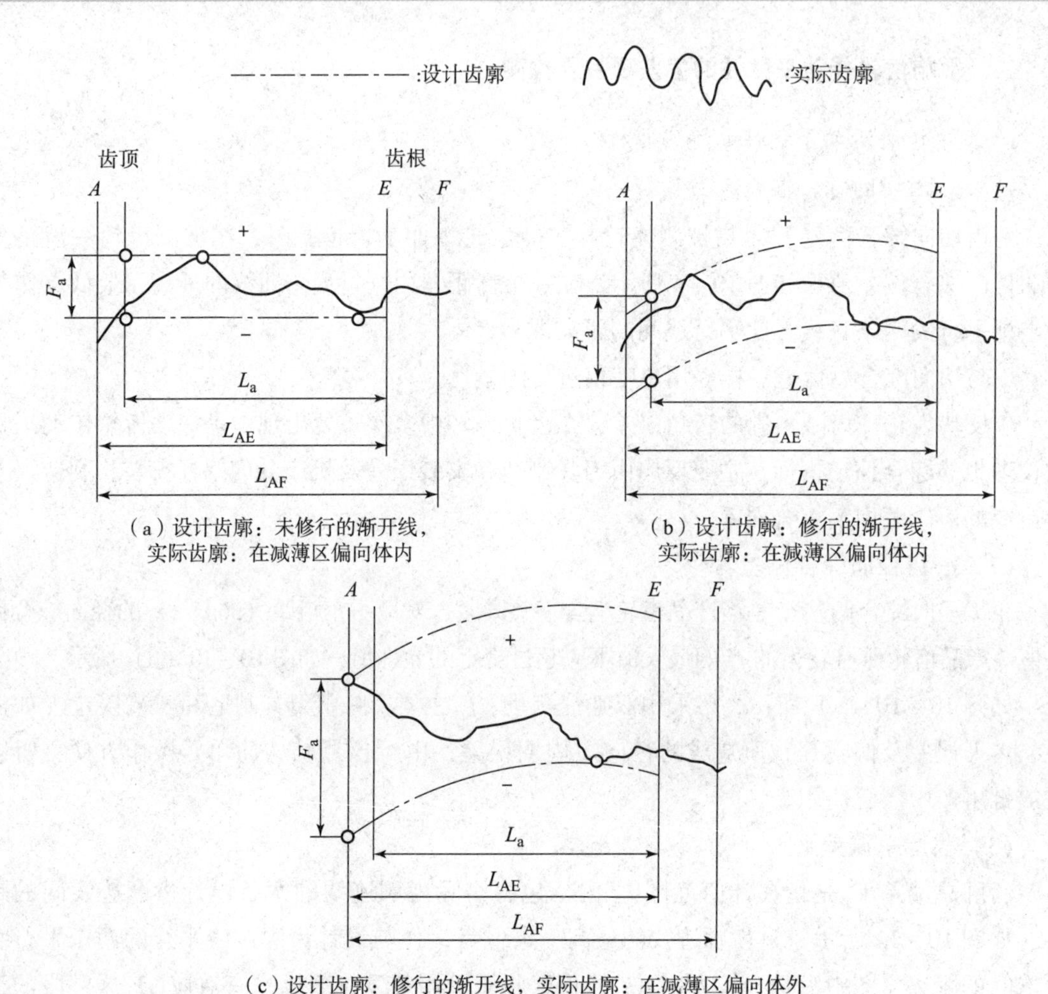

（a）设计齿廓：未修行的渐开线，实际齿廓：在减薄区偏向体内

（b）设计齿廓：修行的渐开线，实际齿廓：在减薄区偏向体内

（c）设计齿廓：修行的渐开线，实际齿廓：在减薄区偏向体外

图 10－12　齿廓总偏差

$\pm f_{pt}$是允许单个齿距偏差f_{pt}的两个极限值。当齿轮存在齿距偏差时，不管是正值还是负值，都会在一对轮齿啮合完毕而另一对轮齿进入啮合瞬间，主动齿与被动齿发生碰撞，影响齿轮传动的平稳性。单个齿距偏差可用齿距仪、万能测齿仪等进行测量，如图 10－8 所示。

2. 齿轮传递运动平稳性的精度验收

对于上述评定指标，并非在一个齿轮精度设计中全部给出，而是根据生产规模、齿轮精度要求和测量条件等的不同，分别选择下列评定指标之一：

（1）一齿切向综合偏差f_i'。

（2）一齿径向综合偏差f_i''。

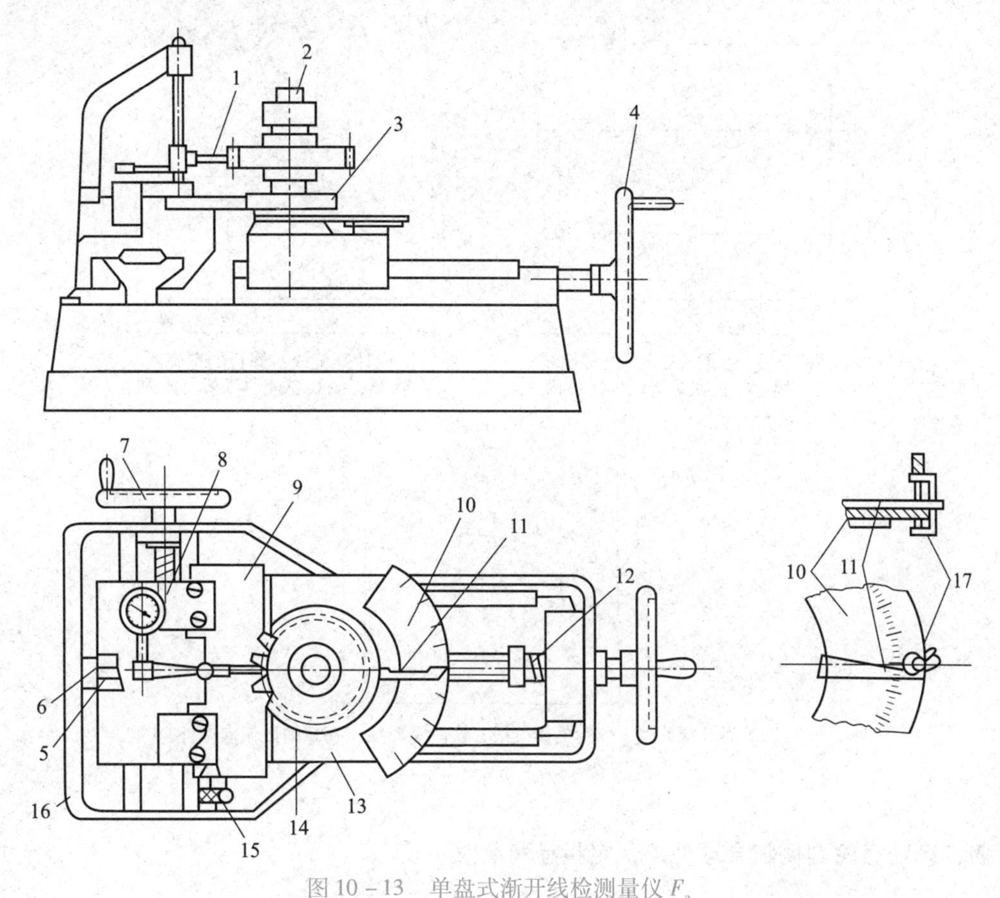

图 10－13 单盘式渐开线检测量仪 F_a

1—杠杆；2—芯轴；3—基圆盘；4，7—手轮；5—纵滑板中心指示线；6—底座中心指示线；8—纵滑板；9—直尺；10—展开角指示盘；11—展开角针；12—弹簧；13—横滑板；14—被测齿轮；15—螺钉；16—底座；17—指针夹

（3）齿廓总偏差 F_a。

（4）单个齿距偏差 f_{pt}（用于 10～12 级精度）。

具体应用时，可根据实际情况选用其中一组来评定齿轮传递运动的平稳性。

三、影响齿轮载荷分布均匀性的偏差项目及检测

相啮合的轮齿齿面接触是否均匀是影响齿轮载荷分布均匀性的主要因素。齿面接触不均匀，载荷分布也就不均匀。影响载荷分布均匀性的评定指标只有螺旋线总偏差 F_β。

螺旋线总偏差 F_β 是指在计值范围 L_β 内，包容实际螺旋线迹线的两条设计螺旋线迹线间的距离，如图 10－14 所示，该项误差主要影响齿面接触精度。

螺旋线总偏差反映出齿轮沿齿长方向接触的均匀性，亦即反映出齿轮沿齿长方向载荷分布的均匀性。因此，它是评定载荷分布均匀性的单项指标。

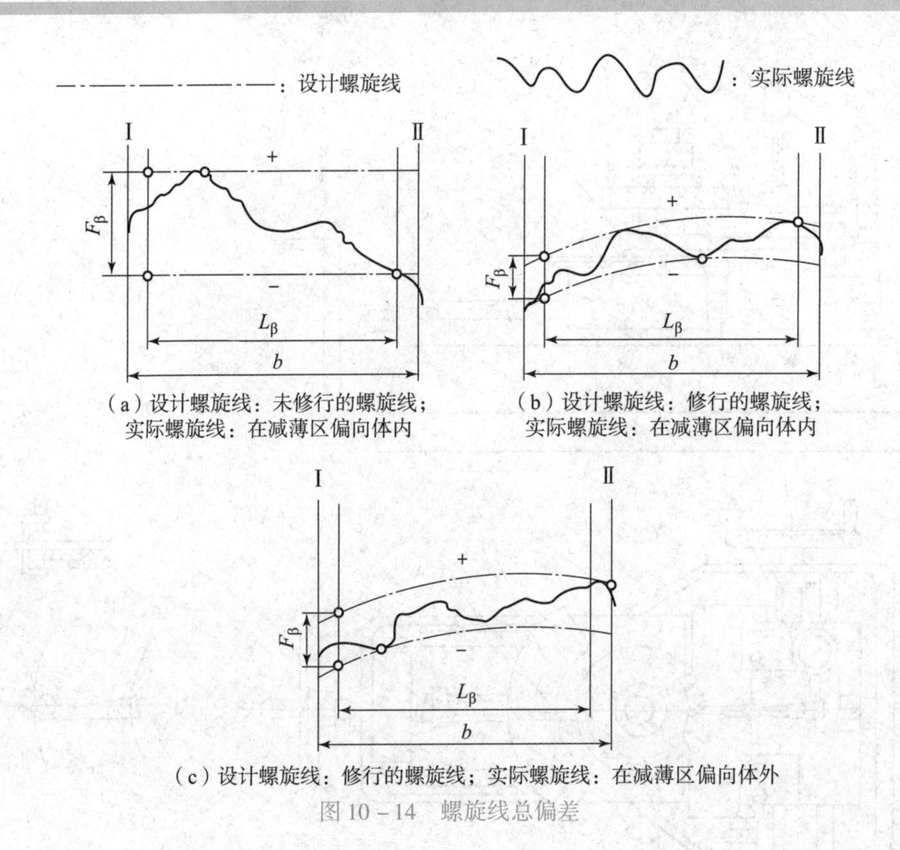

（a）设计螺旋线：未修行的螺旋线；实际螺旋线：在减薄区偏向体内

（b）设计螺旋线：修行的螺旋线；实际螺旋线：在减薄区偏向体内

（c）设计螺旋线：修行的螺旋线；实际螺旋线：在减薄区偏向体外

图 10－14　螺旋线总偏差

四、影响齿轮副侧隙合理性的评定指标和测量

侧隙是指两个相配齿轮的工作齿面相接触时，在两个非工作齿面之间所形成的间隙，是齿轮传动正常工作的必要条件。在加工齿轮时要适当地减薄齿厚，以获得合理的侧隙。齿厚的检验项目共有两项。

1. *齿厚偏差 f_{sn}（齿厚允许的上偏差 E_{sns}、齿厚允许的下偏差 E_{sni}）*

齿厚的最大极限 s_{ns} 和齿厚的最小极限 s_{ni} 是指齿厚的两个极端的允许尺寸，齿厚的实际尺寸应该位于这两个极端尺寸之间（含极端尺寸），齿厚允许的上偏差 E_{sns} 和齿厚允许的下偏差 E_{sni} 是齿厚的两个极限偏差，齿厚的实际偏差 $s_{nactual}$ 应该位于这两个极限偏差之间（含极限偏差），如图 10－15 所示。

齿厚偏差 f_{sn} 是指分度圆柱面上的实际齿厚与理论齿厚之差。

$$f_{sn} = s_{nactual} - s_n \tag{10-2}$$

齿厚上偏差和下偏差（E_{sns} 和 E_{sni}）统称为齿厚的极限偏差，它们分别等于齿厚的最大和最小极限（s_{ns} 和 s_{ni}）减去法向齿厚。

$$E_{sns} = S_{ns} - S_n \tag{10-3}$$

$$E_{sni} = S_{ni} - S_n \tag{10-4}$$

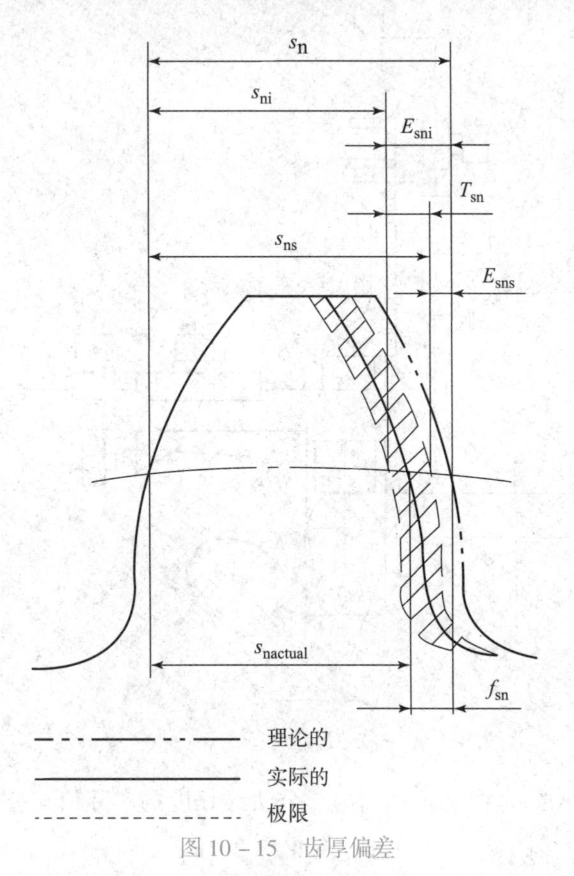

图 10－15 齿厚偏差

s_n—法向齿厚；s_{ns}—齿厚的最大极限；s_{ni}—齿厚的最小极限；$s_{nactual}$—实际齿厚；E_{sns}—齿厚允许的上偏差；E_{sni}—齿厚允许的下偏差；f_{sn}—齿厚偏差；T_{sn}—齿厚公差；$T_{sn}=E_{sns}-E_{sni}$；

齿厚公差 T_{sn} 是指齿厚上偏差 E_{sns} 与下偏差 E_{sni} 之差。

$$T_{sn}=E_{sns}-E_{sni} \tag{10-5}$$

在工业生产中，通常采用齿厚游标卡尺来测量分度圆实际齿厚，如图 10－16 所示。使用齿厚游标卡尺测量分度圆实际齿厚时，是以被测齿轮的齿顶圆定位进行测量，因受齿顶圆偏差的影响，测量所得的精度较低，故此法仅适用于精度较低的齿轮测量或模数较大的齿轮测量。

测量齿厚时，先将齿厚游标卡尺的高度游标尺调至相当于分度圆弦齿高 h_a 位置，再用宽度游标尺测出分度圆法向齿厚 s_n 值，将其与理论值相比较，即可得到齿厚偏差 f_{sn}。

对于非变位直齿轮，s_n 按下式计算

外齿轮法向齿厚
$$s_n=m_n\left(\frac{\pi}{2}+2x\tan\alpha_n\right) \tag{10-6}$$

内齿轮法向齿厚
$$s_n=m_n\left(\frac{\pi}{2}-2x\tan\alpha_n\right) \tag{10-7}$$

2. 公法线长度偏差 ΔE_{bn}（公法线长度的上偏差 E_{bns}、公法线长度的下偏差 E_{bni}）

公法线长度的上偏差 E_{bns} 和公法线长度的下偏差 E_{bni} 是公法线长度的两个极限偏差，公法线长度偏差 ΔE_{bn} 应该位于这两个极限偏差之间（含极限偏差）。

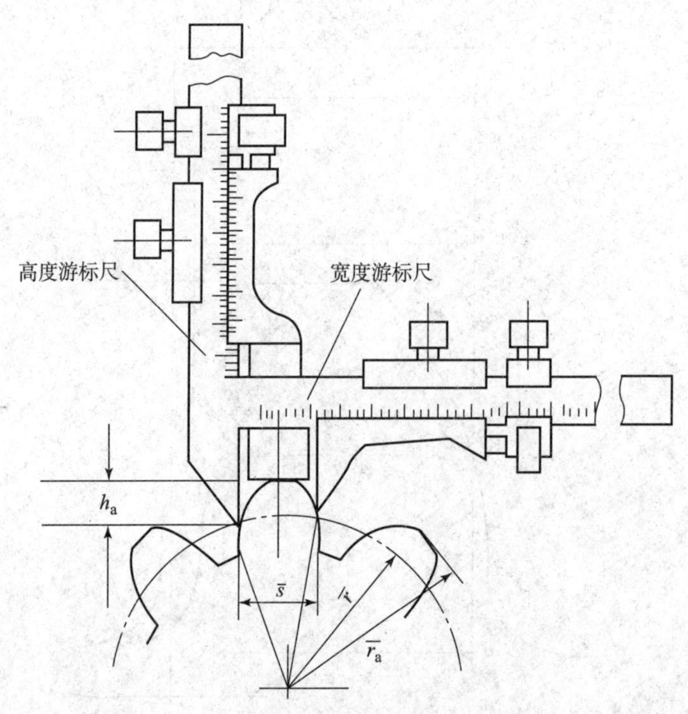

图 10-16　采用齿厚游标卡尺进行齿厚测量

公法线长度偏差 ΔE_{bn} 是指齿轮一周内，公法线长度的实际值与公称值之差。

$$\Delta E_{bn} = W_{kactual} - W_k \tag{10-8}$$

对于齿形角为20°的非变位直齿齿轮的公法线的公称长度为

$$W_k = m[2.952(k-0.5)+0.014z] \tag{10-9}$$

测直齿轮公法线时的跨齿数 k，通常可按下式计算

$$k = \frac{z}{9}+0.5 \text{（取相近的整数）} \tag{10-10}$$

由上式可见，齿轮齿厚减薄时，公法线长度亦相应减少，反之亦然。因此，可用测量公法线长度来代替测量齿厚，以评定传动侧隙的合理性。

公法线平均长度极限偏差 ΔE_{bn} 可用公法线千分尺或公法线指示卡规进行测量。在测量 F_w 的同时可测得 ΔE_{bn}，如图 10-11 所示。由于测量公法线长度时并不以齿顶圆为基准，因此测量结果不受齿顶圆直径和径向跳动的影响，测量的精度高。

五、影响齿轮副的评定指标

1. 齿轮副的中心距极限偏差 $\pm f_a$

$\pm f_a$ 是指在齿轮副的齿宽中间平面内，实际中心距与公称中心距之差，中心距极限偏差 $\pm f_a$ 见表 10-6。$\pm f_a$ 主要影响齿轮副侧隙。

2. 轴线平行度偏差 $f_{\Sigma\delta}$、$f_{\Sigma\beta}$

由于轴线平行度偏差的影响与其向量的方向有关，对轴线平面内的偏差 $f_{\Sigma\delta}$ 和垂直平面

上的偏差$f_{\Sigma\beta}$做了不同的规定，如图 10－17 所示。

轴线平面内的偏差$f_{\Sigma\delta}$是在两轴线的公共平面上测量的，这公共平面是用两轴承跨距中较长的一个 L 和另一根轴上的一个轴承来确定的，如果两个轴承的跨距相同，则用小齿轮轴和大齿轮轴的一个轴承。垂直平面上的偏差$f_{\Sigma\beta}$是在与轴线公共平面相垂直的交错轴平面上测量的。

每项平行度偏差是以与有关轴承间距离 L（轴承中间距 L）相关联的值来表示的，如图 10－17 所示。

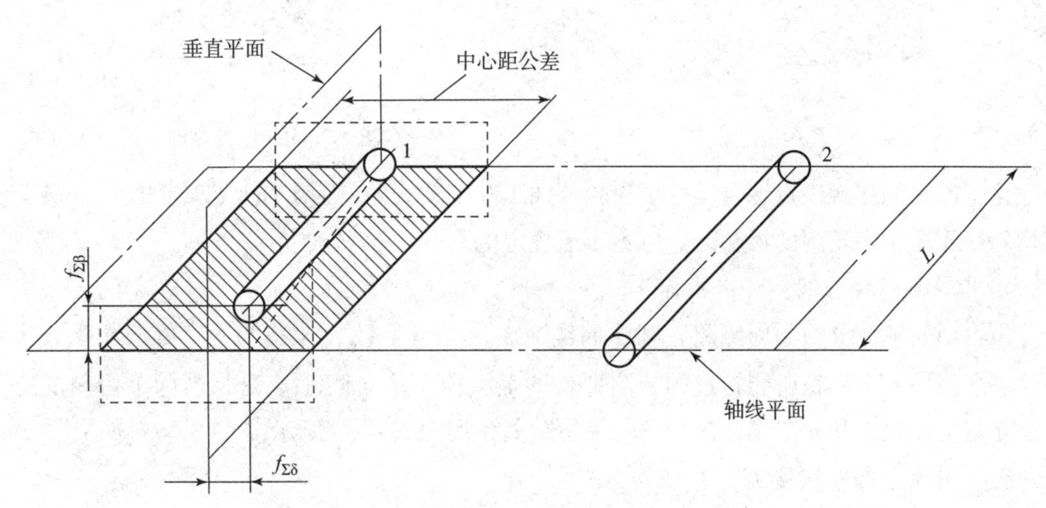

图 10－17 轴线平行度偏差

轴线平面内的轴线偏差$f_{\Sigma\delta}$影响螺旋线啮合偏差，它的影响是工作压力角的正弦函数，而垂直平面上的轴线偏差$f_{\Sigma\beta}$的影响则是工作压力角的余弦函数。可见，一定量的垂直平面上的偏差导致的啮合偏差将比同样大小的平面内的偏差导致的啮合偏差要大 2 到 3 倍。因此，对两种偏差要素要规定不同的最大推荐值，$f_{\Sigma\delta}$与$f_{\Sigma\beta}$的最大推荐值为

$$f_{\Sigma\beta}=0.5\left(\frac{L}{b}\right)F_{\beta} \quad (10-11)$$

$$f_{\Sigma\delta}=2f_{\Sigma\beta} \quad (10-12)$$

式中，L 为轴承跨距；b 为齿宽。

3. 接触斑点

齿轮齿面的接触斑点，是指安装好的齿轮副在轻微制动的条件下，运转后齿面上分布的接触擦亮痕迹。它可以反映齿面接触的载荷分布均匀性，如图 10－18 所示。

接触痕迹的大小在齿面展开图上用百分比计算。如图 10－19 所示，沿齿长方向接触痕迹的长度 b''（扣除超过模数值的断开部分 c）与工作长度 b'之比即$\frac{b''-c}{b'}\times100\%$，主要影响齿轮副的承载能力。沿齿高方向接触痕迹的平均高度 h''与工作高度 h'之比即$\frac{h''}{h'}\times100\%$，主要影响工作的平稳性。

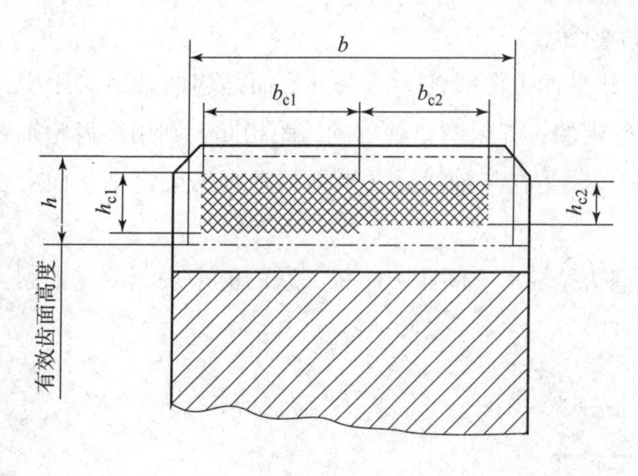

图 10-18　接触斑点分布示意图一

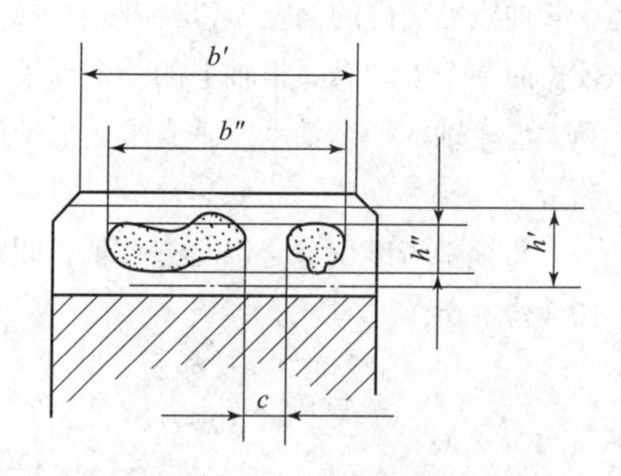

图 10-19　接触斑点分布示意图二

齿轮齿面的接触斑点综合反映了齿轮的加工和安装误差。为了满足齿轮副的齿面载荷分布均匀性要求，齿轮副的接触斑点应不小于规定的百分比。

4. 齿轮副的侧隙及其评定指标

齿轮副的侧隙分为圆周侧隙 j_{wt} 和法向侧隙 j_{bn}。圆周侧隙 j_{wt} 是指当固定好两相啮合齿轮中的一个，另一个齿轮所能转过的节圆弧长的最大值。法向侧隙 j_{bn} 是指当两个齿轮的工作齿面互相接触时，其非工作齿面之间的最短距离，如图 10-20 所示。

法向侧隙 j_{bn} 与圆周侧隙 j_{wt} 存在如下关系：

$$j_{bn}=j_{wt}\cos\alpha_{wt}\cos\beta_{b} \tag{10-13}$$

j_{bn} 可用塞尺测量，如图 10-21 所示，也可用压铅丝法测量。j_{wt} 可用指示表测量。

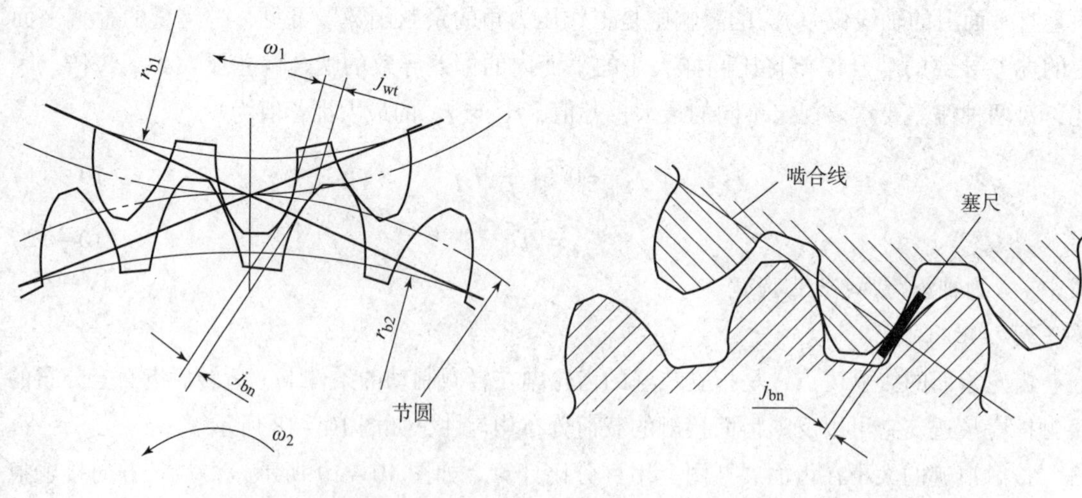

图 10-20　齿轮副侧隙　　　　图 10-21　用塞尺测量齿轮副的法向侧隙

第四节　渐开线圆柱齿轮精度标准

GB/T10095.1-2008 和 GB/T10095.2-2008《渐开线圆柱齿轮精度》对齿轮的精度等

级作出了新的规定。

一、齿轮精度等级及其选择

国家标准规定对圆柱齿轮不区分直齿与斜齿，精度等级由高至低划分为0~12级，共13个等级。其中0级是最高的精度等级，而12级是最低的精度等级。0~2级精度的齿轮在目前工艺水平状况下尚不能制造，称为有待发展的展望级；3~5级为高精度等级；6~8级为中等精度等级，9级为较低精度等级；10~12级为低精度等级。

GB/T10095.2－2008对径向综合偏差F_i''和f_i''规定了9个精度等级，其中4级精度最高，12级精度最低。

齿轮精度等级的选择恰当与否，不仅影响齿轮传动的质量，而且还会影响制造成本。选择齿轮精度等级的主要依据是：齿轮的用途及工作条件等。选择方法常用计算法、类比法，其中类比法应用最广。类比法是根据以往产品设计、性能试验、使用过程中所积累的经验以及较可靠的技术资料进行对比，从而确定齿轮精度等级的一种方法。表10－1和表10－2分别给出了若干不同用途、不同工作条件、不同圆周速度的齿轮所采用的精度等级。

表10－1 齿轮精度等级的适用范围（供参考）

精度等级	圆周速度/（$m \cdot s^{-1}$）		齿面的终加工	工作条件
	直齿	斜齿		
3级（极精密）	≤40	≤75	特精密的磨削和研齿；用精密滚刀或单边剃齿后大多数不经淬火的齿轮	要求特别精密的或在最平稳且无噪声的特别高速下工作的齿轮传动；特别精密机构中的齿轮；特别高速传动（透平齿轮）；检测5~6级齿轮用的测量齿轮
4级（特别精密）	≤35	≤70	精密磨齿；用精密滚刀或单边剃齿后的大多数齿轮	特别精密分度机构中或在最平稳且无噪声的及高速下工作的齿轮传动；特别精密分度机构中的齿轮；高速透平传动；检测7级齿轮用的测量齿轮
5级（高精密）	≤20	≤40	精密磨齿；大多数用精密滚刀加工，进而剃齿的齿轮	精密分度机构中要求极平稳用无噪声的高速工作的齿轮传动；精密机构用齿轮；透平齿轮；检测8级和9级齿轮用测量齿轮
6级（高精密）	≤15	≤30	精密磨齿或剃齿	要求最高效率且无噪声的高速下平稳工作的齿轮传动或分度机构的齿轮传动；特别重要的航空、汽车齿轮；读数装置用特别精密传动的齿轮
7级（精密）	≤10	≤15	无须热处理仅用精确刀具加工的齿轮；淬火齿轮必须精整加工（磨齿、珩齿等）	增速和减速用齿轮传动；金属切削机床送刀机构用齿轮；高速减速器用齿轮；航空、汽车用齿轮；读数装置用齿轮

续表

精度等级	圆周速度/（$m \cdot s^{-1}$）		齿面的终加工	工作条件
	直齿	斜齿		
8 级（中等精密）	≤6	≤10	不磨齿，不必光整加工对研	无须特别精密的一般机械制造用齿轮；包括在分度链中的机床传动齿轮；飞机、汽车制造业中的不重要齿轮；起重机构用齿轮；农业机械中的重要齿轮。通用减速器齿轮
9 级（较低精度）	≤2	≤4	无须特殊光整工作	用于恶劣工作条件下的齿轮

表 10－2　各种机械采用的齿轮精度等级（供参考）

齿轮用途	精度等级	齿轮用途	精度等级	齿轮用途	精度等级
测量齿轮	3～5	轻型汽车	5～8	拖拉机、轧钢机	6～10
汽轮机减速器	3～6	重型汽车	6～9	起重机	7～10
金属切削机床	3～8	一般用途的减速器	6～9	矿山绞车	8～10
航空发动机	3～7	内燃机与电气机车	6～7	农业机械	8～11

齿轮传递运动准确性、传动平稳性和载荷分布均匀性的精度等级可以相同、也可以不同。若三者不同级，则首先确定主要的使用要求方面的精度等级，然后按它们之间的相互关系确定另两项使用要求方面的精度等级。通常载荷分布的均匀性的精度等级不能低于传动平稳性的精度等级，因为齿面接触不良，必然使传动不平稳。

齿轮副中两个齿轮的精度等级可以相同，也可以不同。如取不同的精度等级，则按其中精度等级较低者确定齿轮副的精度等级。

齿轮精度等级确定以后，各级精度的各项评定指标的公差或极限偏差值，见表 10－3～表 10－7。

表 10－3　$\pm f_{pt}$、F_p、F_a、F_r、F_w、$\pm F_{pt}$ 偏差允许值（摘自 GB/T10095.1～2－2008）

（单位：μm）

分度圆直径 d/mm	项目 / 精度 / 模数	单个齿距极限偏差 $\pm f_{pt}$				齿轮累积总公差 F_p				齿廓总公差 F_a				径向跳动公差 F_r				f_i' /k 值				公法线长度变动公差 F_w			
		5	6	7	8	5	6	7	8	5	6	7	8	5	6	7	8	5	6	7	8	5	6	7	8
≥5～20	≥5～2	4.7	6.5	9.5	13	11	16	23	32	4.6	6.5	9.0	13	9.0	13	18	25	14	19	27	38	10	14	20	29
	>2～3.5	5.0	7.5	10	15	12	17	23	33	6.5	9.5	13	19	9.5	13	19	27	16	23	32	45				
>20～50	≥0.5～2	5.0	7.0	10	14	14	20	29	41	5.0	7.5	10	15	11	16	23	32	14	20	29	41	12	16	23	32
	>2～3.5	5.5	7.5	11	15	15	21	30	42	7.0	10	14	20	12	17	24	34	17	24	34	48				
	>3.5～6	6.0	8.5	12	17	15	22	31	44	9.0	12	18	25	12	17	25	36	19	27	38	54				

续表

分度圆直径 d/mm	项目 / 精度 / 模数	单个齿距极限偏差 $\pm f_{pt}$				齿轮累积总公差 F_p				齿廓总公差 F_a				径向跳动公差 F_r				f_i' /k 值				公法线长度变动公差 F_w			
		5	6	7	8	5	6	7	8	5	6	7	8	5	6	7	8	5	6	7	8	5	6	7	8
>50 ~ 125	≥0.5 ~ 2	5.5	7.5	11	15	18	26	37	52	6.0	8.5	12	17	15	21	28	42	14	22	31	44	14	19	27	37
	>2 ~ 3.5	6.0	8.5	12	17	19	27	38	53	8.0	11	16	22	15	21	30	43	18	25	36	51				
	>3.5 ~ 6	6.5	9.0	13	18	19	28	39	55	9.5	13	19	27	16	22	31	44	20	29	40	57				
>125 ~ 280	≥0.5 ~ 2	6.0	8.5	12	17	24	35	49	69	7.0	10	14	20	20	28	39	55	17	24	34	49	16	22	31	44
	>2 ~ 3.5	6.5	9.0	13	18	25	35	50	70	9.0	13	18	25	20	28	40	45	20	28	39	56				
	>3.5 ~ 6	7.0	10	14	20	25	36	51	72	11	15	21	30	20	29	41	58	22	31	44	62				
>280 ~ 560	≥0.5 ~ 2	6.5	9.5	13	19	32	46	64	91	8.5	12	17	23	26	36	51	73	19	27	39	54	19	26	37	53
	>2 ~ 3.5	7.0	10	14	20	33	46	65	92	10	15	21	29	26	37	52	74	22	31	44	62				
	>3.5 ~ 6	8.0	11	16	22	33	47	66	94	12	17	24	34	27	38	52	75	24	36	48	68				

表 10－4 F_β 偏差允许值（摘自 GB/T10095.1～2－2008） （单位：μm）

分度圆直径 d/mm	齿宽 b/mm	精度等级												
		0	1	2	3	4	5	6	7	8	9	10	11	12
5≤d≤20	4≤b≤10	1.1	1.5	2.2	3.1	4.3	6.0	8.5	12.0	17.0	24.0	35.0	49.0	69.0
	10≤b≤20	1.2	1.7	2.4	3.4	4.9	7.0	9.5	14.0	19.0	28.0	39.0	55.0	78.0
20＜d≤50	4≤b≤10	1.1	1.6	2.2	3.2	4.5	6.5	9.0	13.0	18.0	25.0	36.0	51.0	72.0
	10＜b≤20	1.3	1.8	2.5	3.6	5.0	7.0	10.0	14.0	20.0	29.0	40.0	57.0	81.0
	20＜b≤40	1.4	2.0	2.9	4.1	5.5	8.0	11.0	16.0	23.0	32.0	46.0	65.0	92.0
50＜d≤125	4≤b≤10	1.2	1.7	2.4	3.3	4.7	6.5	9.5	13.0	19.0	27.0	38.0	53.0	76.0
	10＜b≤20	1.3	1.9	2.6	3.7	5.5	7.5	11.0	15.0	21.0	30.0	42.0	60.0	84.0
	20＜b≤40	1.5	2.1	3.0	4.2	6.0	8.5	12.0	17.0	24.0	34.0	48.0	68.0	95.0
125＜d≤280	14≤b≤10	1.3	1.8	2.5	3.6	5.0	7.0	10.0	14.0	20.0	29.0	40.0	57.0	81.0
	10＜b≤20	1.4	2.0	2.8	4.0	5.5	8.0	11.0	16.0	22.0	32.0	45.0	63.0	90.0
	20＜b≤40	1.6	2.2	3.2	4.5	6.5	9.0	13.0	18.0	25.0	36.0	50.0	71.0	101.0
280＜d≤560	10≤b≤20	1.5	2.1	3.0	4.3	6.0	8.5	12.0	17.0	24.0	34.0	48.0	68.0	97.0
	20＜b≤40	1.7	2.4	3.4	4.8	6.5	9.5	13.0	19.0	27.0	38.0	54.0	76.0	108.0
	40＜b≤80	1.9	2.7	3.9	5.5	7.5	11.0	15.0	22.0	31.0	44.0	62.0	87.0	124.0

表 10-5　F_i''、f_i'' 公差值（摘自 GB/T10095.2-2008）　　（单位：μm）

分度圆直径 d/mm	偏差项目 / 精度等级 / 模数 m_n/mm	径向综合总公差 F_i''				一齿径向综合公差 f_i''			
		5	6	7	8	5	6	7	8
≥5~20	≥0.2~0.5	11	15	21	30	2.0	2.5	3.5	5.0
	>0.5~0.8	12	16	23	33	2.5	4.0	5.5	7.5
	>0.8~1.0	12	18	25	35	3.5	5.0	7.0	10
	>1.0~1.5	14	19	27	38	4.5	6.5	9.0	13
>20~50	≥0.2~0.5	13	19	26	37	2.0	2.5	3.5	5.0
	>0.5~0.8	14	20	28	40	2.5	4.0	5.5	7.5
	>0.8~1.0	15	21	30	42	3.5	5.0	7.0	10
	>1.0~1.5	16	23	32	45	4.5	6.5	9.0	13
	>1.5~2.5	18	26	37	52	6.5	9.5	13	19
>50~125	≥1.0~1.5	19	27	39	55	4.5	6.5	9.0	13
	>1.5~2.5	22	31	43	61	6.5	9.5	13	19
	>2.5~4.0	25	36	51	72	10	14	20	29
	>4.0~6.0	31	44	62	88	15	22	31	44
	>6.0~10	40	57	80	114	24	34	48	67
>125~280	≥1.0~1.5	24	34	48	68	4.5	6.5	9.0	13
	>1.5~2.5	26	37	53	75	6.5	9.5	13	19
	>2.5~4.0	30	43	61	86	10	15	21	29
	>4.0~6.0	36	51	72	102	15	22	48	67
	>6.0~10	45	64	90	127	24	34	48	67
>280~560	≥1.0~1.5	30	43	61	86	4.5	6.5	9.0	13
	>1.5~2.5	33	46	65	92	6.5	9.5	13	19
	>2.5~4.0	37	52	73	104	10	15	21	29
	>4.0~6.0	42	60	84	119	15	22	31	44
	>6.0~10	51	73	103	145	24	34	48	68

表 10-6 中心距极限偏差 $\pm f_a$ （单位：mm）

中心距 a/mm \ 齿轮精度等级	5、6	7、8
≥6~10	7.5	11
>10~18	9	13.5
>18~30	10.5	16.5
>30~50	12.5	19.5
>50~80	15	23
>80~120	17.5	27
>120~180	20	31.5
>180~250	23	36
>250~315	26	40.5
>315~400	28.5	44.5
>400~500	31.5	48.5

表 10-7 齿轮装配后的接触斑点（摘自 GB/Z18620.4-2008）

精度等级 \ 参数	$b_{c1}/b\times100\%$		$h_{c1}/h\times100\%$		$b_{c2}/h\times100\%$		$h_{c2}/h\times100\%$	
	直齿轮	斜齿轮	直齿轮	斜齿轮	直齿轮	斜齿轮	直齿轮	斜齿轮
4 级及更高	50	50	70	50	40	40	50	30
5 和 6	45	45	50	40	35	35	30	20
7 和 8	35	35	50	40	.35	35	30	20
9~12	25	25	50	40	25	25	30	20

切向综合总偏差的测量不是强制性的，因此，这些偏差的公差未被列入标准。

二、齿轮公差检验组项目的选择

根据我国多年来的生产实践及目前齿轮生产的质量控制水平，建议供需双方依据齿轮的功能要求、生产批量和检测手段，在以下推荐的检验组中选取一个检验组来评定齿轮的精度等级。见表 10-8。

三、齿轮辐侧隙

齿轮副侧隙是两个齿轮啮合后才产生的，对单个齿轮就不存在侧隙，齿轮传动对侧隙的要求，主要取决于其用途、工作条件等提出的要求，而不决定于齿轮的精度等级。

1. 最小侧隙 j_{bnmin} 的确定

最小侧隙 j_{bnmin} 是当一个齿轮的齿以最大允许实效齿厚与一个也具有最大允许实效齿厚的相配齿在最紧的允许中心距相啮合时，在静态条件下存在的最小允许侧隙。

表 10－8　推荐的齿轮检验组

检验组	检验项目	适用等级	测量仪器	备注
1	F_p、F_a、F_β、F_r、E_{sn}或E_{bn}	3～9	齿距仪、齿形仪、齿向仪、摆差测定仪、齿厚卡尺或公法线千分尺	单件、小批量
2	F_p、F_{pt}、F_a、F_β、F_r、E_{sn}或E_{bn}	3～9	齿距仪、齿形仪、齿向仪、摆差测定仪、齿厚卡尺或公法线千分尺	单件、小批量
3	F_i''、f_i''、E_{sn}或E_{bn}	6～9	双面啮合测量仪、齿厚卡尺或公法线千分尺	大批量
4	F_{pt}、F_r、E_{sn}或E_{bn}	10～12	齿距仪、摆差测定仪、齿厚卡尺或公法线千分尺	
5	F_i'、f_i'、$F_\beta E_{sn}$或E_{bn}、	3～6	单啮仪、齿向仪、齿厚卡尺或公法线千分尺	大批量

对工业传动装置推荐的最小侧隙，传动装置是用黑色金齿轮和黑色金属的箱体制造的，工作时节圆线速度 <15 m/s，其箱体、轴和轴承都采用常用的商业制造公差。j_{bnmin}可按下式计算

$$j_{bnmin}=\frac{2}{3}(0.06+0.0005a+0.03m_n)\ \text{mm} \tag{10-14}$$

式中，a 为中心距，且必须是一个绝对值；m_n 为法向模数。

按式 10－14 计算，可以得出如表 10－9 所示的推荐数据。

表 10－9　对于中、大模数齿轮最小侧隙 j_{bnmin} 的推荐数据（摘自 GB/Z18620.2－2008）

（单位：mm）

法向模数	中心距 a					
m_n	50	100	200	400	800	1 600
1.5	0.09	0.11	—	—	—	—
2	0.10	0.12	0.15	—	—	—
3	0.12	0.14	0.17	0.24	—	—
5	—	0.18	0.21	0.28	—	—
8	—	0.24	0.27	0.34	0.47	—
12	—	—	0.35	0.42	0.55	—
18	—	—	—	0.54	0.67	0.94

2. 齿厚极限偏差的确定

（1）齿厚上偏差 E_{sns}。是保证获得最小侧隙 j_{bnmin}，齿厚应具有的最小减薄量。通常取两

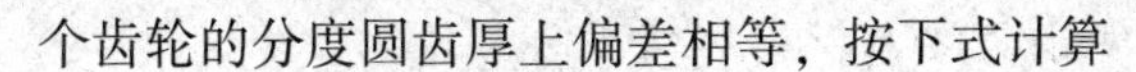

个齿轮的分度圆齿厚上偏差相等，按下式计算

$$j_{\text{bnmin}} = 2\,|E_{\text{sns}}|\cos\alpha_{\text{n}} \tag{10-15}$$

因此有

$$E_{\text{sns}} = \frac{j_{\text{bnmin}}}{2\cos\alpha_{\text{n}}} \tag{10-16}$$

按上式求得的 E_{sns} 应取负值。

计算出 E_{sns} 后查表 10-10 或由图 10-22 选择一种能保证最小法向侧隙的齿厚极限偏差作为齿厚上偏差 E_{sns}。

表 10-10　齿厚极限偏差计算式

$C = +1f_{\text{pt}}$	$G = -6f_{\text{pt}}$	$L = -16f_{\text{pt}}$	$R = -40f_{\text{pt}}$
$D = 0$	$H = -8f_{\text{pt}}$	$M = -20f_{\text{pt}}$	$S = -50f_{\text{pt}}$
$E = -2f_{\text{pt}}$	$J = -10f_{\text{pt}}$	$N = -25f_{\text{pt}}$	
$F = -4f_{\text{pt}}$	$K = -12f_{\text{pt}}$	$P = -32f_{\text{pt}}$	

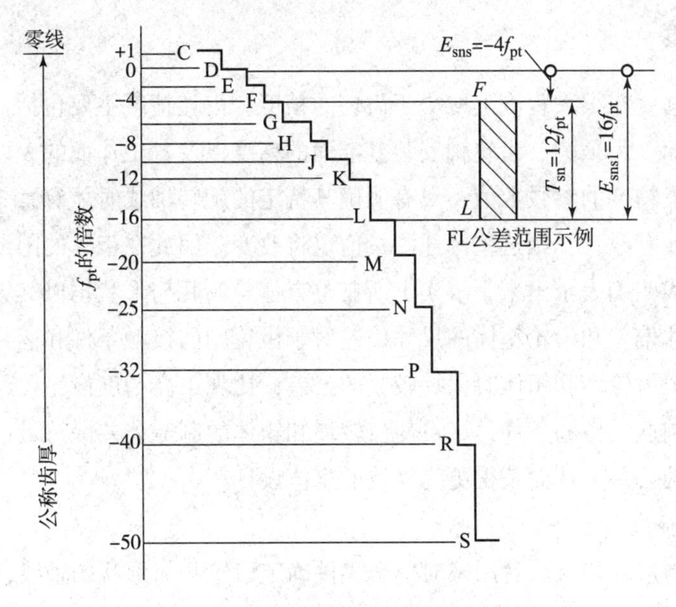

图 10-22　齿厚极限偏差

齿厚极限偏差共计有 C~S 十四种代号，其大小用齿距极限偏差 f_{pt} 的倍数表示，上、下偏差可分别选一种偏差代号表示。

（2）齿厚公差 T_{sn}。主要取决于切齿加工时径向进刀公差 b_{r} 和反映齿轮一周中各齿厚变动的径向跳动 F_{r} 有关。齿厚公差 T_{sn} 可按下式求得

$$T_{\text{sn}} = \sqrt{F_{\text{r}}^2 + b_{\text{r}}^2}\,2\tan\alpha_{\text{n}} \tag{10-17}$$

式中，b_{r} 为切齿时的径向进刀公差，可按表 10-11 选取。

表 10 - 11　切齿径向进刀公差 b_r 值

齿轮精度等级	4	5	6	7	8	9
b_r 值	1.26IT7	IT8	1.261IT8	IT9	1.261IT9	IT10
注：查 IT 值的主要参数为分度圆的直径尺寸						

（3）齿厚下偏差 E_{sni}，齿厚下偏差可按下式计算，即

$$E_{sni} = E_{sns} - T_{sn} \tag{10-18}$$

将 E_{sni} 计算结果除以 f_{pt} 值并圆整，再由表 10 - 10 选取齿厚下偏差的代号。

3. 用公法线平均长度极限偏差控制齿厚

由机械原理知，齿轮齿厚的变化必然引起公法线长度的变化。所以测量公法线长度及其变动量，同样可以控制齿轮副的齿侧间隙。公法线长度的上偏差 E_{bns} 和下偏差 E_{bni} 与齿厚偏差有如下关系

$$E_{bns} = E_{sns}\cos\alpha_n - 0.72F_r\sin\alpha_n \tag{10-19}$$

$$E_{bni} = E_{sni}\cos\alpha_n + 0.72F_r\sin\alpha_n \tag{10-20}$$

四、齿坯精度

齿轮的制造精度在很大程度上取决于齿坯的精度。齿坯精度主要包括：齿轮基准孔、基准轴线、基准端面、齿顶圆、齿轮轴安装基准面的精度以及各工作面的表面粗糙度要求。

有关齿轮轮齿精度的参数数值，只有明确其特定的旋转轴线时才有意义，当测量时齿轮围绕其旋转的轴如有改变，则这些阐述测量值也将改变。因此在齿轮的图纸上必须把规定轮齿公差的基准轴线明确表示出来，事实上所有整个齿轮的几何形状均以其为准。

齿轮坯的尺寸偏差和齿轮箱体的尺寸偏差对于齿轮副的接触条件和运行状况有着极大的影响。由于在加工齿轮坯和箱体时保持较紧的公差，比加工高精度齿轮要经济得多，因此应首先根据拥有的制造设备的条件，尽量使齿轮坯和箱体的制造公差保持最小值。这可以使加工的齿轮有较松的公差，从而获得更为经济的整体设计。

1. 确定基准轴线的方法

基准轴线是制造者和检验者用来对单个零件确定齿轮几何形状的轴线，设计者的责任是确保基准轴线得到足够清楚和精确的确定，从而保证齿轮相对于工作轴线的技术要求得以满足。满足此要求的最常用的方法是确定基准轴线使其与工作轴线重合，即将安装面作为基准面。

一个零件的基准轴线是用基准面来确定的，有三种基本方法实现它。

第一种方法，如图 10 - 23 所示，用两个“短的”圆柱或圆锥形基准面上设定的两个圆的圆心来确定轴线上的两个点。图中 A 和 B 是预定的轴承安装表面。

第二种方法，如图，如图 10 - 24 所示，用一个“长的”圆柱或圆锥形的面来同时确定轴线的位置和方向。孔的轴线可以用与之相匹配正确地装配的工作芯轴的轴线来代表。

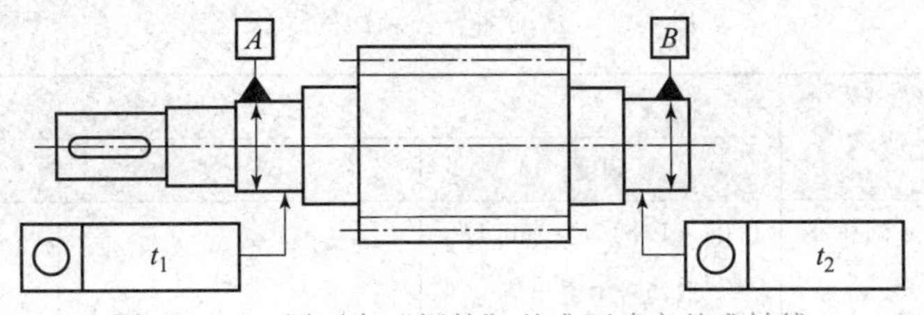

图 10－23 用两个“短的”基准面确定基准轴线

第三种方法，如图 10－25 所示，轴线的位置用一个“短的”圆柱形基准面上的一个圆的圆心来确定，而其方向则用垂直于此轴线的一个基准端面来确定。

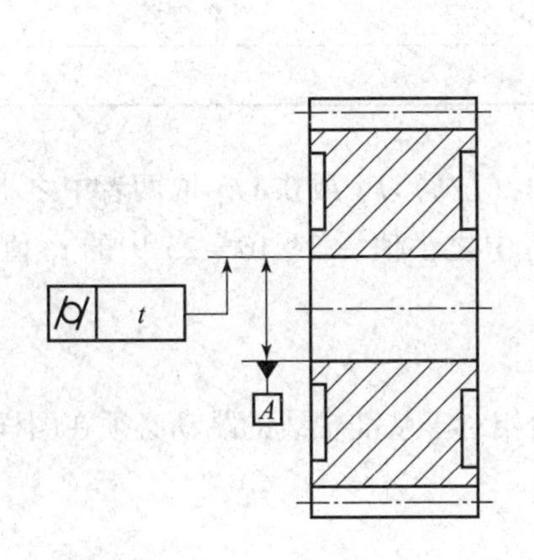

图 10－24 用一个“长的”基准面确定基准轴线

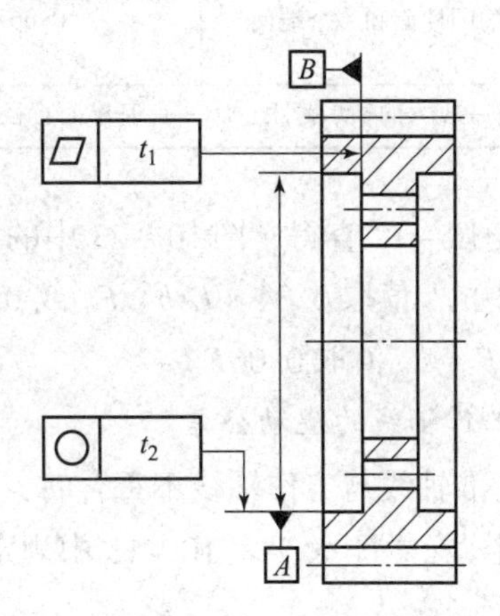

图 10－25 用一个圆柱面和一个端面确定基准轴线

如果采用第一种或第三种方法，其圆柱或圆锥形基准面必须是轴向很短的，以保证它们自己不会单独确定另一条轴线。在第三种方法中，基准端面的直径应该越大越好

在与小齿轮做成一体的轴上常常有一段需要安装大齿轮的地方，此安装面的公差值必须选择得与大齿轮的质量要求相适应。

第四种情况，两个中心孔确定的齿轮的基准轴线，齿轮公差及（轴承）安装面的公差均须相对于此轴线来确定，如图 10－26 所示。且轴承的安装面相对于中心孔的跳动公差必须规定的较高。

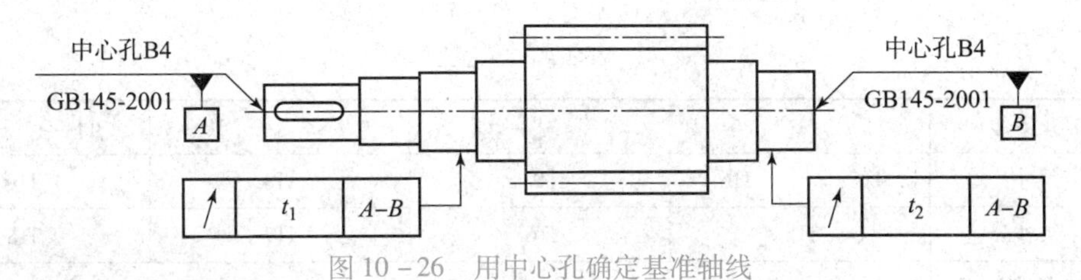

图 10－26 用中心孔确定基准轴线

2. 基准面的形状公差

所有基准面的形状公差不应大于表 10－12 中所规定的数值。工作安装面的形状公差，也不应大于表 10－12 中所规定的数值，如果用其他的制造安装面时，应采用同样的限制。

表 10－12　基准面与安装面的形状公差

确定轴线的基准面	公差项目		
	圆度	圆柱度	平面度
两个“短”的圆柱或圆锥形基准面	0.04（L/b）F_{β} 或 0.1F_{p} 取两者中之小值	—	—
一个“长的”圆柱或圆锥形基准面	—	0.04（L/b）F_{β} 或 0.1F_{p} 取两者中之小值	—
一个短的圆柱面和一个端面	0.06F_{p}	—	0.06（D_{d}/b）F_{β}
说明：L——较大的轴承跨距；D_{d}——基准面直径；b——齿宽			

由表 10－12 查得，图 10－23 中的 t_1 值取 0.04（L/b）F_{β} 或 0.1F_{p} 取两者中之小值；图 10－24 中的 t 值取 0.04（L/b）F_{β} 或 0.1F_{p} 取两者中之小值；图 10－25 中的 t_1 值取 0.06（D_{d}/b）F_{β}，t_2 值取 0.06F_{p}。

3. 工作轴线的跳动公差

当基准轴线与工作轴线不重合时，工作安装面相对于基准轴线的跳动必须在图样上予以控制，跳动公差不大于表 10－13 中规定的数值。

表 10－13　安装面的跳动公差

确定轴线的基准面	跳动量（总的指示幅度）	
	径向	轴向
仅指圆柱或圆锥形基准面	0.15（L/b）F_{β} 或 0.3F_{p} 取两者中之大值	—
一个圆柱基准面和一个端面基准面	0.3F_{p}	0.2（D_{d}/b）F_{β}
齿轮坯的公差应减至能经济地制造的最小值		

4. 齿轮坯的公差

齿轮坯的内孔或轴颈、端面和顶圆，通常作为齿轮加工、测量和装配的基准，必须规定其公差，见表 10－14、表 10－15。

表 10－14　齿坯尺寸公差（供参考）

齿轮精度等级		5	6	7	8	9	10	11	12
孔	尺寸公差	IT5	IT6	IT7		IT8		IT9	
轴	尺寸公差	IT5		IT6		IT7		IT8	
顶圆直径偏差		±0.05m_{n}							

5. 齿轮各表面的粗糙度

齿轮各表面的粗糙度，将影响到齿轮的加工方法、使用性能和经济性，齿轮各表面的粗糙度推荐值及推荐极限值见表 10－16、表 10－17。

表 10－15　齿坯基准面径向和端面跳动公差　（单位：mm）

分度圆直径	齿轮精度等级			
d/mm	3、4	5、6	7、8	9～12
到 125	7	11	18	28
＞125～400	9	14	22	36
＞400～800	12	20	32	50
＞800～1600	18	28	45	71

表 10－16　齿轮各表面的表面粗糙度 *Ra* 推荐值　（单位：μm）

精度等级	5		6		7		8		9	
齿轮齿面	硬	软	硬	软	硬	软	硬	软	硬	软
	≤0.8	≤1.6	≤0.8	≤1.6	≤1.6	≤3.2	≤3.2	≤6.3	≤3.2	≤6.3
齿面加工方法	磨齿		磨或珩齿		剃或珩齿	精滚精插	插或滚齿		滚或铣齿	
齿轮基准孔	0.4～0.8		1.6		1.6～3.2				6.3	
齿轮轴基准轴经	0.4		0.8		1.6		3.2			
齿轮基准端面	1.6～3.2		3.2～6.3			6.3				
齿轮顶圆	1.6～3.2		6.3							

表 10－17　齿面表面粗糙度推荐极限值（摘自 GB/T18620.4－2008）（单位：mm）

齿轮精度等级	*Ra*		*Rz*	
	$m_n<6$	$m_n\leqslant25$	$m_n<6$	$6\leqslant m_n\leqslant25$
3	—	0.16	—	1.0
4	—	0.32	—	2.0
5	0.5	0.63	3.2	4.0
6	0.8	1.00	5.0	6.3
7	1.25	1.60	8.0	10
8	2.0	2.5	12.5	16
9	3.2	4.0	20	25
10	5.0	6.3	32	40

五、齿轮的图样标注方法

1. 齿轮精度等级的标注方法

新标准规定，在文件需叙述齿轮精度要求时，应注明 GB/T10095.1－2008 或 GB/T10095.2－2008。当齿轮的检验项目同为某一精度等级时，可标注精度等级和标准号。

若齿轮的检验项目同为7级，则标注为：7 GB/T10095.1－2008。表示轮齿同侧齿面偏差项目应符合 GB/T10095.1 的要求，精度均为7级。

若齿轮检验项目的精度等级不同时，若 F_a 为6级，而 F_p 和 F_β 均为7级时，则标注为：6（F_a）7（F_p、F_β）GB/T10095.1－2008。

若偏差 F_i''、f_i'' 均按 GB/T10095.2－2008 要求，精度均为6级，则标注为：6（F_i''、f_i''）GB/T10095.2－2008。

2. 齿厚偏差的标注方法

①$S_{n\,E_{sni}}^{\;\,E_{sns}}$ 其中 S_n 为法向公称齿厚，E_{sns} 为齿厚上偏差，E_{sni} 为齿厚下偏差。

②$W_{k\,E_{bni}}^{\;\,E_{bns}}$ 其中 W_k 为跨 k 个齿的公法线公称长度，E_{bns} 为公法线长度上偏差，E_{bni} 为公法线长度下偏差。

3. 齿轮的零件图样标注示例

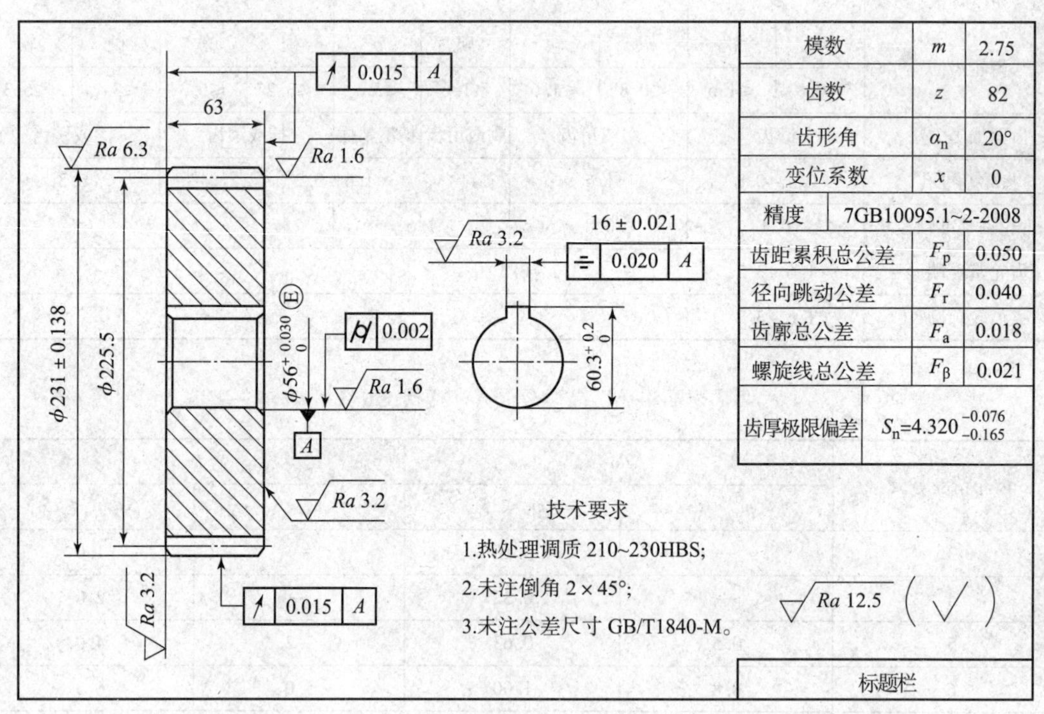

图 10－27　齿轮工作图标注示例（供参考）

参考文献

[1] 中华人民共和国国家标准. 产品几何技术规范（GPS）几何公差 基准和基准体系. 北京：中国标准出版社，2011.

[2] 中华人民共和国国家标准. 产品几何技术规范（GPS）表面结构 轮廓法 表面粗糙度参数及其数值. 北京：中国标准出版社，2009.

[3] 中华人民共和国国家标准. 产品几何技术规范（GPS）几何公差 最大实体要求、最小实体要求和可逆要求. 北京：中国标准出版社，2009.

[4] 中华人民共和国国家标准. 产品几何技术规范（GPS）几何公差 形状. 北京：方向、位置和跳动公差标注. 北京：中国标准出版社，2008.

[5] 中华人民共和国国家标准. 产品几何技术规范（GPS）极限与配合 第1部分：公差、偏差和配合的基础. 北京：中国标准出版社，2009.

[6] 中华人民共和国国家标准. 产品几何技术规范（GPS）极限与配合 第2部分：标准公差等级和孔、轴极限偏差表. 北京：中国标准出版社，2009.

[7] 中华人民共和国国家标准. 产品几何技术规范（GPS）极限与配合 公差带和配合的选择. 北京：中国标准出版社，2009.

[8] 中华人民共和国国家标准. 产品几何技术规范（GPS）光滑工件尺寸的检验. 北京：中国标准出版社，2009.

[9] 中华人民共和国国家标准. 产品几何技术规范（GPS）公差原则. 北京：中国标准出版社，2009.

[10] 中华人民共和国国家标准. 光滑极限量规 技术条件. 北京：中国标准出版社，2006.

[11] 中华人民共和国国家标准. 普通螺纹 极限尺寸. 北京：中国标准出版社，2009.

[12] 中华人民共和国国家标准. 产品几何技术规范（GPS）技术产品文件中表面结构的表示法. 北京：中国标准出版社，2006.

[13] 中华人民共和国国家标准. 优先数和优先数系. 北京：中国标准出版社，2005.